# 城市与区域规划研究

本期执行主编　顾朝林　谭纵波

商务印书馆
2010年·北京

**图书在版编目(CIP)数据**

城市与区域规划研究(第 3 卷第 2 期)/顾朝林,谭纵波　本期执行主编. —北京:商务印书馆,2010
ISBN 978-7-100-07082-9

Ⅰ.城…　Ⅱ.顾…　Ⅲ.①城市规划—研究—丛刊②区域规划—研究—丛刊　Ⅳ.TU984-55　TU982-55

中国版本图书馆 CIP 数据核字(2010)第 060651 号

所有权利保留。
未经许可,不得以任何方式使用。

---

**城市与区域规划研究**

本期执行主编　顾朝林　谭纵波

商 务 印 书 馆 出 版
(北京王府井大街36号　邮政编码 100710)
商 务 印 书 馆 发 行
北京瑞古冠中印刷厂印刷
ISBN 978-7-100-07082-9

2010年4月第1版　　开本 787×1092　1/16
2010年4月北京第1次印刷　印张 15¾
定价:42.00元

# 主编导读
# Editorial

自 2008 年国家住房和城乡建设部以上海市和河北省保定市为试点推出"低碳城市"示范项目以来，低碳城市建设在中国正式起步。随着哥本哈根会议的召开，低碳经济、低碳社会、低碳城市更是受到了中国社会各界越来越多的关注。广州南沙开发区着手建设南沙低碳城。杭州提出以建设低碳经济、低碳建筑、低碳交通、低碳生活、低碳环境、低碳社会"六位一体"的低碳城市设想；大庆作为典型化石能源城市，"低碳"也在促进城市发展模式转型；厦门市正式编制《厦门市低碳城市总体规划纲要》，重点从交通、建筑、生产三大领域（占全市碳排放总量九成以上）入手探索低碳发展模式；北京低碳 CBD、"低碳北京"的研究也已经展开；《关于将沈阳市建设成为"低碳型"城市的建议》最近也格外引人注目；青岛打造低碳城市，研究编制《低碳行为消费行为准则》。无锡市通过实施绿色建筑的"4610"计划，即四项扶持政策、六大节能技术、十大亮点工程。上海零碳中心采用本土化产品建造了中国第一座零碳建筑——上海世博会零碳馆，设置零碳报告厅、零碳餐厅、零碳展示厅和六套零碳样板房。所有这些，林林总总，不一而足，以低能耗、低污染、低排放为核心的"低碳经济"、"低碳交通方式"、"低碳生活方式"等一系列的"低碳城市"概念已逐渐走进人们的生活。本期围绕"低碳城市"的规划问题展开。

两篇"特约专稿"展现国内外"低碳城市"规划研究最新进展。美国华盛顿大学城市规划系前主任、城市规划思想史专家希尔达·布兰科和同事在 2009 年的《规划进展》发表"通过城市规划建构适应气候变化的能力"，文章从适应的解释说明开始，阐述了其含义和环境变化可能产生的影响，并总结了适应气候变化为城市规划研究提供更广阔和更多样的机会，从适应气候变化视角论述城市规划发展的新框架。顾朝林、谭纵波、刘志林等"基于低碳理念的城市规划研究框架"认为：中国正处在经济快速增长、城市化加速、碳排放日益增加和向社会主义市场经济转型期，低碳城市规划则是中国低碳城市发展的关键技术之一。文章以人为 $CO_2$ 排放受社会发展阶段影响、技术发展可改变能源结构、城市发展受集聚分散原理支配、低碳城市发展是系统工程、城市规划作为公共政策等基本假设为前提，构建中国低碳城市规划研究理论框架，初步提出中国低碳城市规划的研究内容。

"学术文章"分为两组。第一组主题集中在低碳城市研究。季曦、陈占明、任抒杨以北京为例进行城市低碳产业的评估与分析。霍燚、郑思齐、杨赞基于2009年北京市"家庭能源消耗与居住环境"调查数据的分析进行低碳生活的特征探索，研究发现，住宅小区距离公共服务设施（如公共交通和购物中心）的距离越近，越有利于减少机动车出行从而降低碳排放；保温隔热性能较好的建筑结构形式也有利于碳排放的降低。同时，家庭收入水平、人口规模、住房面积、对家用电器的依赖程度等也对小区的低碳性有显著影响。谢来辉、潘家华就发展低碳经济与区域互动机制进行研究，文章认为：在开放经济条件下，国际贸易和投资自由化对温室气体排放的规模与地理分布产生重要影响，因此处于低碳经济不同发展阶段的区域或国家之间也存在复杂的互动和相互影响。这种区域之间的联系，可能促进世界范围内的低碳发展，也可能给一些发展中国家带来不利影响。第二组主题集中在城市地理学研究。国际著名城市地理学家麦克·帕西诺展现了"21世纪的城市地理学"的宏伟蓝图，并就城市地理学的主要研究方法和关键研究议题进行论述，文章强调：城市地理学必将为更好地理解城市环境作出重大贡献。日本著名城市学专家日野正辉的"1950年代以来日本城市地理学进展与展望"，以10年为周期，对1950年代以来日本城市地理学的研究成果进行了逐段整理，归纳了各时期相关研究的动向及成果，并在此基础上对21世纪日本城市地理学的研究方向进行了展望。日本近50年的城市化过程研究将对中国的城市化研究具有重要借鉴意义。王爱民、徐江、陈树荣以珠江三角洲地区为例，借鉴纳恩和罗森特伯的跨界合作模型，进行"多维视角下的跨界冲突—协调研究"，构建适宜珠江三角洲跨界冲突—协调多维分析框架。

"国际快线"刊登安·福西斯、凯文·J. 克里扎克、丹尼尔·A. 罗瑞格伍兹的"非机动交通研究和当代规划动机"，集中低碳城市规划中的慢交通系统规划，概述未来对NMT研究的定位问题。"经典集萃"刊登国际著名城市与区域规划专家约翰·弗里德曼的"走向非欧基里德规划模型"，该文发表于1993年《美国规划学会期刊》，文中提出的规划要针对具体问题、创新、交互性的、基于社会学习等理念，将有助于中国城市规划师在低碳生态城市领域进行探索、研究和实践。"人物"刊载中国著名的经济地理学家、城市与区域规划学家、地理教育家宋家泰教授的城市地理学思想。"研究生论坛"刊载博士生龙瀛等的"北京城市空间发展分析模型"和刘利刚等的"中国低碳型生态城市规划趋势探索"，反映清华大学建筑学院研究生群体的学术动向。两篇"书评"也耐人寻味，唐燕介绍了关联规划，戴亦欣就《城市与气候变化：城市可持续性与全球环境治理》进行了评价。

本刊下期主题为"人居环境科学"，欢迎读者继续关注。

# 城市与区域规划研究

目　次 [第3卷 第2期（总第8期）2010]

**主编导读**

**特约专稿**

1　通过城市规划建构适应气候变化的能力　　　　　　　　　　　希尔达·布兰科　玛丽娜·阿尔贝蒂
23　基于低碳理念的城市规划研究框架　　　　　　　　　　　　　顾朝林　谭纵波　刘志林 等

**学术文章**

43　城市低碳产业的评估与分析：以北京为例　　　　　　　　　　季　曦　陈占明　任抒杨
55　低碳生活的特征探索——基于2009年北京市"家庭能源消耗与居住环境"调查数据的分析
　　　　　　　　　　　　　　　　　　　　　　　　　　　　　霍　燚　郑思齐　杨　赞
73　发展低碳经济与区域互动机制研究　　　　　　　　　　　　　谢来辉　潘家华
88　21世纪的城市地理学：一个研究议程　　　　　　　　　　　　麦克·帕西诺
118　1950年代以来日本城市地理学进展与展望　　　　　　　　　　日野正辉
132　多维视角下的跨界冲突—协调研究——以珠江三角洲地区为例　王爱民　徐　江　陈树荣

**国际快线**

146　非机动交通研究和当代规划动机　　安·福西斯　凯文·J. 克里扎克　丹尼尔·A. 罗瑞格伍兹

**经典集萃**

174　走向非欧几里得规划模型　　　　　　　　　　　　　　　　　约翰·弗里德曼

**研究生论坛**

180　北京城市空间发展分析模型　　　　　　　　　　　　龙　瀛　毛其智　沈振江　杜立群
213　中国低碳型生态城市规划趋势探索　　　　　　　　　　　　　刘利刚　袁　镔

**人　物**

223　宋家泰先生城市地理学思想　　　　　　　　　　　　　　　　蔡建辉　郑弘毅

**书　评**

237　评《城市复杂性与空间战略：迈向我们时代的关联规划》　　　唐　燕
242　评《城市与气候变化：城市可持续性与全球环境治理》　　　　戴亦欣

# Journal of Urban and Regional Planning

## CONTENTS [Vol. 3, No. 2, Series No. 8, 2010]

### Editorial

### Feature Articles

1    Building Capacity to Adapt to Climate Change through Planning    Hilda BLANCO, Marina ALBERTI

23    A Possible Approach of Urban Planning for Low-Carbon City    GU Chaolin, TAN Zongbo, LIU Zhilin et al.

### Papers

43    Evaluation and Analysis on Low-Carbon Industry in the City: A Case Study on Beijing
     JI Xi, CHEN Zhanming, REN Shuyang

55    Low-Carbon Lifestyle and Its Determinants: An Empirical Analysis Based on Survey of "Household Energy Consumption and Community Environment in Beijing"
     HUO Yi, ZHENG Siqi, YANG Zan

73    Developing Low-Carbon Economy and the Mechanisms of Interregional Linkage    XIE Laihui, PAN Jiahua

88    Urban Geography in the Twenty-First Century: A Research Agenda    Michal PACIONE

118    Progress of Japanese Urban Geography after the 1950's and New Directions    Masateru HINO

132    Multidimensional Angle of View on the Interjurisdictional Conflicts-Coordination—A Case Study of PRD Region
     WANG Aimin, XU Jiang, CHEN Shurong

### Global Perspectives

146    Non-motorised Travel Research and Contemporary Planning Initiatives
     Ann FORSYTH, Daniel A. RODRÍGUEZ, Kevin J. KRIZEK

### Classics

174    Toward A Non-Euclidian Mode of Planning    John FRIEDMANN

### Students' Forum

180    Beijing Urban Spatial Development Model    LONG Ying, MAO Qizhi, SHEN Zhenjiang, DU Liqun

213    Low-Carbon Eco-City Planning Trends in China    LIU Ligang, YUAN Bin

### Profile

223    Professor SONG Jiatai's Ideal about Urban Geography    CAI Jianhui, ZHENG Hongyi

### Book Reviews

237    Review of *Urban Complexity and Spatial Strategies: Towards a Relational Planning for Our Times*
     TANG Yan

242    Review of *Cities and Climate Change: Urban Sustainability and Global Environmental Governance*
     DAI Yixin

# 通过城市规划建构适应气候变化的能力

希尔达·布兰科  玛丽娜·阿尔贝蒂

袁晓辉  王 旭  操毓颖  刘晓斌  王春丽 译校

## Building Capacity to Adapt to Climate Change through Planning

Hilda BLANCO, Marina ALBERTI
(Department of Urban Design and Planning, Box 355740, University of Washington, Seattle, WA 98195-5740, USA)

**Abstract** This paper begins with an account of adaptation, including its meaning and the likely impacts to which we will need to adapt, and also sketches out the roles that planners can play. At the same time, it reviews the existing research in these areas. These areas include: the emerging science of climate change adaptation, including vulnerability assessments; an integrative and strategic planning process based on collaborative scenario development; the identification and development of adaptation strategies; evaluation research focused on such strategies; and finally, research on implementation issues, including institutional, fiscal and legal.

**Keywords** climate change adaptation; urban planning and climate change

---

作者简介

希尔达·布兰科、玛丽娜·阿尔贝蒂，美国华盛顿大学城市设计与规划系。

袁晓辉、操毓颖、王春丽，清华大学建筑学院；

王旭，中国人民大学公共管理学院区域与城市经济研究所；

刘晓斌，北京新邑观城市规划设计研究所。

**摘 要** 本文从对适应的解释说明开始，阐述了其含义和环境变化可能产生的影响，并总结了适应气候变化为规划研究提供的更广阔、更多样的机会。同时，回顾了相关领域中的已有研究，包括脆弱性评估在内的有关气候变化适应的新兴科学；基于协作规划发展的一体化战略规划过程；适应性策略的识别和发展；关注这些策略的评估研究；实施主题的研究，涉及制度、财政和法律层面。

**关键词** 气候变化适应；城市规划和气候变化

## 1 引言

政府间气候变化专门委员会（IPCC）第四次评估报告（AR4）（IPCC，2007a：5）中总结道："气候系统的变暖是十分清楚的"，并称"自20世纪中期以来，被观测到的全球平均气温升高在很大程度上（据预测其可能性超过90%）是由于人类活动排放出的温室气体浓度增加引起的"（第10页）。到目前为止，世界范围内对此作出的主要政策回应，包括《京都议定书》（Kyoto Protocol）在内，都在关注减少或缓和温室气体（GHGs）的排放，以避免如预测中所说的可能更恶劣的变暖趋势。但是，即使我们能够成功地将温室气体含量控制在2000年的水平，海洋对大气温度的反应仍然存在时间上的滞后，气温和海平面的升高将会持续又一个世纪。人们更加认识到，适应气候变化与减少人类活动对气候变化的影响同样重要（IPCC，2007a：17）；而且适应气候变化的核心是对规划的呼吁。应对这种全球性重大挑战，这也给规划同行提供了在该领域发挥领导作用的机会。

本文从对适应的解释说明开始，包括其含义和需要我们去适应的环境变化可能产生的影响，同时也在探索适应气候变化与缓解自然灾害及可持续发展相关领域之间的关系。接下来本文将论述，尽管近来有关适应气候变化的兴趣大多集中在适应策略上，但是适应气候变化如何为规划研究提供更广阔、更多样的机会？本文的其他部分勾画出了规划师能够扮演的其他角色，并回顾了这些领域中已有的研究。这些领域有：包括脆弱性评估在内的有关气候变化适应的新兴科学；基于协作规划发展的一体化战略规划过程；适应性策略的识别和发展；关注这些策略的评估研究；实施主题的研究，包含制度、财政和法律层面。

## 2 适应与减缓

虽然联合国气候变化框架公约（1992年）已指出应对气候变化的两项措施，一是通过减少温室气体排放以减缓变化；二是适应气候变化的影响。但是直到IPCC的第三次评估报告（IPCC, 2001a）出台，适应的主题才开始在评估中得到独立的和足够的重视。IPCC的主要政策关注点是温室气体排放的减缓，这也是全球主要公约——《京都议定书》中强调的应对气候变化的重点。技术和经济方面的议题是减缓研究中主要考虑的内容，该研究集中在全球尺度，是自上而下的集聚模式。有越来越多的研究机构开始关注适应性，强调以地方和地域为基础的分析，并使用与发展研究和灾难、自然灾害减缓联系更加紧密的方法，尽管这种努力更微小。

越来越多的证据证实着气候变化，但同时又缺乏足够的减缓措施，导致适应性政策被重新强调。致力于减缓的IPCC第四次评估报告"表明现有的承诺不会让大气中温室气体含量稳定下来"，而且由于在气候系统中时间滞后，"不管意图实现减缓的努力多么严格和无情，也不能在接下来的几十年阻止气候变化的发生"（IPCC, 2007b: 748）。在本世纪中，不考虑为减缓而采取的努力，我们将要么遭受气候变化产生的不利影响，要么成功地适应气候变化。

然而，减缓与适应并不是一个二选一的决策——两者都是必需的。如果没有成功的减缓措施，气候变化的程度将增大，适应性策略也会变得无效。成功的"减缓可以减少适应需要面对的挑战"（IPCC, 2007b: 750）。但是第四次评估报告清晰地指出：人们刚刚开始审视为减缓和适应所做出的努力之间的关系和相互联系；到目前为止，研究结果表明这种联系不是直接的，而且要将两种努力整合在一起也许会遇到困难（IPCC, 2007b: 752-760、770-771）。

由于IPCC的报告是按照2100年为止的排放方案来说明其计划的，一般的观点是直到2100年，我们也不会经历气候变化最坏的结果，我们还有差不多一个世纪的时间来准备。但即使在接下来的几个世纪中全球平均温度是逐渐升高的，突发性气候事件，如干旱、洪水和热浪发生的频率也将在本世纪结束前大幅度增加。而且并不是所有气候变化的后果都是逐渐的，有一些可能是突发性的。此外，一些适应性策略会需要制度和财政方面的力量来为规划与实施争取时间。

规划师应该在减少温室气体排放中发挥作用，可以通过土地利用政策、减少交通、设立标准以减小对房间降温和加热的需要，鼓励使用替代型能源及其他相关政策。美国的城市在减少温室气体排放中发挥着越来越大的领导作用。2007 年年末，美国 700 多个城市的市长签署了保证书以实现甚至超越《京都议定书》中减少温室气体的目标，并游说他们所在的州和联邦政府采取这项政策。然而，减缓措施需要全球范围内有效的行动，而且要保证温室气体不再增加，也需要国家及各国之间的政策。另外，由于影响、战略和利益都是地方性的，适应性政策与地方和区域层面的关系更为密切。这样一来，适应性规划就自然而然成为一种与城市与区域规划相关的规划类型。适应气候变化的极端影响在根本上也是一种规划的挑战，在很大程度上需要公众的、社区广度的规划，而不仅仅是个人或者自发的适应。

## 2.1 适应的含义是什么？

在气候变化文献中，适应一词被定义在脆弱性、敏感性和适应能力的语境中。脆弱性常被定义为人类和生态系统易遭受伤害的可能性，适应能力指应对气候变化产生的压力的能力。敏感性指一个系统受气候变化影响的程度。适应能力被认为是行为、资源和技术产生的作用。脆弱性受发展道路、物质接触、资源分布、事先应力和社会与政府机构影响（IPCC，2007b：720）。弹性的概念被认为是"脆弱性的反面——弹性系统或人口对环境变化和改变并不敏感，而且有适应能力"（IPCC，2001b：89）。菲塞尔和克莱因（Füssel and Klein，2006；Füssel，2007）认为脆弱性的综合概念应该包含两方面因素：与暴露在气候影响下的系统相关的外在方面；与系统敏感性和适应能力相关的内在方面。IPCC 的 AR4 对脆弱性的定义是根据如下综合概念而来：

> 脆弱性是指一个系统容易受到或不能应对气候变化产生的不利影响的程度，这种影响包含可变性和极端情况。脆弱性是反映气候变化的性质、规模和系统所面临的气候变化的速度及其敏感性和适应能力的函数（IPCC，2007b：883）。

于是，适应开始被定义为系统、自然或者人类应对气候变化已有的或可能发生的影响，如海平面上升所作出的一种调节，以保证在面对已观测到或预测到的气候变化和相关的极端情况时，降低其脆弱性或增加弹性（IPCC，2007b：869）。脆弱性本身与风险相关，风险被定义为影响程度和发生可能性的结合体。风险是指在气候变化过程中的不确定性（IPCC，2007b：782）。然而，最近的 IPCC 评估报告承认缺乏对脆弱性或风险进行评估的量度依据。适应能力也是一个不清晰的概念，尽管人们已经在以下方面达成共识：适应能力的一些方面是通用的，而其他方面则要具体到特定气候变化产生的影响（IPCC，2007b：727）。

斯米特等（Smit et al.，2000）提出一些相关问题和关键变量，进一步解析了适应的概念。

（1）适应什么？气候相关的促成因素有哪些；哪些可以被称为气候或天气情况，如海平面上升；哪些是类似于干旱的生态效应；哪些是人类影响，如在相对时间内农作物减产。

(2) 谁或什么需要适应？系统需要适应，在此需要考虑的是与适应能力相关的系统特征。包含的系统有人类或生态系统、城市、湿地或某一领域，如交通运输系统。

(3) 适应是怎样发生的？适应可以通过多种途径产生。适应的类型包括直接反应的、通过预期的、自发的和计划的。它们可以是短期的，也可以是长期的，是地方的，也可以是区域的。"可以通过它们是否是技术的、行为的、财政的、制度的或信息的对其进行区分。"

(4) 适应情况如何？这需要对系统的适应性进行评价，包括确认评价标准、原则及评价过程。

在本文中，我们将继续讨论适应的这些方面。

生物适应是直接反应的，也就是说生物在变化发生后会对外在变化发生反应。个人和社会对环境变化的适应也是直接反应的，如应急反应，或者他们也可以提前预警，预见可能产生的影响。根据IPCC，评论指出对气候变化影响产生的直接反应可能"在应对不可避免的损害时是无效或不成功的"（IPCC，2007b：20）。预先适应主要是计划过的适应。尽管适应气候变化的高成本可能会妨碍为适应付出努力，但最近的 IPCC 报告建议可以"通过土地利用规划和基础设施设计的方法"，以及"在现有的灾害风险降低战略中减低脆弱性的方法"（IPCC，2007b：20）来提高适应能力。这样一来，规划不仅处于预期适应的核心，而且城市与区域规划中的主要元素成为提高适应能力的关键。

## 2.2 适应什么？IPCC 计划

我们需要适应的气候变化的主要影响包括温度变化、海平面上升、降雨量变化和极端事件。

(1) 温度变化。根据 IPCC 最新报告，温度变化情况大致为：根据碳排放情况，全球将以每 10 年 0.2 摄氏度的速度变暖（北美将高于平均增温速度）（IPCC，2007c：12）。

(2) 海平面上升。根据碳排放情况，基于模型的对全球平均海平面上升的预测为：到 21 世纪末，排除未来快速的冰块漂流形式的动态变化，海平面将由 0.18 m 上升到 0.59 m（IPCC，2007c：13）（我们的重点）。

(3) 降雨量变化。降雨量中值的平均值很可能在高纬度地区增加，在大部分亚热带区域减少（IPCC，2007：16）；积雪可能会减少（IPCC，2007：15）。

(4) 极端事件。"极热、热浪和强降水情况发生的频率很可能会继续增大"（IPCC，2007c：15）。

IPCC 第四次评估报告用以下叙述修正了基于模型的海平面上升预测："排除未来快速的冰块漂流形式的动态变化。"需要在此简单地说明：关于格陵兰冰川和南极冰盖融化速度增加的研究开始于第四次评估报告准备时期，而且气候变化模型没有反映出这些变化。目前，能够观测到的冰块流动的快速变化让一些研究者开始质疑第四次评估报告的预测（Dowdeswell，2006；Kerr，2006；Rignot and Kanagaratnam，2006），并预测到 2100 年海平面上升的平均值将达到 1.4 m 甚至更多（Hansen，2007；Rahmstorf，2007）。

应该注意到说明这些影响的时间尺度也同样重要。IPCC 预测的影响是通过长期的趋势来陈述的，如平均温度的升高。常见的误解是我们将逐渐经历这些变化。但是这些长期的趋势受与标准相关的变动性支配。除了正常的变动,气候变化的变动性常与变动频率/可能性分布的变动复合在一起,如厄尔尼诺南方涛动(ENSO)或火山爆发、暴风雨(Schneider et al.,2000;Smit et al.,2000)。这种复合型的变动性可能会引发更加频繁的极端气候事件,如更加剧烈的飓风。影响的程度会随着区域或地区具体的特点变化。如一些区域温度上升的速度极可能是全球平均速度的 3 倍,最终增加 6 摄氏度。其他区域在海平面上升的情况下,由于土地沉陷或侵蚀,遭受洪水的概率会高于一般地区。

以上这些主要的全球气候变化影响都比较概括,不利于我们制定适应策略。为了设计出这样的策略,我们需要开发区域尺度的气候变化模型,具体到区域降水量类型、沿海特征、包括土地和居住类型、地形地貌、水资源、天气类型和相关变量。以这些数据为基础,将区域模型连接到全球气候变化模型中,来确定更多的以地区为基础针对区域的气候变化影响。要确定一个区域的脆弱性,就必须开始对地方和区域的影响进行预测。

在美国,第一个国家范围的气候变化影响评估开始于 1997 年。它发起了 18 个区域评估,并基于两个更大尺度的模型,为一些经济部门和国家的较大区域:东北部、东南部、中西部、大平原、西部、太平洋西北部、阿拉斯加、岛屿区进行了一系列预测。评估中总结在 21 世纪进程中,美国的温度平均将变化 5~9 华氏温度,或者说 3~5 摄氏温度,高于预测的全球温度变化(National Assessment Synthesis Team,2001)。《美国受到的全球气候变化影响》是该报告的更新版,目前正接受公众审阅(US Climate Change Science Program,2009)。这些报告都没有直接将气候变化的影响落实在城市上。但是,为说明在接下来的几十年中气候变化挑战的必然性和严重程度,让我们来审视气候变化对于海平面上升的影响,这种影响将直接关系到沿海地区和他们在美国大陆的居住地。蒂图斯和里奇曼(Titus and Richman,2001)对大西洋和海湾地区那些容易遭受潮水淹没的海岸区域进行了空间分析,被纳入到国家评估中。他们将沿海地区的海拔轮廓绘成地图。尽管地图绘制并未考虑侵蚀和让未来海岸线预测更充分的其他重要变量,但是其 1.5 m 等高线图可以大致预测在海平面上升了 50 cm 后,被较高水位的潮水淹没的区域。蒂图斯和里奇曼的研究显示,在接下来的世纪中海平面上升将对大西洋和海湾区域的 4 个州影响最大:佛罗里达州、路易斯安那州、得克萨斯州和北卡罗来纳州,80%的低地,总面积 22 254 km² (总面积差不多等于马萨诸塞州、佛蒙特州和特拉华州之和),将位于 1.5 m 等高线以下,将在接下来的两个世纪中面临被潮水淹没的危险[①](Titus and Richman,2001)。除了洪水和土地被彻底淹没外,海平面上升的其他重要影响还包括:湿地转移、海岸线侵蚀、更严重的风暴潮洪水、咸水侵入河口和淡水含水层、河流和海湾中潮汐规律被改变、沉降类型的改变以及照射到海底生物的光线减少(McG Tegart et al.,1990)。海平面上升引起的这些其他影响更清晰地阐明了为什么地方/区域分析对于适应性规划是非常关键的,这是由于整理海平面上升对区域的相关影响需要本地的湿地知识、侵蚀速度、港湾、蓄水层、河流潮汐情况等。

## 2.3 适应与自然灾害减缓的关系

研究气候变化适应性规划的文献并不广泛,大都重点关注概念问题(Füssel,2007;Füssel and

Klein, 2006; IPCC, 2007b: 749; Smit et al., 2000; Smit and Wandel, 2006), 最近开始进行适应性实践的个案研究 (IPCC, 2007b: 721-724)。正像上文中指出的, 这些文献都应用了发展研究和灾害风险管理的研究方法。由于自然灾害减缓规划是规划中新兴的研究, 所以在这一部分我们将探索自然灾害减缓和适应性规划之间的关系。

像指出的那样, 自然灾害减缓规划与气候变化适应性规划, 有着共同的脆弱性评估的概念框架。然而在两个领域中, 脆弱性措施仍在演进中。在气候变化的文献中, 菲塞尔和克莱因 (Füssel and Klein, 2006) 在最近一篇关于脆弱性评估的评论文章中表示, 脆弱性评估将更加复杂的方法引入, 不仅仅停留在气候变化的影响评价上, 还加入了关注减缓的脆弱性评价, 近来开始了适应性政策评估。他们指出了脆弱性概念演化中的不清晰之处, 并提出三种主要的将脆弱性概念化和评估的模式：①风险危害框架, 一个更加技术性的方法, 它将"脆弱性理解为系统的外在灾害及其反作用之间的剂量反应关系"; ②在政治经济和人文地理中起主导作用的社会构造主义框架, 它关注社会脆弱性, 将其理解为由社会经济和政治因素决定的家庭或社区的内在情况, 并强调脆弱性中的非气候因素; ③更加综合的脆弱性概念, 如在IPCC第四次评估报告中用到的那样, 将外在和内在方面都纳入进来。自然灾害研究文献也在建立更加综合的框架 (McEntire, 2005), 但是目前脆弱性的主流定义是系统暴露于危险的程度。这一领域同样使用了能力的概念, 类似于适应能力的概念 (Schwab et al., 1998)。

根据科梅里奥 (Comerio, 1998) 以及其他人 (Olshansky and Chang, 印刷中; Quarantelli, 1999) 总结的灾难和灾难性事件之间的区别, 需要适应的气候变化影响可以分为灾难和灾难性事件。与灾难相比, 灾难性事件包括重大的人身伤亡和财产损失, 可以检验区域或国家反应能力的极限。在此差异的基础上, 我们可以认为自然灾害减缓规划与灾难的关系更为密切, 这也是该领域关注的主要内容。根据奥利尚斯基等 (Olshansky and Chang, 印刷中) 在介绍他们复原性规划的研究所提到的, 灾难性事件及对其反应的研究在该领域中被忽视了, 需要在未来进一步研究。对灾难性事件反应的研究与气候变化适应和自然灾害减缓都有关系。虽然该领域的研究者都呼吁应该采取提前预警的方法, 但是自然灾害减缓政策还是直接反应, 而不是预先计划的 (Blanco, 2008; Godschalk et al., 1999: 第一章; Mileti, 1999: 第二章; Schwab et al., 1998)。气候变化的影响是系统性的, 而自然灾害是偶发性的。自然灾害基本上是临时性、空间局限性的事件, 它不影响整个系统。气候变化却有改变系统的潜质, 这是由于其影响是长期的, 在空间上是广泛的, 要么是大尺度的区域, 要么涉及全球。自然灾害, 即使是灾难性的, 也可以指望自然条件恢复到正常或稳定状态, 或者社会条件恢复稳定。一些气候变化影响将把一些情况由正常变得杂乱, 而且将持续混乱, 几十年或一个世纪内都不会重新回到稳定状态。据预测, 气候变化影响将增加自然灾害发生的频率, 如干旱、野火, 这会让传统制度、实践和用以应对自然灾害与人为灾害的财政拨款面临考验。另一个重要的不同是政策立场。如上述所言, 尽管灾害减缓方面的一些研究者呼吁预先规划, 但实践领域仍被直接反应所主导, 而且联邦政府对预先规划的资助也是不充足的[②] (FEMA, 2007)。然而, 在灾难性气候变化影响案例中, 经证实等到事件发生再采取行动的代价往往是巨大的。基于这些差异, 自然灾害领域的传统关注焦点、政策机制和机构在强调灾难性气候变化影响方面都有可能是不足的。气候变化适应性规划为专业人士提出了更广泛的研究和实践机会。

## 2.4 气候变化适应与可持续发展的关系

IPCC 第四次评估报告（IPCC，2007b：811-841）的最后一章专门介绍气候变化和可持续性之间的关系，包括：①非气候压力，如贫困或不平等地获取资源增加了应对气候变化影响的脆弱性；②适应和可持续发展拥有共同的目标和决定因素，但是可持续性研究没有考虑适应性，一些开发活动的结果会增加应对气候变化影响的脆弱性；③减少应对灾害的脆弱性将有利于减少应对气候变化的脆弱性，但对于消除所有损害还是不够的；④气候变化将产生应对未来的净成本，而且这些成本将持续增加；⑤气候变化将阻碍一个国家发挥其实现可持续发展道路的能力；⑥2050 年之前减缓和适应的协同作用在很大程度上将是有效的，但即使同时在减缓和适应措施中投入大量资金，也将被气候变化影响压倒性地置后（IPCC，2007b：813）。

从以上概要可以清晰地看出，IPCC 报告在平衡可持续发展面临的挑战与气候变化适应作出的努力之间协同的机会。可持续性的概念是整体的，不仅与能源和温室气体排放相关，也围绕着经济、社会维度和环境（Kates et al.，2001）。既然减缓是气候变化科学的惟一政策目标，那么可持续性与气候变化议程在能源政策上就是一致的。实际上，气候变化科学发现，全球变暖正在发生，很有可能大部分温室气体的排放都是由人类活动造成的，这是一个强有力的证据，证明我们的发展道路是不可持续的。气候变化的研究结果为可持续发展方法提供了关键的论据，减少温室气体排放是可持续发展的主要目标。然而目前很清楚的是，减缓是不够的，即使实施最有力的减缓策略，我们也需要在本世纪中应对主要气候变化的影响，也许时间更长。在演进的世界中实现可持续的生活方式其本身就是困难的，也在什么是更加可持续的行为和在何种尺度可持续的问题中引发了持续的争论。但是气候变化的变动性和潜在的不确定性将使这一问题变得更加复杂。气候变化影响也提出了问题：可持续发展的目标究竟能否实现。

自 1990 年代开始，可持续性的概念在规划中开始受到欢迎（Beatley，1995；Campbell，1996；Krizek and Power，1996；Wheeler，2004），但由于可持续性议程中的城市发展战略大都只是好的城市规划政策，如增长管理及城市设计、环境保护，专业内部也将可持续性理解为"新瓶装旧酒"，与实质内容比起来有更多的修饰成分（APA，1993）。伯克和康罗伊（Berke and Conroy，2000）看起来证实了这点。他们分析了 30 个城市的总体规划来确定那些将可持续发展纳入其意图的规划是否有别于其他没有纳入的规划，发现声明可持续性意图的规划和未声明的，在可持续性措施内涵中不存在较大差异。但是城市规划中可持续性的努力把有效利用材料和能源的需要变得十分显著，比如对绿色建筑技术、替代汽车出行的强调中都增加了我们对实现可持续发展所需因素的理解，如获取资源、制度和管制以及人力资本等，这些也与影响适应能力的因素相一致（IPCC，2007b：816）。由于适应性规划与自然灾害减缓共用一个风险管理框架，它也将获益于可持续发展的整体框架及其环境价值，并提升对支撑可持续发展和适应性规划的关键因素的理解。

## 3 适应性规划

虽然经济学家、工程技术人员和其他科学家在气候变化减缓项目的发展中已经承担了将其概念化并对其进行分析的任务，但在这些项目的执行中城市规划更应承担强有力的角色。既然这些项目需要在地方层面付诸实施，为了在土地利用和建筑尺度下减少矿物燃料能源的使用，规划师将在制定监督计划和标准方面起到关键作用，在交通方面同样如此。气候变化适应方面的研究目前仍然处于发展阶段，它和一个新兴的规划研究领域——自然灾害的减缓——有着密切关系，这一研究包括一个最基本的规划过程，并在规划、土地利用和基础设施系统的核心领域认同气候变化适应的重要性。正因如此，适应性规划为规划研究提供了一个广阔的舞台，并且不仅局限于规划实施领域。然而迄今为止，和气候变化适应直接相关的规划文献是非常少见的。不过在1990年，来自美国环境保护局的吉姆·蒂图斯（Jim Titus），目前是该局海平面上升项目管理者，在《美国规划协会杂志》（*Journal of the American Planning Association*）发表了一篇关于适应气候变化战略的创新性文章，他主张在长期性项目中采取前瞻性的步骤，设定优先级并进行战略性评价，这在气候变化适应性的研究、发展和教育方面同样需要（Titus，1990a）③。自那时起，一些研究开始关注气候变化的特定影响以及它在规划方面的启示，包括城市热岛效应、地面臭氧污染和气候变迁（Stone，2005）、雨水系统对降水量增加的适应（Waters et al.，2003）。在美国，联邦研究中关于气候变化对城市以及必要规划的影响研究并没有抵消这种专业规划注意力的欠缺。相反，欧盟已经开始发展适应性的方法（2007年），而且欧洲经济合作与发展组织（OECD）委托了一系列关于气候变化对城市影响的研究（Hallegatte and Henriet et al.，2008；Hallegatte and Patmore et al.，2008；Hunt and Watkiss，2007；Nicholls et al.，2008）。在此，我们讨论了规划师在适应气候变化的规划中能扮演的多重角色。为了证明这一点，我们使用规划过程模型中的步骤来组织以下的讨论。

### 3.1 规划分析：气候变化适应的科学

规划模型中的第一阶段需要对出现问题的情况进行分析并确认问题。正是在这一规划阶段，规划师使用典型的科学框架和结论来分析问题，虽然一直到最近，规划师才开始主要使用线性人口和经济估测来开展城市规划。对气候变化的适应性规划将需要依赖一个新兴的跨学科科学领域，它将人类和自然及其相互关系联系起来。当自然灾害减缓使规划师们依赖于地质学家和其他科学家的研究时，一个包括景观生态和土地利用生态学的新学科正在兴起，这是规划师们可以大显身手的领域（Alberti，2008；Feddema et al.，2005；Liu et al.，2007；Turner et al.，2007）。这一新的研究领域融合了科学和政策，吸收了复杂性研究和系统分析方法，明确了脆弱性和适应能力。

更加具体的，这一科学的兴起将在明确区域和地方气候变化的影响上起关键作用，而这一影响对

通过城市规划建构适应气候变化的能力 9

于启动气候变化适应性规划是必需的。

为了在区域或地方层面确定适应性反应的可行性,全球气候变化模型需要与考虑局部地貌、大气、土地利用、地表覆盖和基础设施系统的区域级模型相结合。有一些区域级模型包括了地貌、水文和地表覆盖,但是在地球系统模型中对于人类维度的表述往往过于简单,无法开展适应性规划,在合适的尺度下充分表征城市土地利用、基础设施系统以及高度异质化的城市土地覆盖情况。在城市化区域建立地表覆盖/气候变化和它们的影响模型时,一个主要的挑战在于明确表述出在分解水平下人类和生物物理过程以便探索联系人类决策和城市模式与环境变化之间的机制(Alberti,1999)。传统的地表覆盖变化模型以人口、户数和职业的总体平均特征为基础,不能捕捉土地利用和地表覆盖变化的众多原动力与驱动者之间细致微妙的相互作用。许多模型也假设没有相关的空间和时间动态(Alberti and Waddell,2000)。事实上,动态遍及时间和空间,并且具有内在反馈和阈值。

作为普吉特海峡生物多样性项目(NSF 建立)的一部分,阿尔贝蒂等开发了高分辨率、空间详尽的土地利用/地表覆盖变化模型(LCCM)(Alberti et al.,2006;Hepinstall et al.,2008),这一模型可以与普吉特海峡区域级的模型相联系,如分布式水文土壤植被模型(DHSVM)(Cuo et al.,2008)、天气和研究预报模型(WRF)(Mass et al.,2003;Salathé et al.,2007)。后一模型被华盛顿大学气候影响小组(UW Climate Impact Group)发展用以获取确定地方和区域气候变化影响的高分辨率投影类型[①](Snover et al.,已提交待发表)。土地利用/地表覆盖变化模型(LCCM)使用一套空间详尽、基于场地的地表覆盖转换多元对数模型。转变可能性方程是凭经验估计的,它包含一系列自变量用以比较不同时间点的地表覆盖数据(目前数据包括普吉特海峡 1991 年和 1999 年)。当与独立的土地利用/地表覆盖数据相验证时,在普吉特海峡中央区域执行的模型结果显示出强预示性(Hepinstall et al.,2008)。这是一个新兴的模型耦合的例子,规划研究人员可以应用在与大气和其他科学家的合作中以开展区域级的适应性规划。

除了推动特定区域的气候变化预测的科学研究之外,规划研究者也可以促进脆弱性分析的发展。菲塞尔和克莱因(Füssel and Klein,2006)回顾了在气候变化文献中的脆弱性评价演变,从灾害减缓政策的考虑到适应性政策评价的考虑。这些评价的问题在于:"什么地方需要适应性政策,以及适应性政策如何最好地发展、应用和资助?"(Burton et al.,2002)与依赖物质和生物科学、关注减缓气候变化的评价不同,适应性评价关注地方发展背景下的经济和社会的可变因素,在本质上更加综合,因而与当今规划技术具有更好的兼容性。

## 3.2 规划过程以及城市适应性规划

城市规划和适应性规划可以在多种层面下实施,包括社区级、系统级或者项目级。社区层面的气候变化适应性规划过程需要做到一体性、战略性、参与性,并要包含可变通的方法来应对风险。综合性规划包括一个广泛的范畴,包括物质、生物、社会科学,正如我们在上一部分所讨论的,气候变化模型、气候影响和脆弱性评价需要这种综合性。在规划实践中,对综合性的需要至少包括海岸线、流域、土地利用和基础设施规划与能源规划。为阐述综合性规划的必要性,让我们关注沿海地区海平面上升的影响。除了洪水以外,这些影响包括更频繁和剧烈的风暴潮、潜在的更大的洪水可能性和干旱,这些需要沿海区域进行综合有效的区域性土地和水资源管理。修订后的1972年《沿海区划管理法》(CZMA)是重要的以综合性、一体化的方式处理沿海事件的联邦法令,这一法令确认了州和地方在处理沿海事件中的作用,并为州/地方海岸线总体规划的准备和实施予以鼓励并提供资金。海岸线总体规划是应对沿海地带极端情况的主要工具,不过这些规划与地方土地利用规划不相一致,除了在一些需要保持规划间一致性的州。流域规划是许多州和地方政府用以管理它们排水区域及流域内水资源质量和数量的另一主要机制。这一规划的前期准备是 EPA 在"受损的水体"——水体不能满足指定用途的标准——的案例中建议的。流域规划经常与地方土地利用规划不相统一或一致,不能保护水资源。所以适应性规划对规划满足其综合性的承诺提出挑战。

如今许多城市已将气候变化减缓措施纳入它们的城市规划当中。它们是广义上可持续发展议程的典型部分。例如,西雅图市在它的公共建筑建造和商业区密度奖励规章中采用了 LEED(一种绿色建筑定级体系)准则。地方政府在响应适应性规划方面则相对慢些。在此方面,华盛顿州的金郡在发展郡内气候规划方面,同时考虑到减缓和适应两方面的措施,表现出了杰出的领导力(King County, 2007; Swope, 2007)。根据华盛顿大学气候影响小组对普吉特海峡所作的影响预测,金郡制定了一系列旨在将缓和适应性目标融入郡和城市机构的指导方针,确定了一系列迫切的适应性需求,例如位于或者靠近洪泛区的特定供水管线或道路,并正在采取措施提高实施适应性规划的能力,比如与气候影响小组达成合作协议,为合适的郡内职员培训气候变化科学,并提高这一主题的公共意识。虽然这一规划没有包括特定的实施步骤,但它将气候变化适应性考虑融入所有相关郡内规划和项目的目标却是目光长远的。与致力于开创新的过程不同,这种融合气候变化适应的考虑在当前指导方针或者评价过程中被视为主流思想。将气候变化的考虑主流化被广泛提倡以保证这种思虑"成为已建立的项目中的一部分,或者将与之一致,特别是可持续性发展规划"(IPCC, 2007b: 732)[5]。

在美国的另一端——纽约市的新规划 PlaNYC 2030(2007)是综合性、战略性规划的早期典范,它融合了气候变化减缓和适应性战略,并强调了能源、海平面上升和水资源。纽约市的规划再次获益于精密的大纽约区域建模。它依赖于东海岸大都市区(MEC)对纽约区域所作的评价,这一评价将作为美国 EPA 国家气候变化评价(National Assessment Synthesis Team, 2001)的一部分(Rosenzweig and Solecki, 2001)。东海岸大都市区(MEC)是美国18个区域评价中惟一一个主要致力于城市问题的。另外,MEC 研究人员不断深化他们对纽约地区气候变化影响的研究,包括热岛效应的适应性评价(Solecki et al., 2005)、热风和臭氧减少对健康的影响(Kinney et al., 2007)以及水供应问题、污水管和污水处理问题(Rosenzweig et al., 2007)。"气候对大波士顿地区(Metro Boston)的长期性影响"(CLIMB)项目建立了气候变化对大都市地区的交通、水资源、沿海和流域洪水、能源和健康影响的模型,并对三个反馈方案进行了成本效益分析,包括无行动响应和早期行动响应(Kirshen et al., 2004; Kirshen, Ruth and Anderson, 2008)。

在欧洲和世界范围内，伦敦无疑是适应性规划的领导者。它的努力同样开始作为国家项目的一部分，英国气候影响项目（UK Climate Impacts Program）与提高和协调气候变化影响研究相适应，促成了伦敦气候变化同盟（LCCP）的成立（Penney and Wieditz，2007）。在利文斯通（Livingstone）市长的大力支持下，该公司开发了缩减规模的模型来生成区域行动计划，并为气温上升、洪水威胁、水资源可用性确定比选方案和制度性战略（LCCP，2002、2005、2006）。在加拿大，空气净化同盟（CAP）与多伦多合作实施一项针对多伦多的气候变化适应项目。除了对相互利益的讨论，CAP 还准备了气候变化对该市影响的全面审视（Wieditz and Penney，2006）、六个主要城市气候变化适应性举措的研究（Penney and Wieditz，2007）、对城市和森林两种地区的一系列可选措施（Wieditz and Penney，2007a）以及高温对健康和能源使用的影响（Wieditz and Penney，2007b）。

除了单个城市的努力，IPCC 和有关气候变化脆弱性的文献均强调在规划过程中公众参与的重要性（Burton et al.，2002；IPCC，2007b：141-142），这种强调与对规划参与的回应相一致。为适应气候变化不可削减的不确定性，需要创新性措施来管理风险。一些包含强有力参与过程的创新性措施已经有所发展并开始付诸应用。一些以此为依据的行动计划和公众参与措施，例如华盛顿大学的城市生态实验室开发应用于西北太平洋的措施（Alberti and Russo，印刷中）、RAND 研究人员开发的强有力的决策制定方法（Lempert et al.，2006），以及最近在加利福尼亚对水资源的应用。

与社区尺度的规划不同，针对气候变化适应的规划同样可以从功能性或部门性角度实施。交通、能源、公共安全和供水基础设施规划师们在开展这些规划时可以扮演重要的角色。一些国家和地区正在开始为基础设施系统准备脆弱性评估或气候变化规划。例如加拿大政府发表了关于气候变化影响和挑战的国家报告（Lemmen and Warren，2004），随后的 2006 文献回顾描述了全加拿大基础设施系统对气候变化影响的脆弱性评价所作的工作以及适应性尝试（Infrastructure Canada，2006）。另外，沃特等人（Waters et al.，2003）考察了气候变化带来的降水量增加对加拿大安大略省南部的典型城市汇水区所造成的影响，并指出了适应性措施。气候对新西兰基础设施的长期影响项目（CLINZI）是一个研究型项目，已经开始在新西兰一些城市的基础设施系统中应用数量模型来确定气候变化影响下它们的脆弱性（Jollands et al.，2007）。水资源，尤其在美国西部，由于气候变化导致的降水变化将会造成较大的影响，已经成为一些研究的对象，包括田中等（Tanaka et al.，2006）对加利福尼亚水系的研究、莫特等（Mote et al.，2003）关于气候变化对西北太平洋水资源和生态系统的影响研究、佩恩等（Payne et al.，2004）对哥伦比亚河流域的研究以及弗雷德里克（Frederick，1997）对水供给和需求的广泛研究。加州能源委员会（California Energy Commission）开发了包含多个领域的关于气候变化对加州影响的行动计划，包括自然资源、生态系统、基础设施、健康系统、经济系统（Cayan et al.，2006；Hayhoe et al.，2004）以及气候变化对高温和能源需求的影响研究（Miller et al.，2007）。

谈及气候变化对交通系统的影响，美国交通部举行了一个关于气候变化对交通系统的潜在影响的研究专题研讨会（USDOT，2002a），并进行了气候变化对纽约大都市区、墨西哥湾海岸/密西西比三角洲区域、五大湖、加利福尼亚州、阿拉斯加州以及大西洋海岸交通系统影响的个例研究。许多个例研究关注海平面上升和洪水量增加的影响。从此，美国交通部就委托了两项重大研究，目前正在进行中。

（1）一个咨询性研究，即海平面上升以及风暴潮如何影响美国东海岸交通基础设施（ICF International, 2007）。该研究的第一阶段指出了北卡罗来纳、弗吉尼亚、华盛顿和马里兰的高速公路与干道所受的影响。第二阶段将陈述纽约、新泽西、宾夕法尼亚、特拉华、南卡罗来纳、乔治亚以及佛罗里达大西洋海岸所受的影响。

（2）一份关注墨西哥湾海岸气候变化及其对运输系统和基础设施方面影响的研究（US Climate Change Science Program, 2008）。除海平面升高外，温室效应对永久冻土的影响及其结果对交通系统的影响已经成为加拿大和阿拉斯加州关注的主题（Infrastructure Canada, 2006）。

在基础设施系统方面的气候变化适应性规划也可以实施到项目层面。一些这样的案例已备案，包括位于波士顿的鹿岛（Deer Island）污水处理厂项目。在这一案例中，考虑到预测到的气候变化影响，污水处理厂的选址更换到了更高的海拔位置。原先的定点相对较低，但是预测到的海平面上升将要求在原本提议修建污水处理厂的位置围筑一道防护墙，这将需要昂贵的抽水费用（Easterling et al., 2004）。此外，通过在项目发展行动计划中纳入或主流化适应性规划，社区可以保证适应性在单个基础设施项目设计中被强调，例如位于华盛顿州的金郡正在如此要求郡内的设施项目（King County, 2007）。

### 3.3　认定和设计策略

在规划过程中，对备选策略进行确认的阶段，需要提出和发展一系列的策略以应对多样的气候变化。例如，对于海平面上升问题，已有三个广域类型的策略被提出：①保护性策略，通过建设硬件设施（例如海防大堤）或使用软件措施（海滨护养）来保护陆地免受海洋侵占，继续发挥当前的用途；②调整性策略，借此人们可以继续占用陆地，但是要做一些相应的调整，例如把建筑抬升至柱桩之上；③规避或放弃策略，即不做任何保护土地以避免其受到海平面上升影响的尝试（Bijlsma et al., 1996）。提出策略同样使揭示备选策略特征的分析过程变得十分必要。

继续以海平面上升策略为例：如果保护性策略，如排洪沟和防洪堤是一种选择的话，那么一个排洪沟或防洪堤的开发规范应该是什么？针对上一次的风暴潮、针对本世纪中叶海平面上升的预测，还是针对到本世纪末海平面上升的预测？然而，由于气候变化影响的内在多变性和极端事件可能性，为适应气候变化的影响而确定防洪堤规范是更加复杂的。同时，诸如排洪沟和泄洪堤的方案策划可能会进一步扰乱生态系统，例如湿地或者沼泽，也可能造成对他们自己的有害影响。此外，在认定策略中，规划师必须考虑到他们的财政状况。防洪堤是典型的公众项目，它是由公众资助的。谁将承担开销，通过什么样的政府财政机制呢？应使用一种特别税或是财产税吗？财政手段应该考虑其不同的分配影响，而且这些措施在人口迁移方面的影响将会如何？还有时机的问题，修建防洪堤应该是在大洪水事件之前还是之后？

如果我们考虑海平面上升的调整性策略，诸如需要抬高建筑物时，这个策略将引起建筑规范的改变并要求建筑的桩基建造在特定区域，对于上升的路面和其他基础设施也是一样。建筑物将抬升多少，应遵循何种规范？当我们考虑建筑规范改变以适应新的结构，我们如何确保现有的建筑物符合新的规范？既然这样，一些调整性策略的代价，例如，抬升建筑物或私人物业的代价是私人的，其他是公众的，诸如抬升政府的物业，包括道路和其他基础设施。支付这些公众花费的资金该如何募集，通过特别的行政区吗？没有能力负担这项改进的贫穷的个人或社区该怎么办？对他们会有怎样的安排？同时，和保护性策略一样，一旦有极端事件，调整性策略将会失败。

如果对海平面上升使用规避性策略，诸如在受海平面上升影响的区域进行密度限制，将提供更多的保护。但是这会牵涉到财产权的问题，可能需要以其他形式的价值来获取公众土地或取得使用权（Titus，1998）。在规避性策略的另一方面，一个社区也许会考虑放弃洪水威胁的区域。这样的办法可能在不太脆弱的地区带来现有居民点的解体和新的居民点的发展，并且需要加强再发展的力量征用和消解现有的区域并补偿个人，在安全的地方规划和重置社区，并且为规划和重置提供资金。

## 3.4 评估策略

适应性策略需要进行评估。怎样进行呢？当运用于气候变化策略时，那些传统的评估办法的优点和缺点是什么呢，诸如成本收益分析、成本效益分析或多准则评估方法。《斯特恩报告》（*Stern Review*）（2006），一个为英国政府做的很有影响力的关于气候变化及其减缓和适应的经济学评估，用了一套成本收益分析方法，不过这个方法因为各种原因遭到广泛的批评，使用贴现率是其中的一个原因，但气候变化框架公约提出了评估手段的补充条款（STRATUS Consulting Inc.，1999）。经济合作与发展组织（OECD）的一份近期报告（Hallegatte，Henriet et al.，2008）提出了一个在城市尺度上评估成本和收益的概念性框架。基于对城市尺度适应性规划的增多的兴趣，报告提出了一个包含社会经济规模缩减以及气候预测的经济评估进程。无论何种类型的方法用于评估策略，都需要包含解释相关性的标准（例如，海堤将如何影响湿地）和解释分布性的影响（例如，策略将如何影响贫穷的或年长的人们）。

另外一个重要的评估方面是被选择出的策略的公众参与和支持的程度。然而，很多评估方法，包括成本收益分析方法，都是高技术性的，很少得到公众参与，因为它们的技术特性不能够吸引公众的注意。这是基于公众参与的论坛——一种包含很多利益相关者做出的评价策略的论坛——做出这种承诺的原因。另外，公众参与过程也可以包括技术性的评估技巧，只要对参与者进行培训，告知其方法中使用到的假设条件、机制和外部输入即可。这种评估将用于昂贵的气候改变适应措施，并将配备一些规划研究者承担这项研究。

## 3.5 实施要点

AR4 报告强调了关于"落实适应性策略在实践、制度、技术方面的障碍"(IPCC, 2007b: 804)远景研究的重要性,以提高我们对适应和适应能力的理解。这暗示我们需要"一个在多水平和层面做决定的、丰富的概念—评估--反响过程的特征,从个人到家庭、到社区、到国家"。总的来说,实施要点是规划中最大的难处。在这一部分,我们仔细研究气候变化适应性规划的三个关键实施要点:制度、财政和立法。

### 3.5.1 制度

制度设计和实践能明显地减少或增加系统暴露于气候风险的可能性。指出可供规划利用和实施适应策略的制度技术细节是一项重要的任务。在大多数情况下,现有机构负责规划、水资源、交通和其他相关部门。现有的机构面对气候适用议题需要进行自我调整。很多公众部门作用于标准操作程序时并不是十分具有创新性的。在这些机构中如何促进有组织的学习?既然对气候变化影响的理解是相对来说比较新的,尤其对于一个地区,机构首先需要了解这些问题如何影响他们提供的服务。金郡的关于气候变化的杰出成就首先是关注制度要点的学习。他们的郡政府和专家在气候科学领域一起合作,共同制定气候规划以便更好地理解制度要点,委任专员成为这些议题方面的专家,为各个郡的部门职员设立学习流程,以在他们的活动中纳入对气候变化的考虑。如果没有这样的制度性学习,制度上的惯性做法很可能成为气候变化适用的一个首要障碍(Berkhout et al., 2006)。但是对适应的回应也许需要增加一些新的部门。目前,工兵军团(Corps of Engineers)负责阿拉斯加州西北部受海平面上升和风潮朝侵蚀威胁的很多村庄的重置,但是这个军团,一个建立在命令和控制结构上的组织,在需要做出广泛参与的决定方面也许不是一个很恰当的部门。何种制度设计可以胜任重置受恶劣气候变化影响威胁的社区和开发新的居民点的任务呢?

此外,既然气候变化对城市的影响需要一个整体的办法来规划,那么在现代都市被碎化为多级政府管制、缺乏有效的大都市政府机构的情况下,城市内部多种城市系统已经由不同的地方部门做出典型规划并实施,适应性规划如何强调现有的规划部分和强制性机制?

### 3.5.2 财政

对实施适应性措施的财政机制进行研究是有必要的,尤其是一些保护性或规避性措施。那么在将来能源价格可能变得更高,以及维持我们现有的基础设施方面仍然存在缺陷的背景下,什么类型的财政机制可以提供资金呢?美国土木工程协会(ASCE, 2005)目前估计,在下一个五年,需要在基础设施方面投入 1.6 万亿美元才能使基础设施系统更加有序。气候变化的一项重大影响是在国家很多区域将会有更大的降水,这可能在很多中高纬度地区造成更多的洪水。在许多城市,排污系统是互相连接的,这可能意味着更多联合性的污水外溢事件,也展现了将暴雨排水系统与清洁系统相分离的突出必要性,以及扩大暴雨排水系统容量的必要性。这将在 1.6 万亿美元的基础上增加支出。为阐述这些投资的重要性,我们是否需要一个国家性的资本预算,就像 ASCE 所需要的?只有州和市拥有预算保障或雨天基金以提供短期财政支持。最近，州和地方政府已经在探索应急信托基金（暴雨天气基金，stormy day funds）（Gullo, 1998）。适应性规划所需要的土地获得或基础设施提升方面的花销可以以一种类似信托基金的方式取得财政支持。例如，可以从财产保险项目的额外收费中产生。除了政府财政工具，规划研究人员也可以在在适应性规划中的保险和市场方面发挥作用（Ward et al., 2008）。

### 3.5.3 立法

IPCC 在其评估中主张在气候变化适应方面拓展使用监管工具。城市规划师们是土地利用规划工具的使用专家，不过这些工具拥有更多用途，例如由于洪泛区的改变或海平面上升造成的保护性区域扩张的问题，考虑到现今的法律大环境，有可能会对簿公堂，尤其是在美国高等法庭。还有一个如何处理目前易受气候变化影响地区的土地利用的问题。适应性措施将要求对规划和管制型权力进行更有力的利用，但是为了行使这些公共权力，同样需要述及的是有关警力介入的法律事件，有关公共信任的原则以及收入[6]。事实上，每当涉及财产权的个人财产权利和公共权力需要对簿公堂时，适应性规划可能就需要加强警力和公共信任权力。当我们面对适应性规划的挑战时，何种立法机制或理性对产生一种适宜的平衡是有用的呢？

## 4 结论：职业机会

在 21 世纪，气候变化将日益体现出来。全社会将要么选择等待并抵制气候变化的影响，要么提前规划以适应变动的形势。规划职业可以在适应性规划的每个方面扮演关键角色，包括：①促进土地利用和地表覆盖这一新兴科学的核心领域发展；②同气候科学专家进行合作性研究以开发区域气候影响模型；③设计和促进社区与住户的参与过程，促进政治意愿的表达以制定规划决策；④提出并发展备选适应性战略；⑤评价适应性战略；⑥在面临的实施挑战方面进行研究并提出解决方案。

作为一个致力于公共利益的职业，在制定一份气候变化适应的研究日程方面，我们可以领导公众在两个前沿进行规划和行动：一是从长远来看避免可能发生的最坏境况的减缓规划和行动；二是做出适应性规划以回应已经显现或预测到的气候变化影响。

**致谢**

本文受国家自然科学研究基金项目（NSFC 40971092）、北京大学—林肯研究院城市发展与土地政策研究中心资助项目（GCL20090601）资助。

**注释**

① 根据最新研究，这些数据可能需要调整。科技背景报告支撑着美国气候变化科学项目对沿海海拔和海平面升高敏感性的评估，于 2008 年初发表（Titus and Strange, 2008）。
② 2007 年美国联邦政府对事先减缓规划和项目的资助为 1 亿美元。

③ 参见蒂图斯（Titus, 1990b）发表在 Land Use Policy 上更多涉及海平面上升的相关文章。
④ 华盛顿大学气候影响小组是全美仅有的九个拥有这种区域性建模能力的研究小组之一，而且并不是美国所有区域都能够应用这些区域性模型。
⑤ 金郡气候计划同样强调"无悔"（no regrets）措施的价值。无悔气候变化适应性旨在为社区提供便利，无论社区是否预测到了气候变化的发生，例如水资源保护和需求管理措施。
⑥ 见蒂图斯（Titus, 1998），关于一个有发展前途的管制性机制，即"渐变土地使用权"，旨在阐述相关的财产权和气候影响。不过"渐变土地使用权"的成功有赖于稳定的海平面变化，对于气候的多变性处理方面则束手无策。

## 参考文献

[1] Alberti, M. 1999. Modeling the Urban Ecosystem: A Conceptual Framework. *Environment and Planning B*, Vol. 26, No. 4.

[2] Alberti, M. 2008. *Advances in Urban Ecology: Integrating Humans and Ecological Processes in Urban Ecosystems*. New York: Springer.

[3] Alberti, M. and Waddell, P. 2000. An Integrated Urban Development and Ecological Model. *Integrated Assessment*, Vol. 1, No. 3.

[4] Alberti, M., Morawtiz, D., Blewett, T. and Cohen, A. 2006. Using NDVI to Assess Vegetative Land Cover Change in Central Puget Sound. *Environmental Monitoring and Assessment*, Vol. 114, No. 1-3.

[5] Alberti, M. and Russo, M. (in press). *The Future without Project*. Urban Ecology Lab, University of Washington.

[6] American Planning Association (APA) 1993. *Planning Magazine*. Cover.

[7] American Society of Civil Engineers (ASCE) 2005. Report Card for America's Infrastructure [Online]. http://www.asce.org/reportcard/2005/index.cfm Accessed 11 February 2008.

[8] Beatley, T. 1995. Planning and Sustainability: The Elements of a New (improved?) Paradigm. *Journal of Planning Literature*, Vol. 9, No. 4.

[9] Berke, P. R. and Conroy, M. M. 2000. Are We Planning for Sustainable Development? *Journal of the American Planning Association*, Vol. 66, No. 1.

[10] Berkhout, F., Hertin, J. and Gann, D. M. 2006. Learning to Adapt: Organizational Adaptation to Climate Change Impacts. *Climatic Change*, Vol. 78, No. 1.

[11] Bijlsma, L. et al. 1996. Coastal Zones and Small Islands. In Climate Change 1995: Impacts, Adaptations, and Mitigation of Climate Change: Scientific-Technical Analyses. Contribution of Working Group II to the second assessment report of the Intergovernmental Panel on Climate Change. Cambridge, UK: Cambridge University Press.

[12] Blanco, H. 2008. Pre-event Disaster Planning: Towards More Sustainable Communities. *Journal of Architecture and Building Science*. Special Issue on New Frontiers in Urban and Regional Design for Addressing Global Environmental Issues and Disaster Mitigation. New Frontiers in Architecture, Vol. 6.

[13] Burton, I., Huq, S., Lim, B., Pilifosova, O. and Schipper, E. L. 2002. From Impacts Assessment to Adaptation

Priorities: The Shaping of Adaptation Policy. *Climate Policy*, Vol. 2, No. 2-3.

[14] Campbell, S. 1996. Green Cities, Growing Cities, Just Cities? Urban Planning and the Contradictions of Sustainable Development. *Journal of the American Planning Association*, Vol. 62, No. 3.

[15] Cayan, D., Luers, A. L., Hanemann, M., Franco, G. and Croes, B. 2006. *Scenarios of Climate Change in California: An Overview*. California Climate Change Center (CEC-500-2005-186-SF). California Energy Commission.

[16] Comerio, M. C. 1998. *Disaster Hits Home: New Policy for Urban Housing Recovery*. Berkeley, CA: University of California Press.

[17] Cuo, L., Lettenmaier, D. P., Mattheussen, B. V., Storck, P. and Wiley, M. 2008. Hydrologic Prediction for Urban Watersheds with the Distributed Hydrology-Soil-Vegetation Model. *Hydrological Processes*, Vol. 22, No. 21.

[18] Dowdeswell, J. A. 2006. The Greenland Ice Sheet and Global Sea-Level Rise. *Science*, Vol. 311, No. 5763.

[19] Easterling, W. E., Hurd, B. and Smith, J. B. 2004. *Coping with Global Climate Change: The Role of Adaptation in the US*. Arlington, VA: Pew Center on Global Climate Change.

[20] Feddema, J. J., Oleson, K. W., Bonan, G. B., Mearns, L. O., Buja, L. E., Meehl, G. A. et al. 2005. The Importance of Land Cover Change in Simulating Future Climates. *Science*, Vol. 310, No. 5754.

[21] FEMA 2007. Pre-disaster Mitigation Programme [Online]. http://www.fema.gov/government/grant/pdm/fy2007.shtm Accessed 29 February 2009.

[22] Frederick, K. D. 1997. Adapting to Climate Impacts on the Supply and Demand for Water. *Climatic Change*, Vol. 37, No. 1.

[23] Füssel, H.-M. 2007. Vulnerability: A Generally Applicable Conceptual Framework for Climate Change Research. *Global Environmental Change*, Vol. 17, No. 2.

[24] Füssel, H.-M. and Klein, R. J. T. 2006. Climate Change Vulnerability Assessments: An Evolution of Conceptual Thinking. *Climatic Change*, Vol. 75, No. 3.

[25] Godschalk, D. R., Beatley, T., Berke, P., Brower, D., Kaiser, E. 1999. Mitigating Natural Hazards: A National Challenge. In D. Godschalk et al., *Natural Hazard Mitigation: Recasting Disaster Policy and Planning*. Washington, DC: Island Press.

[26] Gullo, T. 1998. Congressional Budget Office Testimony on How States Budget and Plan for Emergencies before the Task Force on Budget Process, Committee on the Budget [Online]. US House of Representatives. http://www.cbo.gov/ftpdoc.cfm? index=590&type=0 Accessed 11 July 2007.

[27] Hallegatte, S., Henriet, F. and Corfee-Morlot, J. 2008. The Economics of Climate Change Impacts and Policy Benefits at City Scale: A Conceptual Framework. OECD Environment Working Paper 4. Doi: 10.1787/230232725661.

[28] Hallegatte, S., Patmore, N., Mestre, O., Dumas, P., Corfee-Morlot, J., Herweijer, C. et al. 2008. Assessing Climate Change Impacts, Sea Level Rise and Storm Surge Risk in Port Cities: A Case Study on Copenhagen. OECD Environment Working Paper 3, ENV/WKP (2008) 2.

[29] Hansen, J. E. 2007. Scientific Reticence and Sea Level Rise. Environmental Research Letters 210. 1088/1748-9326/2/2/024002 024002.

[30] Hayhoe, K., Cayan, D., Field, C. B., Frumhoff, P. C., Maurer, E. P., Miller, N. L. et al. 2004. Emissions Pathways, Climate Change, and Impacts on California. *Proceedings of the National Academy of Sciences*, Vol. 101, No. 34.

[31] Hepinstall, J. A., Alberti, M. and Marzluff, J. M. 2008. Predicting Land Cover Change and Avian Community Responses in Rapidly Urbanizing Environments. *Landscape Ecology*, Vol. 23, No. 10.

[32] Hunt, A. and Watkiss, P. 2007. *A Literature Review on Climate Change Impacts on Urban City Centers: Initial Findings*. Organisation for Economic Co-operation and Development. Environment (OECD) Directorate. Environment Policy Committee.

[33] ICF International 2007. The Potential Impacts of Global Sea Level Rise on Transportation Infrastructure. Phase 1 - final report: The District of Columbia, Maryland, North Carolina, and Virginia. Study Goals and Methodologies. Prepared for US Climate Change Program. Fairfax, VA: ICF International.

[34] Infrastructure Canada 2006. *Adapting Infrastructure to Climate Change in Canada's Cities and Communities. A Literature Review*. Ottawa, ON: Research and Analysis Division, Infrastructure Canada.

[35] Intergovernmental Panel on Climate Change (IPCC) 2001a. In R. T. Watson and the Core Writing Team (eds.), Climate Change 2001. Synthesis report. Summary for Policymakers. Geneva: IPCC.

[36] Intergovernmental Panel on Climate Change (IPCC) 2001b. Climate Change 2001: Overview of Impacts, Adaptation, and Vulnerability to Climate Change. Working Group II contribution to the Third Assessment Report of the Intergovernmental Panel on Climate Change. Geneva: IPCC.

[37] Intergovernmental Panel on Climate Change (IPCC) 2007a. Climate Change 2007: Impacts, Adaptation and Vulnerability. Working Group II contribution to the Intergovernmental Panel on Climate Change. Summary for Policymakers. Geneva: IPCC.

[38] Intergovernmental Panel on Climate Change (IPCC) 2007b. Climate Change 2007: Impacts Adaptation and Vulnerability. Contribution of Working Group II to the Fourth Assessment Report of the Intergovernmental Panel on Climate Change. Geneva: IPCC.

[39] Intergovernmental Panel on Climate Change (IPCC) 2007c. Climate Change 2007: The Physical Science. Working Group I contribution to the Intergovernmental Panel on Climate Change. Summary for policy makers. Geneva: IPCC.

[40] Jollands, N., Ruth, M., Bernier, C. and Gloubieswki, N. 2007. The Climate's Long-Term Impact on New Zealand Infrastructure (CLINZI) Project—A Case Study of Hamilton City, New Zealand. *Journal of Environmental Management*, Vol. 83.

[41] Kates, R. W., Clark, W. C., Correll, R., Hall, J. M., Jaeger, C. C., Lowe, I. et al. 2001. Sustainability Science. *Science*, Vol. 292, No. 5517.

[42] Kerr, R. A. 2006. A Worrying Trend of Less Ice, Higher Seas. *Science*, Vol. 311, No. 5768.

[43] King County 2007. *2007 Climate Plan*. Seattle, WA: King County Government.

[44] Kinney, P., Bell, M., Hogrefe, C., Knowlton, K., Rosenthal, J. and Rosenzweig, C. 2007. Climate Change, Air Quality and Health: Assessing Potential Impacts over the Eastern US. *Epidemiology*, Vol. 18, No. 5.

[45] Kirshen, P. H., Ruth, M. and Anderson, W. 2008. Interdependencies of Urban Climate-Change Impacts and Adaptation Strategies: A Case Study of Metropolitan Boston, USA. *Climatic Change*, Vol. 86, No. 1-2.

[46] Kirshen, P. H., Ruth, M., Anderson, W., Lakshmanan, T. R., Chapra, S., Chudyk, W. et al. 2004. Climate's Long-Term Impacts on Metro Boston. Final Report to the US EPA. Washington, DC: Office of Research and Development.

[47] Krizek, K. and Power, J. 1996. *A Planner's Guide to Sustainable Development* (Planning Advisory Service report 467). Chicago, IL: American Planning Association.

[48] Lemmen, D. S. and Warren, F. J. (eds.) 2004. Climate Change Impacts and Adaptation: A Canadian Perspective. Ottawa, ON: Climate Change Impacts and Adaptation Directorate, Natural Resources Canada. Online: http://adaptation.nrcan.gc.ca/perspective/indexe.php Accessed 4 March 2009.

[49] Lempert, R. J., Groves, D. G., Popper, S. W. and Bankes, S. C. 2006. A General, Analytic Method for Generating Robust Strategies and Narrative Scenarios. *Management Science*, Vol. 52, No. 4.

[50] Liu, J., Dietz, T., Carpenter, S. R., Alberti, M., Folke, C., Moran, E. et al. 2007. Complexity of Coupled Human and Natural Systems. *Science*, Vol. 317, No. 5844.

[51] London Climate Change Partnership (LCCP) 2002. *London's Warming: The Impacts of Climate Change on London: Technical Report*. London: Greater London Authority.

[52] London Climate Change Partnership (LCCP) 2005. *Aims and Objectives*. London: Greater London Authority.

[53] London Climate Change Partnership (LCCP) 2006. *Adapting to Climate Change: Lessons for London*. London: Greater London Authority.

[54] Mass, C. F., Albright, M., Ovens, D., Steed, R., MacIver, M., Grimit, E. et al. 2003. Regional Environmental Prediction over the Pacific Northwest. *Bulletin of the American Meteorological Society*, Vol. 84, No. 10.

[55] McEntire, D. A. 2005. Why Vulnerability Matters: Illustrating the Need for a Modified Disaster Reduction Concept. *Disaster Prevention and Management*, Vol. 14, No. 2.

[56] McG Tegart, W. J., Sheldon, G. W. and Griffiths, D. C. (eds.) 1990. IPCC First Assessment Report: Impacts Assessment of Climate Change. Report of Working Group II. Canberra, Australia: Australian Government Publishing.

[57] Mileti, D. 1999. Scenarios of Sustainable Hazards Mitigation. In D. Mileti, *Disasters by design: A Reassessment of Natural Hazards in the United States*. Washington, DC: Joseph Henry Press.

[58] Miller, N. L., Jin, J., Hayhoe, K. and Auffhammer, M. 2007. *Climate Change, Extreme Heat, and Electricity Demand in California* (CEC 500-2007-023). Sacramento, CA: California Energy Commission, Public Interest Energy Research Program.

[59] Mote, P. W., Parson, E., Hamlet, A. F., Keeton, W. S., Letenmaier, D., Mantua, N. et al. 2003. Preparing for Climatic Change: The Water, Salmon and Forests of the Pacific Northwest. *Climatic Change*, Vol. 61, No. 1-2.

[60] National Assessment Synthesis Team 2001. *Climate Change Impacts on the US: The Potential Consequences of Climate Variability and Change*. Report for the US Global Change Research Program. Cambridge, UK: Cambridge University Press.

[61] Nicholls, R. J., Hanson, S., Herweijer, C., Patmore, N., Hallegatte, S., Corfee-Morlot, J. et al. 2008. Ranking Port Cities with High Exposure and Vulnerability to Climate Extremes: Exposure Estimates. OECD Environment Working Papers 1. OECD Publishing. Doi: 10.1787/011766488208.

[62] Olshansky, R. and Chang, S. E. (in press). In H. Blanco and M. Alberti (eds.), *Progress in Planning*. Special Issue, Shaken, Shrinking, Hot, Impoverished and Informal: Emerging Research Agendas in Planning.

[63] Payne, J. T., Wood, A. W. and Hamlet, A. F. 2004. Mitigating the Effects of Climate Change on the Water Resources of the Columbia River Basin. *Climatic Change*, Vol. 62, No. 1-3.

[64] Penney, J. and Wieditz, I. 2007. *Cities Preparing for Climate Change: A Study of Six Urban Regions*. Toronto, CA: The Clean Air Partnership.

[65] Quarantelli, E. L. 1999. *The Disaster Recovery Process: What We Know and Do Not Know from Research*. Newark, DE: Disaster Research Center, University of Delaware.

[66] Rahmstorf, S. 2007. A Semi-Empirical Approach to Projecting Future Sea-Level Rise. *Science*, Vol. 315, No. 5846.

[67] Rignot, E. and Kanagaratnam, P. 2006. Changes in the Velocity Structure of the Greenland Ice Sheet. *Science*, Vol. 311, No. 5763.

[68] Rosenzweig, C. and Solecki, W. D. (eds.) 2001. Climate Change and a Global City: The Potential Consequences of Climate Variability and Change—Metro East Coast. A report for the US Global Change Research Program, national assessment of the potential consequences of climate variability and change for the United States. New York: Earth Institute.

[69] Rosenzweig, C., Major, D. C., Demong, K., Stanton, C., Horton, R. and Stults, M. 2007. Managing Climate Change Risks in New York City's Water System: Assessment and Adaptation Planning. *Mitigation and Adaptation Strategies for Global Change*, Vol. 12, No. 8.

[70] Salathé, E. P., Mote, P. W. and Wiley, M. W. 2007. Review of Scenario Selection and Downscaling Methods for the Assessment of Climate Change Impacts on Hydrology in the United States Pacific Northwest. *International Journal of Climatology*, Vol. 27, No. 12.

[71] Schneider, S. H., Easterling, W. E. and Mearns, L. O. 2000. Adaptation: Sensitivity to Natural Variability, Agent Assumptions and Dynamic Climate Changes. *Climatic Change*, Vol. 45, No. 1.

[72] Schwab, J., Topping, K. C., Eadie, C. C., Deyle, R. E. and Smith, R. A. 1998. *Planning For Post-disaster Recovery and Reconstruction* (PAS Report 483/484). Chicago, IL: American Planning Association.

[73] Smit, B. and Wandel, J. 2006. Adaptation, Adaptive Capacity and Vulnerability. *Global Environmental Change*, Vol. 16, No. 3.

[74] Smit, B., Burton, I., Klein, R. J. T. and Wandel, J. 2000. An Anatomy of Adaptation to Climate Change and Variability. *Climatic Change*, Vol. 45, No. 10.

[75] Snover, A. K., Miles, E. L. and the Climate Impacts Group (submitted for publication). *Rhythms of Change: An Integrated Assessment of Climate Impacts on the Pacific Northwest*. Cambridge, MA: MIT Press.

[76] Solecki, W. D., Rosenzweig, C., Parshall, L., Pope, G., Clark, M., Cox, J. et al. 2005. Mitigation of the Heat Island Effect in Urban New Jersey. *Global Environmental Change Part B: Environmental Hazards*, Vol. 6, No. 1.

[77] Stern, N. 2006. Stern Review: The Economics of Climate Change [Online]. http://www.hm-treasury.gov.uk/sternreview_index.htm Accessed 25 February 2009.

[78] Stone, B. Jr. 2005. Urban Heat and Air Pollution: An Emerging Role for Planners in the Climate Change Debate. *Journal of the American Planning Association*, Vol. 71, No. 1.

[79] Stratus Consulting Inc. 1999. Compendium of Decision Tools to Evaluate Strategies for Adaptation to Climate Change. Final report. Prepared for the UN Framework Convention on Climate Change (UNFCCC). Bonn: UNFCCC Secretariat.

[80] Swope, C. 2007. Local Warming. *Governing*, December 1.

[81] Tanaka, S., Zhu, T., Lund, J. R., Howitt, R. E., Jenkins, M. W., Pulido, M. A. et al. 2006. Climate Warming and Water Management Adaptation for California. *Climatic Change*, Vol. 76, No. 3-4.

[82] Titus, J. G. 1990a. Strategies for Adapting to the Greenhouse Effect. *Journal of the American Planning Association*, Vol. 56, No. 3.

[83] TiTus, J. G. 1990b. Greenhouse Effect, Sea Level Ries, and Land Use. *Land Use Policy*, Vol. 7, No. 2.

[84] Titus, J. G. 1998. Rising Seas, Coastal Erosion, and the Takings Clause: How to Save Wetlands and Beaches without Hurting Property Owners. *Maryland Law Review*, Vol. 57, No. 4.

[85] Titus, J. G. and Strange, E. M. (eds.) 2008. *Background Documents Supporting Climate Change Science Programme Synthesis and Assessment Product 4.1: Coastal Elevations and Sensitivity to Sea Level Rise* (EPA 430R07004). Washington, D. C.: US EPA.

[86] Titus, J. G. and Richman, C. 2001. Maps of Lands Vulnerable to Sea Level Rise: Modeled Elevations along the US Atlantic and Gulf Coasts. *Climate Research*, Vol. 18, No. 3.

[87] Turner, B. L. II, Lambin, E. and Reenberg, A. 2007. The Emergence of Land Change Science for Global Environmental Change and Sustainability. *Proceedings of the National Academy of Science*, Vol. 104, No. 52.

[88] US Climate Change Science Program 2008. In M. J. Savonis, V. R. Burkett and J. R. Potter (eds.), *Impacts of Climate Change and Variability on Transportation Systems and Infrastructure: Gulf Coast Study, Phase I*. A report by the US Climate Change Science Program and the Subcommittee on Global Change Research. Washington, D. C.: US Department of Transportation.

[89] US Climate Change Science Program 2009. Global Climate Change Impacts in the United States. Unified synthesis product, 2nd public review draft [Online]. http://downloads.climatescience.gov/sap/usp/usp-prd-all09.pdf Accessed 18 January 2009.

[90] US Department of Transportation (USDOT) 2002a. The Potential Impacts of Climate Change on Transportation. Federal research partnership workshop. Summary and discussion papers, 1-2 October [Online]. Washington, D. C.: US DOT Center for Climate Change and Environmental Forecasting. http://climate.dot.gov/documents/workshop1002/workshop.pdf Accessed 4 March 2009.

[91] US Department of Transportation (USDOT) 2002b. National Survey of Pedestrian & Bicyclist Attitudes and Behaviors. Washington, D. C. : National Highway Traffic Safety Administration and the Bureau of Transportation Statistics.

[92] Ward, R. E. T. , Herweijer, C. , Patmore, N. and Muir-Wood, R. 2008. The Role of Insurers in Promoting Adaptation to the Impacts of Climate Change. *The Geneva Papers*, Vol. 33, No. 1.

[93] Waters, D. , Watt, W. E. , Marsalek, J. and Anderson, B. C. 2003. Adaptation of a Storm Drainage System to Accommodate Increased Rainfall Resulting from Climate Change. *Journal of Environmental Planning and Management*, Vol. 46, No. 5.

[94] Wheeler, S. 2004. *Planning for Sustainability*. New York and London: Routledge.

[95] Wieditz, I. and Penney, J. 2006. *A Scan of Climate Change Impacts on Toronto*. Toronto, ON: Clean Air Partnership.

[96] Wieditz, I. and Penney, J. 2007a. *Climate Change Adaptation Options for Toronto's Urban Forest*. Toronto, ON: Clean Air Partnership.

[97] Wieditz, I. and Penney, J. 2007b. *Time to Tackle Toronto's Warming: Climate Change Adaptation Options to Deal with Heat in Toronto*. Toronto, ON: Clean Air Partnership.

# 基于低碳理念的城市规划研究框架

顾朝林　谭纵波　刘志林　戴亦欣　郑思齐　刘宛　于涛方　韩青

## A Possible Approach of Urban Planning for Low-Carbon City

GU Chaolin[1], TAN Zongbo[1], LIU Zhilin[2], DAI Yixin[2], ZHENG Siqi[3], LIU Wan[1], YU Taofang[1], HAN Qing[1]

(1. School of Architecture, Tsinghua University, Beijing 100084, China; 2. School of Public Policy & Management, Tsinghua University, Beijing 100084, China; 3. Institute of Real Estate, Tsinghua University, Beijing 100084, China)

**Abstract** During the transformation to socialist market economy, China is experiencing the rapid economic growth, accelerated urbanization and increasing carbon emissions. Under the circumstance that the reduction of greenhouse gases emission has been becoming the global consensus, the concepts such as "low-carbon economy" and "low-carbon city" are becoming important goals and even national strategies in social and economical development. As a developing country during the process of rapid industrialization and urbanization, China is facing crucial challenges brought by the reduction of greenhouse gases emission currently. In the process of realizing "low-carbon" objectives, urban planning should play a role as the platform in which the "low-carbon" technologies can be integrated to, and the game of "no

**作者简介**
顾朝林、谭纵波、刘宛、于涛方、韩青，清华大学建筑学院；
刘志林、戴亦欣，清华大学公共管理学院；
郑思齐，清华大学房地产研究所。

**摘　要**　中国正处在经济快速增长、城市化加速、碳排放日益增加和向社会主义市场经济转型的时期，低碳城市规划则是中国低碳城市发展的关键技术之一。本文以人为$CO_2$排放受社会发展阶段影响、技术发展可以改变能源结构、城市发展受集聚分散原理支配、低碳城市发展是系统工程、城市规划作为公共政策等基本假设为前提，构建中国低碳城市规划研究理论框架，初步提出中国低碳城市规划的研究内容，主要包括：低碳城市规划理论框架及技术和数据支持系统研究、低碳城市规划创新研究、低碳城市专项规划创新研究、低碳城市规划技术方法和指标体系研究及低碳城市规划制度建设与实施机制研究。

**关键词**　低碳城市规划；理论框架；研究内容

气候变化涉及的科学问题已越来越关注人类活动的影响，碳排放成为影响全球气候增温的主要因素，国内外研究发现，碳排放与城市化过程相交织，低碳城市遂成为遏制全球增温的重要选择。城市规划是一种土地和空间资源的配置机制，是城市政府引导城市发展的重要规制手段。目前中国城市规划体系，是在促进经济发展的基本前提下构建起来的。尽管近年来，城市规划逐渐强调民生、环保等目标，但城市规划理论和指标体系中，没有将能源消耗和温室气体排放等作为限制性要素。中国正处在经济快速增长、城市化加速、碳排放日益增加和向社会主义市场经济转型的时期，低碳城市规划则是中国低碳城市发展的关键技术之一。本文主要论述基于低碳理念的城市规划研究框架。

low-carbon values" can played. Urban planning should integrate the "low-carbon" theories and technologies, and form a "low-carbon" life style and the "low-carbon" model of production, while at the same time, realize the policies benefiting national interests. In this paper, we try to build a theoretical framework of low-carbon urban planning studies. Based on some basic assumptions listed as follows: (1) Man-made $CO_2$ emissions is a process of social development; (2) Technological development can change the energy structure; (3) Urban development is dominated by the principle of clustered deconcentration; (4) Low-carbon city development is a systematic project; and (5) Urban planning should be regarded as a kind of public policies, the paper defines the contents of low-carbon city planning, mainly including: (1) Study on the framework of low-carbon urban planning as well as technical and data supporting systems; (2) Innovative study on the low-carbon city planning; (3) Innovative study on specific planning of low-carbon city; (4) Study on planning technologies and indicator system of the low-carbon city; and (5) System construction and implementation mechanism of the low-carbon city planning.

**Keywords** low-carbon city urban planning; theoretical framework; research content

# 1 城市规划与低碳研究

联合国环境规划署（UNEP）2008年3月16日报告：由于全球气候变化，冰川正在以最快的速度融化，并且许多冰川可能在数十年内消失。科学家调查发现：世界各地近30条冰川，1980～1999年，全球冰川平均每年退缩0.3 m；但自2000年起，后退速度升至每年平均0.37 m；2006年平均退缩了1.5 m（全球环境变化研究信息中心等，2008）。2008年6月19日出版的 Nature 杂志报道来自美国劳伦斯利弗莫尔国家实验室（Lawrence Livermore National Laboratory）、澳大利亚天气与气候中心（Centre for Australian Weather and Climate Research）以及南极气候和生态系统合作研究中心（Antarctic Climate and Ecosystems Cooperative Research Center）的研究小组利用改进观察方式比较气候模型显示，1961～2003年，海平面每年的上升速度为1.5 mm，也就是说，在这42年间海平面大约上升了6.35 cm（全球环境变化研究信息中心等，2008）。全球气候变化和持续升温将导致地球自然生态系统危机，并给人类社会造成巨大的灾难！早在1896年诺贝尔化学奖获得者斯万特·阿列纽斯（Svante Arrhenius）就预测：化石燃料燃烧增加大气中 $CO_2$ 浓度，从而导致全球变暖。

## 1.1 气候变化涉及的科学问题

研究表明，只有到2050年将大气中 $CO_2$ 浓度增幅控制在工业化前水平的2倍以内，才可能避免发生极端的气候变化（刑继俊等，2007）。气候变化涉及的科学问题概括起来由三部分组成：①大气 $CO_2$ 浓度从工业革命前的280 ppm 上升至450～550 ppm 后，全球平均气温上升2～3℃；②全球平均气温上升超过"2℃阈值"后将给人类社会带来灾难性后果；③世界各主要国家必须减少化石能源的利用，完成2050年将大气 $CO_2$ 当量浓度控制在560 ppm 以下的目标（丁仲礼，2008；IPCC，2007）。根据气象观测资料，过去100多年来，全球平均气温上升了0.74℃，与此同时，人类向大气中排放了大量的$CO_2$和其他温室气体，大气$CO_2$当量浓度增加了约60%左右。如果这0.74℃增温完全由温室气体浓度升高造成，则$CO_2$倍增后升温将不超过1.25℃，显然敏感性达不到2~3℃。

美国戈达德太空研究所（Goddard Institute for Space Studies，NASA）主任詹姆斯·汉森（James Hansen）呼吁：大气中的$CO_2$浓度已经到了危险水平（385 ppm是"引爆点"，2007年是383.1 ppm）。控制大气中$CO_2$浓度成为人类社会刻不容缓的事情。

不言而喻，要控制大气中$CO_2$浓度，首要的是要弄清大气$CO_2$的产生机制。事实上，自然过程和人类活动都向大气排放$CO_2$，例如植物生长过程和能源化石燃料的燃烧等。德国不来梅大学环境物理研究所米夏埃尔·布赫维茨（Michael Buchwitz）研究发现：大气和地球表面的天然$CO_2$通量一般要大于人为排放量引起的$CO_2$通量。然而，这并不意味人为来源的通量不重要。事实恰恰相反，由于人为排放量引起的$CO_2$通量只会朝一个方向进行，而天然$CO_2$通量会在两个方向都发生——植物生长吸收大气中的$CO_2$，植物腐烂又会将大部分或者全部$CO_2$释放到大气中。研究人员已经证实他们测量的$CO_2$空间模式与目前的$CO_2$排放量数据以及人口密度相关性好。但有关$CO_2$源（如火灾、火山爆发和生物呼吸）和汇（如陆地和海洋）的认识还存在许多缺陷。

## 1.2　人类活动是气候变化的重要因素

2007年政府间气候变化专门委员会（IPCC）报告说：当前气候变暖的原因90%以上的可能性是由人类活动造成的（叶笃正，2009）。世界气象组织全球大气监测（WMO-GAW）全球温室气体监测网络（Global Greenhouse Gas Monitoring Network）认为：自工业化以来，$CO_2$、$CH_4$、$N_2O$以及CFC-11、CFC-12五种温室气体引起的辐射强迫达到了97%（全球环境变化研究信息中心等，2008）。

## 1.3　碳排放与城市化过程相交织

是什么因素导致了全球平均气温的变化？

从自然科学的角度看，太阳活动强度变化、大气气溶胶浓度变化、土地利用与土地覆被状态变化和海洋的作用是导致全球平均气温升高的因素（丁仲礼，2008）。首先，根据最近几万年来气候变化的地质记录，太阳活动强度变化是造成十年、百年和千年尺度气温波动的最为重要的因子（Ruddiman，2007），但是人类对这种活动强度变化无能为力。其次，海洋作用主要表现为通过海洋吸热、环流调整等过程对全球气温变化起平衡作用，因此不应作为全球气候变化的外在驱动因子。第三是土地利用。第四是大气气溶胶浓度。然而，后两者都与人类活动有关，尤其与近百年来工业化推进城市化有关，城市化过程可能是全球气候变化的最重要的人类活动因素之一。

从社会发展过程看，在过去的200年间，由于工业革命导致大规模的化石燃料使用，全球$CO_2$排放量和城市化水平一直在同步稳定增长，目前均有加快的趋势（表1）。

表 1  全球主要温室气体浓度及 WMO-GAW 监测的全球温室气体趋势

|  | $CO_2$ (ppm) | $CH_4$ (ppb) | $N_2O$ (ppb) | 全球平均温度升高（℃） | 城市化水平（%） |
| --- | --- | --- | --- | --- | --- |
| 极值 | 385.0[①] |  |  |  |  |
| 2007 年 | 383.1 | 1 789.0 | 320.9 | 0.74 | 50.0 |
| 2006 年 | 381.2 | 1 783.0 | 320.1 |  | 46.0 |
| 1998 年 | 381.1 | 1 786.3 | 320.13 | 0.4 | 45.0 |
| 1970 年 |  |  |  |  | 38.6 |
| 1950 年 |  |  |  |  | 28.2 |
| 1900 年 |  |  |  |  | 13.6 |
| 工业化前 | 280.0 | 700.0 | 270.0 | 0.0 |  |
| 1850 年 |  |  |  |  | 6.4 |
| 1800 年 |  |  |  |  | 3.0 |

资料来源：(1) 中国科学院国家科学图书馆《科学研究动态监测快报》，2008 年第 17 期；(2) 崔功豪等：《城市地理学》，江苏出版社，1992 年。

再从碳排放源头看，城市是人口、建筑、交通、工业、物流的集中地，也是高耗能、高碳排放的集中地。据统计，全球大城市消耗的能源占全球的 75%，温室气体排放量占世界的 80%。从最终使用（end use）的角度看，碳排放的来源可以分为产业、居民生活和交通三个主要的组成部分。根据美国资料显示，由建筑物排放的 $CO_2$ 约占 39%，交通工具排放的 $CO_2$ 约占 33%，工业排放的 $CO_2$ 约占 28%[②]。英国 80% 的化学燃料是由建筑和交通消耗的，城市是最大的 $CO_2$ 排放者（普雷斯科特，2007）。目前人为 $CO_2$ 排放主要来自火力发电、交通运输、煅烧水泥、冶炼金属和取暖做饭等居家生活。

如果我们试图减少对 $CO_2$ 排放趋势估计的复杂性，便只需考虑三个变量：人口变化趋势、社会发展阶段和能源结构（丁仲礼，2008）。很显然，这三个变量与城市化过程交织一体，其结果将被导入另一个关于碳排放与城市化过程的科学命题。

### 1.4 低碳城市成为碳减排的关键所在

应对能源危机和气候转暖所带来的问题，国际上已经兴起低碳经济研究。低碳经济的发展要求既对未来发展构成一种约束，也是一次利用新技术在城市发展的方针政策上做出调整、快速跨入先进的城市发展模式的契机。在以"低排放、高能效、高效率"为特征的"低碳城市"中，通过产业结构的调整和发展模式的转变，合理促进低碳经济，不仅不会制约城市发展，而且可能促进新的增长点，增加城市发展的持久动力，并最终改善城市生活。

## 2  低碳理念下城市规划的可能性

在《联合国气候变化框架公约》缔约方第 15 次会议（COP15）即将召开的前夕，中国政府向国际社会承诺，到 2020 年中国单位国内生产总值 $CO_2$ 排放比 2005 年下降 40%～45%。减少温室气体排放问题已成为各国政府共同面对的紧迫现实问题。在朝着解决这一问题的一系列努力中，城市规划作为体现城市政府公共政策的重要工具将会遇到怎样的挑战，可以发挥什么样的作用？也就是说，有可能按照低碳理念进行城市规划研究和编制方法的革新吗？

## 2.1 "低碳"与城市规划

基于地球气温上升的事实及相关因素的分析，1992 年 9 月在巴西里约热内卢召开了由世界各国政府首脑参加的联合国环境与发展会议，并制定了《联合国气候变化框架公约》(United Nations Framework Convention on Climate Change，UNFCCC)。随后在 1997 年于日本召开的第三次缔约国会议上通过了《京都议定书》(Kyoto Protocol)，作为上述公约的补充条款。2007 年第 13 次缔约国大会上通过的《巴厘路线图》(Bali Roadmap) 进一步确立了减少碳排放的量化责任和时间表。与此同时，对工业革命以来全球碳排放负主要责任的发达国家也意识到以往发展模式的弊端，并结合自身后工业化时期经济社会发展的特征，有针对性地提出了"低碳经济"(low-carbon economy)、"低碳城市"(low-carbon city) 等概念[3]。

2009 年 7 月在意大利召开的八国峰会重申了全球长期减少温室气体排放目标为：到 2050 年至少削减 50%，其中发达国家的减排总量应在 1990 年或其后某一年的基础上减少 80% 以上。在此之前，中国科学院也于 2009 年 3 月发布了《2009 中国可持续发展战略报告》，提出中国 2020 年单位 GDP 能耗比 2005 年降低 40%～60%，单位 GDP 的 $CO_2$ 排放降低 50% 左右的具体目标。同时提出实现这一目标的四项措施，即：①降低能源消费和碳排放强度，实现碳排放与经济增长的逐步脱钩；②加速完成重化工工业化；③提高低碳技术与产品的国际竞争力；④积极参与国际气候体制谈判和低碳规则的制定。

虽然目前中国政府正积极地对减少温室气体排放做出努力，但中国的现实国情却不利于这一目标的实现。这主要表现在：①中国正处在工业化和城市化的高速发展时期，在能源结构发生根本性转变之前，化石燃料的消耗总量仍然呈上升趋势；②在产业结构中，包括重工业在内的制造业占据了主导地位，不但包含了满足本国需要而产生的温室气体排放，同时也包含了向其他国家出口产品所带来的额外排放；③在目前大量使用的传统能源中，能源转化效率较低的煤炭占据了相当的比例；④人口众多，即使人均排放值处于中等偏下的水平，总排放量也已达全球最高。

因此，利用一切手段和途径，最大限度地降低温室气体排放将会是今后相当一段时期内社会经济发展中的重要任务。城市是产业、人口、交通聚集的地方，也是地球上能源消耗强度最高的地区。所以，降低与城市相关的温室气体排放是构建"低碳城市"，实现"低碳经济"目标的关键，城市规划在这一过程中应该有所作为。

## 2.2 实现"低碳"目标的现实选择

就目前已有的技术和政策策略而言,为了达到减少温室气体排放目的的措施通常集中在以下三个方面。

### 2.2.1 新技术的开发与应用

新技术的开发与应用主要集中在替代能源的开发利用、节能减排技术的应用以及碳捕获及储藏技术等方面。

彻底解决温室气体排放所带来问题的方法只有一种,那就是彻底摒弃对传统化石燃料的大量使用,转而寻求替代的可再生能源。例如太阳能、风能、潮汐能、生物能、地热、核能等新型能源。虽然新能源利用技术已日趋成熟,并逐渐形成规模,但要完全替代传统能源还需要较长的时间,并克服包括降低设备及运营成本在内的诸多障碍。

解决温室气体排放所带来问题的另一类方法就是提高能源的使用效率。在保障社会经济发展的同时降低对能源的依赖程度。这一类的节能技术广泛应用于生产、生活、交通、建筑等各个领域,并已逐步成为成熟的应用技术。

最后一类技术就是对排放过程中或已排放的温室气体加以回收、储藏和吸收。例如对大规模化石燃料燃烧过程中所产生 $CO_2$ 的捕获及深海埋藏技术的开发应用、利用陆地森林以及海洋藻类加快对空气中 $CO_2$ 的吸收等。

上述技术基本上属于目的明确的单项技术应用,就事论事,与城市规划本身并无太多的交集。或者说,上述技术的应用并不会从根本上改变城市规划的现有格局。

### 2.2.2 生活方式的调整

采用技术手段减少温室气体排放的目的主要是要保证"正常的"社会经济运转和发展。那么自工业革命,尤其是第二次世界大战后在西方发达国家所形成的工业化生产和大众消费的模式是否就是人类惟一的生活方式呢?减少威胁人类生存环境的温室气体排放为重新审视我们的生活模式提供了一次契机。事实上随着环境保护意识的增强,有节制地使用地球上的自然资源已成为当代生活模式考量与选择中的重要因素。但是对资源的有节制地利用往往是以生活上的"不便"为代价的,例如生活多样性、机动性甚至是舒适性的降低。因此,资源节约型生活方式的选择与生活的"便利"通常会形成一对矛盾。如何选择应属于个人乃至社会"价值观"的范畴。

城市规划与城市中的社会经济运行模式密切相关,并与之适应。因此,个人与社会对于生活方式的选择决定了城市规划的目标以及为达成目标所采取的措施。具体而言,城市规划既可以为愿意选择资源节约型生活方式的个人提供可选择的可能;也可以按照社会整体的选择和意志将资源节约型生活方式作为规划的前提与预设价值观。在这个意义上,城市规划在减少温室气体排放领域中可以有较大的作为。

### 2.2.3 作为技术集成与价值观博弈平台的城市规划

从以上的论述中可以看出：在减少温室气体排放的过程中，城市规划既不属于直接的"减排"或"碳汇"技术，也无法左右个人尤其是社会整体在生活方式选择上的价值观。但是，如同迄今为止城市规划所扮演的角色那样，它在城市活动空间化的过程中所起到的重要甚至是决定性的作用依然无法取代。也就是说，一方面，城市规划可以一如既往地扮演着作为技术集成与应用、价值观博弈与选择的平台的角色。各种适用于温室气体减排目标的技术，尤其是土地利用模式、交通方式、建筑物节能等与城市空间密切相关的技术最终都需要通过城市规划整合并落实到城市空间中，并相互配合而产生作用。另一方面，对生活方式的选择，尤其是社会整体的选择也需要通过城市规划来具体地得到落实和实施。因此，可以说城市规划在减少温室气体排放的过程中主要扮演的是技术集成和价值观博弈与实施平台的角色。

## 2.3 可能的城市规划对策

### 2.3.1 低碳城市规划的现状

从全球范围来看，为达到减少温室气体排放的目标，各种先驱性的城市规划尝试已经展开。这些尝试大致分为两类。一类是在既有城市规划，特别是注重可持续发展理念的城市规划框架中，综合运用土地利用、交通系统、水系统、生态系统、废物回收系统等既有的技术与方法，实现包括温室气体减排在内的可持续发展目标。例如：巴西的库里提巴、瑞典的斯德哥尔摩、新加坡、澳大利亚的布里斯班、新西兰的奥克兰以及日本的横滨（Suzuki et al., 2009）。另一类是以减少温室气体排放，甚至是零排放为目标的全新的实验性城市或地区建设规划。著名的有阿拉伯联合酋长国阿布扎比的马斯达（Masdar）、瑞典斯德哥尔摩的哈姆贝地区（Hammarby Sjöstad）以及中国上海的东滩和曹妃甸新城（表2）。

表2 部分实验性低碳城市（地区）一览

| | 马斯达 | 哈姆贝 | 东滩 | 曹妃甸 |
| --- | --- | --- | --- | --- |
| 规划面积 | 6.4 km² | 2 km²（包括0.5 km²的水面） | 12.5 km²（其中核心区7.8 km²） | 一期30 km²（起步区12 km²，首期2009~2010年5 km²） |
| 规划人口 | 5万人 | 2.5万~3.5万人 | 5万~8万人 | 40万~50万人 |
| 低碳相关理念及目标 | 以零碳目标，同时实现零废弃物、零车辆（自用车辆）的目标 | 单位建筑面积年能耗为瑞典新开发项目平均水平的一半（100 kWh/m²）。降低碳排放29%~37% | 风能、太阳能和生物能供电，实现$CO_2$零排放 | 气候中性城市（可再生能源使用率95%以上，$CO_2$和其他温室气体零排放） |

续表

|  | 马斯达 | 哈姆贝 | 东滩 | 曹妃甸 |
|---|---|---|---|---|
| 可利用的非化石燃料能源 | 太阳能、地热、垃圾焚烧等 | 太阳能、沼气等 | 太阳能、风能、沼气等 | 风能、垃圾焚烧、太阳能、潮汐能 |
| 设计者 | Forster + Partners |  | 英国奥雅纳（ARUP）工程顾问公司 | 瑞典 SWECO |
| 项目进展 | 计划于 2016 年前完成 | 目前工程进展已过半，预计 2017 年全部完工 | 搁浅？ | 2009 年 3 月起步区动工 |

资料来源：http: //www.masdar.ae/en/home、(Suzuki et al., 2009)、(叶祖达，2008)、《世界建筑》2009 年第 6 期（"可持续发展的城市规划——曹妃甸国际生态城"）。

从表 2 中可以看出，这些以减少温室气体排放为目标的城市或地区有着一个共同的特征——较小的城市规模、大量绿色空间以及在附近地区有大量使用非化石燃料的条件（例如马斯达的太阳能发电厂、曹妃甸的潮汐发电等）。那么这是否意味着未来以减少温室气体排放为导向的城市空间组织模式将趋于这种小城市组群呢？换句话说，这种小规模的实验性"低碳城市"的模式是否适用于大城市乃至大城市地区呢？从目前实践的结果来看，这仍是个未知数。

迄今为止，为实现"低碳城市"目标所采取的策略、规划及技术手段大致有以下几种类型：

（1）积极采用替代能源作为城市能源供给的来源。例如太阳能、风能、潮汐能、生物能、地热、垃圾焚烧以及核能等。同时采用地区供暖、供冷等技术手段提高能源使用效率。

（2）采用紧凑的城市空间结构，在土地利用上实现适当的功能混合，以达到减少交通距离和交通量、提高城市基础设施效率的目的。

（3）配合紧凑的城市空间结构，采用公共交通优先的城市交通系统，并提供完备的自行车交通系统以及人性化的步行空间，以减少交通过程中对能源的消耗。

（4）结合城市开敞空间系统的布局、规划大量的绿色空间和水面等，在调节城市小气候的同时增强城市自身的碳汇能力。

（5）贯彻绿色建筑的设计建造理念，通过对建筑物的材料、隔热保温性能、能源自给自足等方面的关注，达到节能减排的目的。

### 2.3.2 可能的低碳城市规划对策

未来城市规划应如何应对减少温室气体排放的全球性要求，实现"低碳城市"的目标？笔者认为可以从以下几个方面进行探讨。

（1）重新审视现行的城市观及城市规划观

现行的城市规划致力于满足自工业革命后伴随城市化过程发展起来的城市的需求，并着力解决其发展过程中所出现的问题。显然在过去的发展过程中"低碳"并未作为一个主要的问题加以考虑。如果将"低碳"作为城市发展的重要目标之一的话，那么以往的以活动的高度聚集、空间的高强度利用以及城市规模的不断扩大为特征的发展模式将难以为继。也就是说，以"低碳"为导向的城市发展模式将建立在对传统城市发展模式重新审视的基础之上。所带来的或许是城市生活方式与空间组织模式的根本性变革。未来的城市规划所要面对和解决的问题也正是伴随着这种生活方式与空间组织模式的改变而产生的。现行城市规划的基本理念与价值观也许将发生颠覆性的改变。以下从区域、城市以及社区层面分别探讨发生这种改变的可能性。

（2）关于区域层面"低碳"规划的讨论

在区域层面，传统的城市空间聚集—扩散的现象及其相应规划理论或许要受到"低碳"目标的挑战。城市的规模、分布以及相互之间的关联方式需要重新思考。过大的单一城市的规模，或者过于稀疏的城市分布均不利于"低碳"目标的实现。具体而言，由于"低碳"目标因素的介入，由城市规模的扩大所产生的聚集效应很有可能被大城市中过分依赖人工手段而耗费更多能源的不利因素所抵消；而过分松散的城市群布局所带来的交通以及基础设施方面的额外能源消耗也将促使城市群本身变得更加"紧凑"。单一城市的规模及城市群的形态需要寻求一个新的平衡点。以高速轨道交通为代表的公共交通或将成为城市间的主要联系方式，以取代依赖高速公路和机动车的区域交通模式。此外，在城市群的组织中，城市间相对平等，主要依靠相互频繁联系的交通网来实现整体功能的网络状布局可能会因为产生过多的城市间交通而逐渐被弃用；相反，诸多相对独立的卫星城围绕单一中心城市布置的方式也许又会重新受到重视。

（3）关于城市层面"低碳"规划的讨论

在单一城市内部，城市规划应对"低碳"目标可能采取的策略大致可以分为以下几个方面。

首先，紧凑的城市空间结构以及与之相适应的土地利用及交通模式是实现"低碳"目标的关键所在。无论是公交导向型的开发模式（Transit Orientated Development，TOD）还是库里提巴的"三路体系"（Trinary Road System，TRS），均可以使得公共交通的效率提高，城市空间可以被更加有效地利用。同时，传统城市规划中被视为"问题"的城市用地连绵扩张（俗称"摊大饼"）以及"钟摆"交通的合理性应得到重新审视。在"低碳"目标的导向下，未来城市的空间格局将从道路交通导向的、基于随机交通联系的、松散的、趋于匀质的形态转向轨道公共交通导向的、基于有规律的密集交通联系的、紧凑的、强度非均衡的空间形态。

其次，公共交通尤其是轨道公共交通应成为城市交通的主角，高效、便捷、安全、舒适的公共交通将在很大程度上取代私人机动车交通。在此前提下，城市交通系统同时提供多样化的出行选择，构建自行车与步行专用系统，并探索新型个人交通系统（Personal Rapid Transit，PRT）的应用。

第三，在土地利用方面，结合紧凑的城市空间结构，形成适度的功能混合。事实上，适度的功能混合并不意味着对近现代城市规划中"功能分区"原则的彻底否定，而是以"大分区，小混合"为原则，对可"混合"的功能和具体情况进行甄别，以取代对"功能分区"僵化的理解和执行。在这个意义上，中国自 1950 年代以来由于历史条件所形成的各式"大院"获得了重新被审视和评价的机会。

第四，各种"低碳"技术的应用主要集中在城市基础设施领域中。例如新型（非化石依赖）能源供给系统、地区能源供给系统、垃圾回收利用及焚烧系统、水处理再利用系统等。

最后，经过优化的城市绿化系统也可以起到吸收部分 $CO_2$ 的作用。

（4）关于社区层面"低碳"规划的讨论

构建以"低碳"为目标导向的社区是实现"低碳城市"的基础。建设功能适度混合、密度适中的社区是实现"低碳"目标的关键。仅就社区密度而言，过高的密度不利于太阳能等可再生能源的利用，而过低的密度又会给交通及城市基础设施的效率带来问题。此外，不同类型的社区在实现"低碳"目标时的侧重点和主要途径也会有所不同。例如，就城市中心区（CBD）而言，在实现轨道公共交通、统一的地区能源供给等方面具有先天的优势；但避免过高的开发强度，在室内外环境调节、垂直交通等方面减少对人工手段的依赖则是需要努力的领域。再如，对于生活居住区而言，恰当的密度、绿色节能建筑的普遍采用、紧凑、便捷而富有活力的社区中心、舒适、安全的户外活动场地、自行车交通和步行环境的完备以及雨水收集利用、中水利用、垃圾分类回收系统等则是在实现"低碳"目标时需要着重考虑的问题。而在以工业生产为主的产业园区中，除通过生产工艺自身的改革达到"节能减排"的目的外，统一的能源供给系统、生产流程的上下游接续、废水和废弃物的处理回用系统、碳捕获系统则是需要关注的重点。

## 2.4 "低碳"城市规划的可能性

面对应对全球气候变化、减少温室气体排放这样的重大问题，城市规划应做出自己的反应和贡献。但同时也应清醒地认识到城市规划在解决这类问题时的局限性。

首先，城市规划的制定与实施依赖社会整体所做出的价值判断和选择，是延续工业革命后特别是第二次世界大战后"大量消费"以及"郊区化"的生活方式，还是重新树立"低碳"价值观，选择与之相适应的生产与生活方式。

其次，城市规划是各种"低碳"思想、理论与技术的应用平台。这些理论与技术在应用的过程中也会产生新的矛盾，并带来新的问题。城市规划必须将其加以整合，使之发挥最大的效用。

基于上述特点，以"低碳"为目标导向的城市规划主要体现土地利用政策、交通政策等政策性内容，并反映出公众参与的结果，同时体现"低碳"技术的集成应用和相应的创意构思。因此，"低碳"城市规划也可以看做是普世技术与地方应用的结合。也就是说，基于低碳理念的城市规划研究和编制技术革新也是可能的。

# 3 基于低碳理念的城市规划研究框架

## 3.1 基本假设

如何构建减少 $CO_2$ 排放的低碳社会？低碳经济和低碳城市的规划理论与方法则成为关键科学问题。本文的低碳城市规划研究基于下述五个基本假设。

(1) 人为 $CO_2$ 排放受社会发展阶段影响

在农业社会，人为 $CO_2$ 排放量不大，主要来自人类需要的居家生活和农业土地利用改变；在工业社会，由于以制造业为特征的工业化快速推进城市化进程，以化石燃料为主的能源结构将 $CO_2$ 排放量推到顶端；在后工业社会，以生产性服务业为主的第三产业成为经济发展的主体，因产业发展的能源需求量大大减少，以追求人居环境质量为主的能源需求量逐渐加大，但人为 $CO_2$ 排放总量会大幅下降，因生活质量提升需要的人均 $CO_2$ 排放量急剧增加。也就说，随着产业结构的升级，城市 $CO_2$ 排放会逐步减少。

(2) 技术发展可以改变能源结构

能源结构随技术发展逐步改变，并朝着人为 $CO_2$ 排放量减少的方向发展。一方面，随着化石燃料资源的逐步枯竭，人为 $CO_2$ 排放将趋于减少；另一方面，随着核聚变技术逐步成熟，可以肯定地说，核能将成为未来人类社会取之不尽、用之不竭的能源。由此可见，从长远看，全球变暖困扰人类社会只是一个相对短期的现象，人类应对这一挑战，发展 $CO_2$ 零排放的能源技术是人类社会破解这一难题的关键，构建减少 $CO_2$ 排放的低碳城市既是我们的当务之急，也是一种权宜之计。人们可以通过突破核聚变技术，最终达到人为 $CO_2$ 排放量的大幅度减少。

(3) 城市规划是综合规划

城市发展受集聚分散原理（the principle of clustered deconcentration）支配，驱动因子是人口、经济（就业、收入、财政、污染防治）、交通（道路、交通工具、交通管理）和国家层面政策（如住房政策）。城市社会对城市空间增长存在反馈作用，这种反馈作用也是建立在多部门、多层次的管治和市民社会（civil society）影响之上的。据此，城市规划是一种综合型规划。

(4) 低碳城市发展是一个系统工程

城市规划是城市发展政策中重要的组成部分和实践环节。不同的城市发展基础和发展理念在同样的城市规划体系中也形成了不同的制度保障模式。在低碳城市发展的过程中，尤其需要将低碳城市规划同低碳城市管治制度框架密切联系。可以说，低碳城市发展是一个系统工程，低碳城市规划理念、低碳城市建设过程、低碳城市运行与治理方式同等重要。

(5) 城市规划是公共政策的重要环节

由于现有的城市规划制度保障体系缺失影响低碳效果的评价、宣传、强制的因素，所以添加低碳理念后的多目标城市规划需要与之配套的、革新的执行体制和制度。中国城市具有各自的特点：从沿海到内陆，从北方到南方，都存在着不同城市形态和发展观念，实现低碳城市所需要的制度保证体系也各有不同。

## 3.2 研究框架

当代城市规划理念，已经从传统的程序规划理论向系统规划理论、理性规划理论转变；从实证主义规划方法论向科学、客观、最佳方案再向沟通规划的转变。本文试图在"物权"和利益集团基础上，将有着不同目标和需求的社会群体，通过低碳城市规划理念、低碳城市规划指标体系、低碳城市规划方法和低碳城市规划方案公众参与等，实现低碳城市社会"共识"的追求，建构中国低碳城市规划概念框架（图1）。

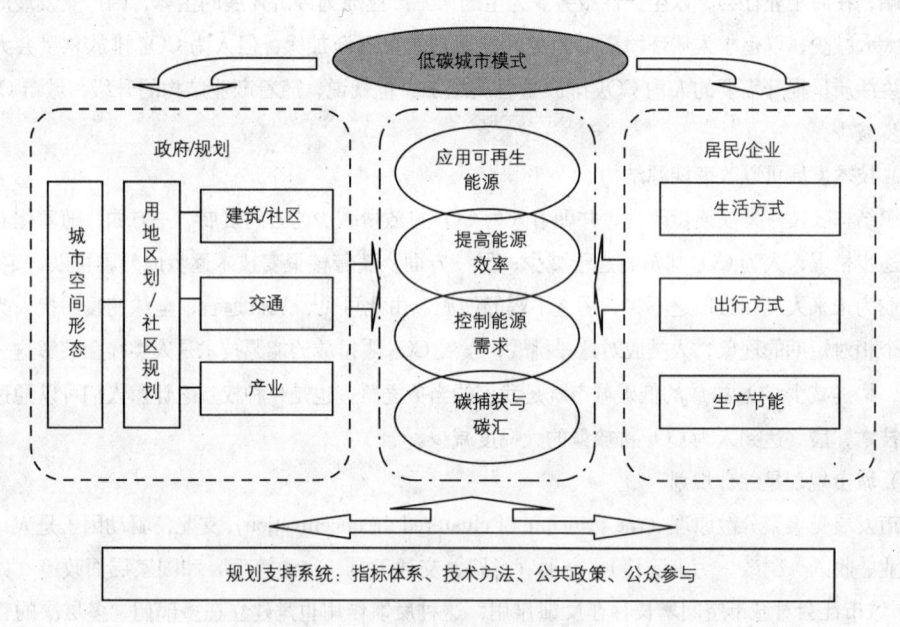

图1 中国低碳城市规划概念框架

# 4 基于低碳理念的城市规划研究内容

## 4.1 碳排放空间行为研究

### 4.1.1 微观层面

基于行为模型（Behavior Model），分析城市中居住和交通出行行为与碳排放的相关关系，以及城市规划和管治政策对该关联性的影响。①定量分析在特定的城市空间结构下，各类居民家庭（例如不同收入组家庭）的居住区位选择、住房消费和出行方式，并将其转化为相应的能源消耗和碳排放；②定量分析城市中产业和居住空间布局、交通体系、城市公共设施布局、住房供给等因素对居民家庭居住和出行碳排放的影响。基于上述分析，综合归纳出最有利于降低碳排放的城市空间布局、土地利用和交通发展模式。

### 4.1.2 城市层面

利用计量经济学模型，分析城市经济发展、空间结构、基础设施供给等因素对居住和交通领域碳排放的影响，并分析城市规划和管治政策在其中的作用。①计算各个城市（200余个地级市）居住与居民交通的碳排放总量；②建立计量经济学模型，分析城市经济发展、空间结构、基础设施供给的差异对碳排放的影响，以及城市规划和管治政策的作用；③致力于寻求经济发展和碳排放之间的平衡，探索合理的城市低碳发展模式和城市规划方法。

## 4.2 低碳城市规划研究

### 4.2.1 碳排放与城市系统耦合关系研究

在中国现有的发展阶段，高速城市化仍旧是不可避免的发展趋势。如何协调好城市化与低碳化，就要求城市规划在现有目标上做出调整，在保障城市基本功能和经济稳定发展的大前提下，探索中国现阶段高速城市发展与低碳目标的协调与契合，碳排放与城市系统耦合关系研究是寻求城市经济、社会、环境等多方面均衡发展的关键。因此，需要对城市本身系统演变与碳排放的关系进行研究，构建①源头：减量排放——②过程：循环利用——③终端：废物资源化——④循环：可持续利用的碳排放与城市运行关系链。

### 4.2.2 低碳城市生活模式

低碳城市的生活模式是低碳城市规划的重要组成部分。中国当前正处于经济增长、产业转型和快速城市化阶段，可以预计，中国城市中居民生活的能耗和碳排放问题将愈加突出，将低碳居民生活模式纳入城市规划体系非常必要。主要进行：①低碳生活行为规律研究。关注居住与产业、基础设施的关联性，例如人口总量和结构、土地利用的空间布局（居住用地布局以及与产业和基础设施用地的空间关系）、居住用地的密度、建筑容量、小区规划等，分析这些因素与居民生活模式和行为的关联关系，进而找到城市规划对居民生活碳排放的影响机制。②低碳生活消费模式研究。以低能耗为主的大众消费研究，如使用先进的与合适的器具；减少器具的初始成本并提高效用；以季节性、安全、低碳的当地食物为烹饪原料，提高地方性的季节性食物供应。③碳预算生活方式研究。按照未来碳生产率水平设计未来城市人口的生活方式（吃、住、行、用、娱）。

### 4.2.3 低碳城市产业系统

中国城市碳排放量最大的行业是黑色金属冶炼及压延加工业、化学原料及化学制品制造业、电力煤气及水生产供应业、采掘业、石油加工及炼焦业。本研究重视：①产业结构调整与升级研究。实现低碳城市，首先必须对涉及电力、交通、建筑、冶金、化工、石化等高碳行业减排，按照低投入、低消耗、高产出、高效率、低排放、可循环和可持续的原则，实行循环经济和清洁生产。②低碳城市循环经济静脉产业体系研究。将城市经济活动组成一个"资源—产品—再生资源"的反馈式流程，其特征是低开采、高利用、低排放，所有的物质和能源在经济和社会活动的全过程中不断进行循环，并得到合理和持久的利用，以把经济活动对环境的影响降低到最小程度。③低碳城市清洁生产中碳减排研究。从资源的开采、产品的生产、产品的使用和废弃物的处置的全过程中，最大限度地提高资源和能源的利用率，最大限度地减少它们的消耗和污染物的产生。城市规划主要是建立并经营低碳市场的企业，强调能源效率，建设低碳、高附加值的产品和服务系统，遏制高耗能行业，工业实现全面的高效清洁生产。

#### 4.2.4 低碳城市能源系统

低碳能源系统规划研究主要包括：①脱碳能源系统规划研究。例如规划城市在大规模开发先进核电系统、可再生能源（风能、太阳能、水电、生物能、地热能、潮汐能和其他）利用以及开发完全不生产碳排放的氢气发电或发展以生物能量为基础的能源供应系统（如工业化沼气，生物燃料如玉米、甘蔗、甜菜为原料制造乙醇燃料，油菜子、大豆为原料制造的生物柴油）的可行性研究。②低碳能源系统规划研究。例如规划城市的天然气、燃料电池等系统规划研究。③固碳能源系统规划研究。例如规划城市的 $CO_2$ 捕获与封存设备规划布局、整体煤气化联合循环（LGCC）系统，先进洁净煤技术利用等对城市空间需求和影响研究。

#### 4.2.5 低碳城市交通与物流系统

(1) 低碳城市交通系统研究。①慢速交通系统：步行和自行车交通系统。②公共交通系统：公共汽车每百公里的人均能耗只是小汽车的 8.4%，电车的 3.4%～4.0%，地铁的 5.0%。全球范围内，每年因道路交通排放的温室气体占排放总量的 25%。③高效高速交通系统：快速轨道（轻轨和地铁）交通。④限制城市私家车作为交通工具。规定私人汽车碳排放标准。

(2) 低碳物流系统研究。发展减排物流路线，提高物流效率；规划网络式的无缝物流系统；构建物流系统与供应链的无缝管理。

#### 4.2.6 低碳城市扩大碳汇系统

碳汇是指由绿色植物通过光合作用吸收固定大气中的 $CO_2$，通过土地利用调整和林业措施将大气中的温室气体储存于生物碳库。森林、草地和湿地系统是中国城市碳汇的主体。根据不同的森林类型不同的固碳潜力，按照生态效益、经济效益、固碳效益配置城市郊野森林生态系统、城市公园森林系统和道路林网系统。与此同时，由于湿地系统的 $CO_2$ 排放量大于吸收量，因此应尽量避免规划大面积的城市湿地空间。

### 4.3 法定城市规划低碳编制技术研究

#### 4.3.1 城镇体系规划低碳编制技术

在大城市地区编制规划，创新相关的低碳编制技术，主要包括：①运用高速公路、高速铁路和电信电缆的"流动空间"构建"巨型城市区"（mega-city region）；②设计多中心（polycentric）、"紧凑型"的大都市空间结构；③通过新的功能性劳动分工组织功能性城市区域（functional urban region, FUR）；④避免重复的城市空间功能分区。

### 4.3.2 城市总体规划低碳编制技术

城市总体规划方面的低碳对策无外乎包括减少碳排放对策和增加城市地区自然固碳效果两个方面。可以从城市整体的形态构成、土地利用模式、综合交通体系模式、基础设施建设以及固碳措施等几个方面来考虑。①低碳城市整体形态研究。可以重新对连片发展的城市形态（摊大饼）、带形城市以及组团城市各自在减少碳排放方面的特征重新进行评估，从而得出不同于以往的建设性结论。比如，或许以往备受指责的连片发展的城市形态在减少碳排放方面有其优势。②低碳城市土地利用形式和结构研究。可重新探讨并评估不同用途的组合，以及不同强度的土地利用对减少碳排放所能带来的影响。③低碳城市道路系统规划研究。具体可包括交通体系与土地利用模式的相互配合（比如 TOD）、大力发展公共交通、轨道交通以及建设多种选择的交通系统（机动与非机动可选交通）等方面。

### 4.3.3 详细规划与城市设计低碳编制技术

由于城市中不同地区的功能、开发建设强度、建筑空间形态等有着较大的差别，因此，在城市总体规划阶段对城市形态、土地利用、交通系统进行整体研究的基础上，还应针对城市中功能相对集中的地区分别进行有针对性的研究，弄清楚各类地区在详细规划以及城市设计方面可以实施的减少碳排放的规划设计技术对策和实际效果。主要包括：①产业园区规划与设计低碳编制技术研究。可结合案例，重点分析不同类型产业集中布局用地中的减碳详细规划对策，例如能源集中供给、利用园区绿化进行汇碳，乃至回收装置的集中利用等。②CBD规划与设计低碳编制技术研究。CBD是城市中人类活动最为集中的地区，通常也是开发建设强度高、能源消耗大的地区。通过合理组织不同功能的用地和建筑物布局，控制适当的开发强度，并针对不同情况采用能源集中供给、区内能源再利用、绿化汇碳以及采用绿色建筑技术等手段达到综合降低碳排放的目的。③生活居住社区规划与设计低碳编制技术研究。生活居住区是城市中碳排放较为集中的另一大区域。生活居住区的低碳对策可以从建立新型生活模式以及采用相适应的空间组织等方面开展。由于不同密度和类型的生活居住区可采用的减少碳排放的技术手段不同，因此，对不同类型的居住区可采取不同的规划对策。例如：对于密度较高的以集合住宅为主的生活居住区来说，加强能源的统一供给，采用可选择的交通模式以及利于节能的建筑形态应该是可采用的主要规划设计手段；而对于密度相对较低的联排式住宅乃至独立式住宅而言，充分利用较大的建筑物与自然接触的面积，通过对太阳能、风能等自然能源的采集利用，提高能源自给自足的比例甚至是完全自足则是主要的发展方向。

## 4.4 低碳城市规划实施研究

### 4.4.1 低碳城市规划技术方法

低碳城市规划是实现低碳城市发展的关键技术之一。本部分重点研究城市规划和设计手段降低城市碳排放的技术方法。①城市空间低碳优化布局方法。提高城市运行效率，以空间规划策略应对气候转变。以低碳理念指导城市规划编制，包括城市功能分区合理布局，加强土地的节约集约化利用，推行"紧凑型"城市规划和建设模式，加大植树造林，扩大城市碳汇系统。②整合交通规划方法。制定低碳化城市交通体系整合，推行大运量快速交通体系，实现低碳化交通出行，整体上实现城市交通运输节能减排，构建低碳化交通体系。③低碳城市更新方法。在城市更新中纳入低碳原则，修复现有城市资源，将城市更新改造、历史文化保护和城市资源整合作为一个系统工程。④低碳化社区设计方法。社区是城市中的基本构成单元，探索低碳社区设计方法，推进建筑节能，用低碳理念指导建筑设计，应用绿色节能建筑技术推进建筑设计与太阳能光电产品的结合等。

**4.4.2 低碳城市规划指标体系**

城市规划也是在一定的经济和社会目标下对城市空间结构的引导和安排，具体反映在对城市人口规模、建设用地（产业用地、居住用地、城市基础设施用地）的布局、用地混合方式、建筑密度等一系列指标的设定。低碳城市规划需要在国家现行城市规划技术标准基础上增加低碳城市规划技术指标。

**4.4.3 低碳城市规划制度建设**

城市规划设计理念和设计的路径选择作为城市政府重要的公共政策之一，受到多种制度因素的影响，特别是不同利益主体之间已经参与城市规划与设计方案的博弈和协商过程。本研究主要包括：

（1）具有低碳目标的不同城市规划中决策保障制度的基准研究。

（2）低碳城市规划的政策框架研究。例如碳生产率代替 GDP 指标研究、一次能源总需求预测方法研究、碳市交易研究等。制定低碳城市规划行动纲领，建立奖惩机制，促进低碳技术创新和资金流动，将与气候有关的技术（现有技术标准和需要修订的标准）纳入城市规划技术标准，制定推进低碳城市规划决策的激励措施等。

（3）低碳规划理念的制度执行效力。①国际气候变化和全球治理谈判对中国城市规划制度的影响研究。例如《京东议定书》和 IPCC 对各个国家、各个城市政府在碳减排上的努力进行综合治理。国际谈判、国际公约、全球治理机制，一方面通过中央政府对地方城市的行政影响力，间接影响城市规划的理念和实施，另一方面通过非政府组织项目资助直接影响城市规划。②中央政府对地方城市政府减排（尤其通过低碳城市规划措施）影响力研究。例如通过对地方政府和官员的绩效考核机制、考核内容和目标（例如 GDP 的增长量）等，城市政府是否能够积极通过低碳城市规划反映中央政策完成各项目标等机制研究。③中央政府对于低碳技术发展和低碳产业进步的激励政策与相关金融制度对中国低碳城市规划制度及编制的影响研究。例如在产业结构选择、产业减碳估算、城市能源来源和消费等对城市规划与设计的影响。④城市间关于碳排放协调机构以及非政府组织努力对低碳城市规划理念和原则产生影响的研究。国际组织的项目资助机制在中国发展低碳城市初期起到了积极的推动作用，而城市之间的碳交易、各种环境非政府组织对于碳排放的监管和对低碳生活理念的推广，为城市规划与设计和执行低碳城市规划提供了不可缺少的制度保障环境。

#### 4.4.4 低碳城市规划决策机制

低碳城市规划不能脱离于更大范围的城市政策和公共治理而运行，因此需要研究利益主体之间在城市规划决策中的博弈和协商过程，总结低碳城市规划的决策机制和治理模式。具体研究内容包括：①选择国内正在进行的低碳城市规划进行案例研究。应用公共治理理论和博弈论方法，分析城市规划的关键利益主体——决策者、规划部门、相关部门、企业、市民等——的行为博弈关系，总结适应于低碳城市理念的规划治理模式。②低碳城市规划决策机制研究。在上述博弈论框架下，重点剖析宏观制度要素——国际环境与全球治理模式、国家战略与政策调整、技术创新与选择等——对低碳城市规划决策和治理的影响机制；应用决策分析方法，对不同类型的城市规划——全面引入低碳理念、部分引入低碳理念和基准规划方案——建立多参与主体、多指标的决策分析模型，分析不同城市发展目标、规划理念、治理模式和制度环境影响下的城市规划决策机制。

#### 4.4.5 低碳城市规划实施与评估

低碳城市规划不仅要在规划方案编制过程中引入低碳发展的理念，并落实到具体规划手段上，而且要强调城市规划实施的过程控制与评估。主要包括：①低碳城市规划案例跟踪研究。收集城市生产生活各领域详细的能源消耗数据，计算城市范围的碳排放量，构建目前城市规划体系下中国典型城市碳排放量及其结构的基准情景。②低碳城市规划的实施过程评估。选择低碳城市规划的具体领域（低碳产业、低碳化交通、低碳化社区、低碳生活模式等），跟踪相应规划方案的实施过程，总结保障低碳城市规划有效实施的制度和公共治理结构。③低碳城市规划成本研究。计算低碳城市规划的决策成本、规划定制成本、规划执行成本、规划监督成本。④低碳城市规划效益研究。测算低碳城市规划的社会、经济、环境效益。运用比较成本和收益，结合低碳设计规划的理念和目标，评估低碳城市规划的可行性与可持续性。⑤低碳城市规划的综合绩效评估。首先从经济性、社会公平性、可持续性（特别是能源消耗、全球温室气体减排贡献等）、可实施性等层面，构建低碳城市规划的综合评估指标和方法体系；结合成本—收益分析、成本—效益分析等方法，对低碳城市规划案例从能源消耗、碳排放、经济发展和社会公平等角度进行综合评估。

## 5 结语

气候变化、碳排放与城市化过程相交织，低碳城市与传统城市增长方式不一致，因此，低碳城市建设不仅需要规划师更新城市规划理论和方法，也需要全社会共同努力，将低碳城市规划编制理论和技术、低碳城市建设过程以及低碳城市运行与治理方式密切结合起来，才能起到事半功倍的效果。

**致谢**

本文受国家自然科学研究基金项目（NSFC 40971092）、北京大学—林肯研究院城市发展与土地政策研究中心资助项目（GCL20090601）资助。

## 注释

① 2008年10月31日出版的《开放大气科学杂志》(Open Atmospheric Science Journal)发表"大气$CO_2$目标：人类社会的目标所在？"(Target Atmospheric $CO_2$: Where Should Humanity Aim?)一文认为：为了使地球保持与文明发展时期相似的状态，最佳的$CO_2$浓度水平应该不超过350 ppm，而不是以往的450 ppm。目前已经达到385 ppm，而且每年以2 ppm的速率上升（中国科学院国家科学图书馆《科学研究动态监测快报》2008年第16期）。

② Blueprint for American Prosperity, Brookings, 2008. http://www.brookings.edu/projects/blueprint/about.aspx.

③ "低碳经济"的概念最早出现在英国政府2003年《能源白皮书》中，指最大限度降低$CO_2$排放量的经济发展及运行模式。"低碳城市"被定义为：城市在高速经济发展的前提下，保持能源消耗和$CO_2$排放处于较低水平（辛章平、张银太，2008）。

## 参考文献

[1] Calthrope, P. and Fulton, W. 2000. *The Regional City: New Urbanism and the End of Sprawl*. Island Press.

[2] Communities and Local Government (CLG) 2006. *Building a Greener Future: Towards Zero Carbon Development*. Department for Communities and Local Government.

[3] Communities and Local Government (CLG) 2007. *Planning and Climate Change: Supplement to Planning Policy Statement 1*. Department for Communities and Local Government.

[4] Communities and Local Government (CLG) 2008. *Impact Assessment of the Planning Policy Statement: Planning and Climate Change*. Department for Communities and Local Government.

[5] Communities and Local Government (CLG) 2007. *Planning Policy Statement: Planning and Climate Change—Analysis Report of Consultation Responses*. Department for Communities and Local Government.

[6] Crawford, J. and French, W. 2008. A Low-Carbon Future: Spatial Planning's Role in Enhancing Technological Innovation in the Built Environment. *Energy Policy*, Vol. 36, No. 12.

[7] Dodd, N. 2008. *Community Energy: Urban Planning for a Low Carbon Future*. TCPA and CHPA.

[8] Glaeser, E. L. and Kahn, M. E. 2008. The Greenness of Cities: Carbon Dioxide Emissions and Urban Development. Harvard Institute of Economic Research Discussion Paper No. 2161.

[9] Gore, A. 1993. *Creating a Government That Works Better and Costs Less: Report of the National Performance Review*. U. S. Government Printing Office.

[10] HM Government 2007. *Draft Climate Change Bill*. http://www.defra.gov.uk/.

[11] IPCC 2007. *Climate Change 2007: The Physical Science Basis*. New York: Cambridge University Press.

[12] Kahn, M. E. 2007. *Green Cities: Urban Growth and the Environment*. The Brookings Institution.

[13] Local Government Association (LGA) 2007. *A Climate of Change: Final Report of the LGA Climate Change Commission*. Local Government Association, London.

[14] Ministry of the Environment 2007. *Building a Low Carbon Society*. Japan: Ministry of the Environment.

[15] Prime Minister 2008. *National Action Plan on Climate Change*. http://www.pewclimate.org/docUploads/India%

20National%20Action%20Plan%20onClimate%20Change-Summary. pdf.

[16] Rosenbloom, D. 2008. The Politics-Administration Dichotomy in US Historical Context. *Public Administration Review*, Vol. 68, No. 1.

[17] Ruddiman, W. F. 2007. *Earth's Climate: Past and Future* (2nd Edition). New York: Freeman W. H. & Company.

[18] Secrett, C. Low Carbon London + Climate Change: Challenges and Opportunities. http://www.tulips.tsukuba.ac.jp/dspace/bitstream/2241/99823/3/Charles+Secrett-2.pdf.

[19] SE2 Ltd. 2007. *Skills for a Low Carbon London: Summary Report and Recommendations on the Skills Gaps in the Energy Efficiency and Renewable Energy Sector in London*. London Energy Partnership, c/o Greater London Authority, City Hall.

[20] Suzuki, H. et al. 2009. $Eco^2$ *Cities: Ecological Cities as Economic Cities*. The World Bank.

[21] Wilson, W. 1887. The Study of Public Administration. *Political Science Quarterly*, Vol. 2.

[22] 步雪琳：" 打造中国电谷　建设低碳保定"，《中国环境报》，2008 年 3 月 13 日。

[23] 崔功豪等：《城市地理学》，江苏出版社，1992 年。

[24] 丁丁、周洹："我国低碳经济发展模式的实现途径和政策建议"，《环境保护与循环经济》，2008 年第 3 期。

[25] 丁仲礼："试论应对气候变化中的八大核心问题"，CNC-WCRP、CNC-IGBP、CNC-IHDP、CNC-DIVERSITAS2008 年联合学术大会交流材料，2008 年。

[26] 付允、汪云林、李丁："低碳城市的发展路径研究"，《科学对社会的影响》，2008 年第 2 期。

[27] 付允等："低碳经济的发展模式研究"，《中国人口·资源与环境》，2008 年第 3 期。

[28] 顾朝林、谭纵波、韩春强等：《气候变化与低碳城市规划》，东南大学出版社，2009 年。

[29] 顾朝林、谭纵波、刘宛："低碳城市规划：寻求低碳化发展"，《建设科技》，2009 年第 15 期。

[30] 顾怡："杭州要在全国率先打造低碳城市"，杭州网，2008 年 7 月 16 日，http://www.hangzhou.com.cn/20080702/ca1535029.htm。

[31] 国际全球环境变化人文因素计划中国国家委员会（CNC-IHDP）：2008 年工作会议会议文件，2008 年。

[32] 何建坤、刘滨："我国减缓碳排放的近期形势与远期趋势分析"，《中国人口·资源与环境》，2008 年第 3 期。

[33] 胡鞍钢："中国如何应对全球气候变暖的挑战"，《国情报告》，2007 年第 29 期。

[34] 胡初枝等："中国碳排放特征及其动态演进分析"，《中国人口资源与环境》，2008 年第 3 期。

[35] 胡敏、徐晔敏、花为华、周莹："率先建成'低碳经济型城市'——访中国科学院可持续发展战略组组长牛文元"，《扬州日报》，2008 年 7 月 27 日。

[36] 金石："WWF 启动中国低碳城市发展项目"，《节能与环保》，2008 年第 2 期。

[37] 孟德凯："关于我国低碳经济发展的若干思考"，《管理科学文摘》，2007 年第 9 期。

[38] 潘海啸、汤宇卿、吴锦瑜、卢源、张仰斐："中国'低碳城市'的空间规划策略"，《城市规划学刊》，2008 年第 6 期。

[39] 平本一雄：《环境共生与都市规划》，东京大明堂，2000 年。

[40] 普雷斯科特："低碳经济遏制全球变暖——英国在行动"，《环境保护》，2007 年第 11 期。

[41] 青木昌彦：《比较制度分析》，上海远东出版社，2001年。
[42] 曲建升、王琴、曾静静等："我国$CO_2$排放的区域分析"，《科学研究动态监测快报》，2008年第12期。
[43] 全球环境变化研究信息中心等编："国际全球环境变化2008回眸"，CNC-IHDP2008年工作会议文件，2008年。
[44] 沈颖："东滩沉浮始末——中国首座生态城市计划搁浅记"，《中华建设》，2009年第5期。
[45] 世界银行：《2009年世界银行发展报告：重塑世界经济地理》，2008年。
[46] (英)尼格尔·泰勒著，李白玉、陈贞译：《1945年后西方城市规划理论的流变》，中国建筑工业出版社，2006年。
[47] 谭丹等："我国工业行业的产业升级与碳排放关系分析"，《四川环境》，2008年第2期。
[48] 吴昌华："建设中国低碳生态城市"，低碳行动网，2008年7月14日，http://cqtoday.cqnews.net/system/2008/07/14/001277849.shtml。
[49] 吴晓青："关于中国发展低碳经济的若干建议"，《环境保护》，2008年第3期。
[50] 夏堃堡："发展低碳经济 实现城市可持续发展"，《环境保护》，2008年第3期。
[51] 辛章平、张银太："低碳经济与低碳城市"，《城市发展研究》，2008年第4期。
[52] 刑继俊等："中国要大力发展低碳经济"，《中国科技论坛》，2007年第10期。
[53] 姚为克："有效利用能源 推动低碳城市建设"，中国网，2008年6月20日，http://www.china.com.cn/international/zhuanti/dezhong/2008-06/20/content_15862820.htm。
[54] 叶笃正："全球变化中气候变化的时间尺度及大气中$CO_2$作用问题"，《全球变化与自然灾害——科技与社会面临的挑战会议文集》，2009年。
[55] 叶祖达："生态城市：从概念到规划管理实施——上海崇明岛东滩和北京丰台长辛店"，《城市规划》，2008年第8期。
[56] 于娟、彭希哲："碳税政策对中国农村能源结构调整的作用——基于CGE模型的政策讨论"，《世界经济文汇》，2007年第6期。
[57] 张坤民："低碳世界中的中国：地位、挑战与战略"，《中国人口·资源与环境》，2008年第3期。
[58] 张坤民、潘家华、崔大鹏主编：《低碳经济论》，中国环境科学出版社，2008年。
[59] 中广网："珠海：低碳城市，呼之欲出"，2008年7月10日，http://www.cnr.cn/zhfw/xwzx/zhjj/200807/t20080710_505031147.html。
[60] 中国科学院国家科学图书馆：《科学研究动态监测快报：气候变化科学专辑》，2008年第1~18期、2009年第1~4期。
[61] 庄贵阳："中国经济低碳发展的途径与潜力分析"，《国际技术经济研究》，2005年第3期。
[62] 庄贵阳："低碳经济引领世界经济发展方向"，《世界经济》，2008年第2期。
[63] 邹毅、匡耀求、黄宁生："节能减排形势下的城市规划探讨"，《2008中国可持续发展论坛论文集（1）》，2008年。

# 城市低碳产业的评估与分析：以北京为例[①]

季曦 陈占明 任抒杨

## Evaluation and Analysis on Low-Carbon Industry in the City: A Case Study on Beijing

JI Xi[1], CHEN Zhanming[2], REN Shuyang[1]

(1. Center for Human and Economic Development Studies, Peking University, Beijing 100080, China; 2. Department of Energy and Resources Engineering, College of Engineering, Peking University, Beijing 100871, China)

**Abstract** Cities are the main carriers of industrialization. The development of urban industries based on fossil fuels is the key contribution to the increase of greenhouse gases density and global warming. The idea of low-carbon cities not only brings about a way to achieve a city's sustainable development, but provides a new approach to deal with global climate issues as well. The development of low-carbon industries is the key point in achieving a low-carbon city. Scientific quantitative assessment of energy consumption and carbon emission of industrial sectors is effective to discover the key problems of industrial consumption and emission, and thus find out potential parts in energy-saving and emission-reduction. Traditional indicators of "energy consumption per unit of output value" and "emission per unit of output value" are just one-sided because they are only concerned about the direct consumption

**摘要** 城市是工业化的主要物质载体。建立在化石燃料基础上的城市产业发展是造成全球温室气体浓度增加、导致气候变暖的主要环节。低碳城市的提出不仅为城市实现自身的持续发展提供了思路，同时也为全球应对气候问题指明了方向。低碳产业的发展是实现低碳城市的关键。对产业部门能源消耗和碳排放情况进行科学量化评估能够发现产业间能耗和排放的关键问题，找出节能减排的潜力所在。传统的"单位产值能耗"和"单位产值排放"指标只关注部门的直接消耗和排放，没有考虑部门生产环节中的间接能耗和排放情况，存在一定的片面性，不利于城市生产系统的总体优化。本文首先讨论了传统评估指标的不足，构建了以"体现能源"和"体现碳排放"为主的城市低碳产业的评估指标；其次以北京市为案例，将传统指标和新构建指标的计算结果进行了比较，结果显示基于后者的评估能够更科学系统地反映城市产业的能耗和碳排放情况，为低碳城市的落实提供了参考依据。

**关键词** 低碳城市；低碳经济；体现能源；体现碳排放；投入产出分析

## 1 研究背景

工业革命以来，建立在化石燃料基础上的工业文明从根本上改变了人们延续了几千年的农业生产方式，对当今世界经济格局和地球生态格局造成了深刻的影响。伴随着工业化的城市化进程逐渐成为世界社会经济发展和演变的主题。随着工业化和城市化进程的不断推进，大气中以$CO_2$为主的温室气体浓度日益增加，全球气候变暖已经成

---

**作者简介**

季曦、任抒杨，北京大学经济与人类发展研究中心；

陈占明，北京大学工学院能源与资源工程系。

and emission while neglecting the indirect consumptions and emissions during the production process, and therefore the traditional way goes against the general optimization of the city's production system. This paper first discusses about the disadvantages of traditional evaluation indicators, and then constructs the new indicators for low-carbon urban industry evaluation mainly based on the concept of embodied energy and embodied carbon emission. Taking Beijing as an example, this paper compares the calculation based on both the traditional and the new indicators, and it was shown that the new indicators proposed in this paper can better reflect the industrial sector's energy consumption and emission, which provides useful information for achieving the goal of low-carbon city.

**Keywords** low-carbon cities; low-carbon economy; embodied energy; embodied carbon emission; input-output analysis

为不争的事实。气候变化研究的主流声音认为，近50年的地表平均温度的加速升高主要是由人为排放温室气体所致（中国科学院可持续发展战略研究组，2009），而化石燃料的使用是工业化时期以来大气 $CO_2$ 浓度增加的主要原因。

城市作为工业化的主要物质载体，是人类使用化石燃料最密集的地方。城市产业的发展极大地依赖化石燃料的使用，同时也是造成人为碳排放增加的主要环节。根据英国斯特恩报告（Stern，2007），城市碳排放占了人类活动总碳排放的78%。城市不仅成为全球气候问题的主要责任者，而且它们自身也普遍面临严峻的能源紧缺和环境恶化的局面，能源供应安全问题、城市热岛问题等都是触动城市决策者神经的紧迫问题。中国著名建筑学和城市规划专家吴良镛认为，城市可能是解决世界上某些最复杂、最紧迫问题（如资源、环境等）的关键（吴良镛、吴唯佳，2008）。我们也可以推断，城市将成为应对全球气候变暖问题的主力军。

中国城市在全国能耗和排放中占据了主要的地位。2005年，中国城市化率达到40%，城市生产总值占全国的75%，然而全国84%的商业能耗发生在城市，在35个最大的城市中，人口占全国的18%，而能源消耗和碳排放均占了全国总量的40%（Dhakal，2009）。近些年来，中国开始倡导生态文明与和谐社会，开源节流等能源管理体制也逐步健全，然而中国现有的城市发展模式尚存在很多不适应经济、能源、环境持续协调发展要求的环节，比如高能耗高排放的产业过多、耗能产业规模与城市能源和环境条件不相符等。保障城市经济、能源、环境多维度的持续发展亟待更为科学的城市综合管理理念和手段。低碳城市（low-carbon city）的发展理念、发展模式和发展方向是值得借鉴与推广的。

低碳城市的概念是由低碳经济（low-carbon economy）发展而来，关于低碳城市的内涵和发展模式已经引起了越来越多国内外专家的关注与讨论（Shimada et al.，2007；Nader，2009；夏堃堡，2008；顾朝林等，2009）。虽然何谓低碳城市仍不明确，但对城市进行产业结构优化已经被公认为实现低碳城市的基本模式之一，通过调整产业结构来实现城市低碳化的途径被大力强调和广泛推崇。中国大部分城市已经进入产业结构演进的中级阶段。如何优化产业结构、实现节能减排是实现低碳生产的关键，而对产业进行优化的前提是对产业能耗和碳排放情况的全面科学评估。目前，关于如何量化评估城市产业是否"低碳"的研究还很缺乏，值得大家共同努力。

## 2 低碳产业的评估指标

### 2.1 传统的评估指标

我们通常是基于"单位产值能耗"和"单位产值碳排放"来衡量产业部门的能效与环境友好程度，这是基于"直接消耗"和"直接排放"的两个指标，其优势是比较直观、容易统计、易于比较。但是，"直接消耗"和"直接排放"描述的是形成一项产品或服务所直接消耗的资源和排放的环境废弃物，没有考虑产品或服务生产周期中其他环节，也没有考虑部门与部门之间的投入产出关联，因此难以描述真实的消耗与排放情况。

对整个城市社会经济系统而言，每一个产业部门都不是独立存在的，部门与部门之间存在着千丝万缕的关联，这些关联中的能耗和排放都直接或间接与该部门相关。把部门独立出来进行评估的指标可能存在一些片面性，有时候甚至会有失公允。因此，我们需要能够全面科学地反映部门和产品的真实消耗与排放的量化分析方法。

### 2.2 系统评估方法：体现能源和体现碳排放

"体现能源"（embodied energy）概念正式提出于 1980 年代初。著名生态经济学家科斯坦萨（Costanza）在其博士论文基础上于 1980 年在《科学》（Science）上发表文章正式定义了体现能源的概念，即形成一项产品或服务所直接和间接消耗的能源总和（Costanza，1980），国内相关学者也称其为"内涵能源"（陈迎等，2008）。科斯坦萨借助列昂季耶夫（Leontief，1970）提出的投入产出模型，建立了体现能源的基本核算框架，充分考虑了部门间的直接和间接能源利用关系。随后科斯坦萨和赫伦丁（Costanza and Herendeen，1984）以美国各部门的投入产出表为基础进行了部门的体现能源核算。贾德森（Judson，1989）认为基于体现能源的国民经济核算方法是对传统核算框架的有效补充。

体现能源的概念和方法的理论基础是系统观，它充分考虑了系统内部各子系统和要素间的关联，避免了将系统要素分割开来的片面性和局限性。后来，体现能源的基本思想和计算方法被逐步推广到能源核算之外的领域，体现碳排放就是在这种思想下逐步形成并不断得到发扬的（Wyckoff and Roop，1994）。与体现能源概念平行，体现碳排放即形成一项产品或服务所直接和间接排放的温室气体总量，通常也被称为碳足迹（carbon footprints）（Christopher et al.，2008）。

随着能源与气候问题的日益严峻，体现能源和体现碳排放的概念被逐步应用于产业优化、国际贸易政策调整等领域，其系统的思想为传统的评估体系带来了新的理念，被越来越多的专家和学者接受。基于体现能源和体现碳排放的分析方法追加了产品或服务形成过程中直接和间接的能耗与碳排放情况，借助投入产出分析，能够更真实地展现社会经济活动背后的环境成本。因此，引进体现能源和体现碳排放的概念来进行能耗与碳排放量化评估，是对传统评估指标的一种改进和有效补充，对建立科学合理的城市低碳产业的监测和评价体系具有重要的理论参考意义。

目前，体现能源和体现碳排放在国家尺度的产业评估中已经得到了广泛的应用。1997年，西村和彦等（Nishimura et al.，1997）构建了宏观经济体中生产过程的体现碳排放模型，模型充分考虑了部门生产间的相互关联，并且以日本405个部门的投入产出分析表为基础进行了验证。周江波（2008）利用中国2002年的投入产出表计算了中国42个部门的体现能源强度和体现碳排放强度。陈等人（Chen et al.，2009）改良了已有的国民经济体现生态要素的核算框架，在系统生态学的理论框架下，基于中国2005年的投入产出表，对中国国民经济所有部门的体现生态要素进行了核算，其中包括体现能源和体现碳排放，为中国从部门生产角度实现"资源节约"和"环境友好"社会提供了参考。陈红敏（2009）利用投入产出方法计算并分析了2002年中国各部门的体现碳排放情况，并对各个部门的碳排放与增加值之间的关系进行了分析和比较。这些虽然都是国家产业尺度的研究，但为开展城市产业的核算和评估提供了可借鉴的模式。

## 3　北京低碳产业评估

我们以北京市2005年的投入产出表为基础，初步探讨基于体现能源和体现碳排放的城市低碳产业评估方法。

利用城市投入产出表进行体现能和体现碳的计算前，需要对传统的经济投入产出表进行扩充，使之包含能源和碳排放要素。如表1所示，其中$Q_1$、$Q_2$和$Q_3$表示传统的经济投入产出表，也就是以货币表征的经济要素流量表，它们代表部门间的投入产出流量、各个部门产品的最终使用情况以及在各部门生产过程中的净经济投入。$Q_0$表示以非商品形式进入经济系统的一次能源开采量和温室气体排放量。

要实现产业部门生产低碳化的监测和比较，我们需要定义两个强度量，即体现能源强度和体现碳排放强度，分别指部门单位产值产出所直接和间接投入的能源量与排放的温室气体量。在计算各个部门的体现能源强度与体现碳排放强度时，我们做了两步简化，一是认为同一部门的所有产品具有相同的体现能源强度和体现碳排放强度；二是认为当前使用的所有同类产品——无论是当年生产的产品还是过去的库存产品，无论是本地生产的还是系统外部输入的，都具有相同的体现能强度与体现碳强度。根据这两个简化，我们可以把城市社会经济系统中的任何一个部门的能源平衡关系描述为表1。

表1 扩充的投入产出表

| 投入 \ 产出 | | 中间使用 部门1 | 中间使用 部门2 | ... | 中间使用 部门n | 最终使用 消费性使用 | 最终使用 固定资产形成 | 出口 |
|---|---|---|---|---|---|---|---|---|
| 中间投入 | 部门1 | | | | | $Q_1$ | $Q_2$ | |
| | 部门2 | | | | | | | |
| | ... | | | | | | | |
| | 部门n | | | | | | | |
| 净经济投入（增加值） | 劳动者报酬、生产税净额、营业盈余等 | | | $Q_3$ | | | | |
| 能源 | 化石能源 | | | | | | | |
| | 其他能源 | | | $Q_0$ | | | | |
| 温室气体 | 二氧化碳 | | | | | | | |
| | 甲烷 | | | | | | | |
| | 氧化亚氮 | | | | | | | |

以下根据表1说明如何计算北京市2005年42部门的体现能源强度。体现碳排放强度的计算方法与其相似，差别仅仅体现在对不同变量的定义上。

$d_i$ 表示部门 $i$ 从市内直接开采的一次能源量，$tr_i$ 和 $tr_j$ 表示第 $i$ 和第 $j$ 部门的产品的体现能强度，$x_{ji}$ 表示部门 $i$ 在生产过程中所使用到的部门 $j$ 的产品的总量，$p_i$ 表示部门 $i$ 的总产出量。根据以上定义我们可以获得对于部门 $i$ 的体现能源平衡方程式如下：

$$d_i + \sum_{j=1}^{n} tr_j x_{ji} = tr_i p_i$$

在北京市2005年的经济结构中，$n=42$。对这42个部门中的每一个都可以获得一个体现能源平衡方程式，将这42个方程式联立起来我们可以使用如下的矩阵方程来表达：

$$D + TrX = TrY$$

其中 $D = [d_i]_n$，$Tr = [tr_i]_n$，$X = [x_{ji}]_{n \times n}$，$Y = [y_{ji}]_{n \times n}$（当 $i=j$ 时 $y_{ji} = p_i$，当 $i \neq j$ 时 $y_{ji} = 0$）。因此在一定的数学条件下，只要获得北京市2005年42个行业的直接能源开采向量 $D$，投入产出矩阵 $X$ 以及行业总产出向量 $Y$，我们就可以根据该矩阵方程求解各个行业的体现能强度为：

$$Tr = D(Y-X)^{-1}$$

表2是北京市投入产出表所划分的42个部门，出于作图和分析的方便，我们对部门进行了编号。基于北京市2005年的投入产出表、能源生产表和能源消耗表，我们对北京市42个部门体现能源强度

和直接能耗强度进行了计算,进而得出每个部门的体现碳排放强度和直接碳排放强度。由于北京市各部门温室气体排放因子的不可得,我们采用了 IPCC(2006)提供的各种能源和生产过程的温室气体排放因子(表3),同样简化认为同源消耗的排放因子相同、同过程的排放因子相同。

表2 2005年投入产出表部门划分情况

| 部门编号 | 部门名称 | 部门编号 | 部门名称 |
| --- | --- | --- | --- |
| 1 | 农业 | 22 | 废品废料 |
| 2 | 煤炭开采和洗选业 | 23 | 电力、热力的生产和供应业 |
| 3 | 石油和天然气开采业 | 24 | 燃气生产和供应业 |
| 4 | 金属矿采选业 | 25 | 水的生产和供应业 |
| 5 | 非金属矿采选业 | 26 | 建筑业 |
| 6 | 食品制造及烟草加工业 | 27 | 交通运输及仓储业 |
| 7 | 纺织业 | 28 | 邮政业 |
| 8 | 服装皮革羽绒及其制品业 | 29 | 信息传输、计算机服务和软件业 |
| 9 | 木材加工及家具制造业 | 30 | 批发和零售贸易业 |
| 10 | 造纸印刷及文教用品制造业 | 31 | 住宿和餐饮业 |
| 11 | 石油加工、炼焦及核燃料加工业 | 32 | 金融保险业 |
| 12 | 化学工业 | 33 | 房地产业 |
| 13 | 非金属矿物制品业 | 34 | 租赁和商务服务业 |
| 14 | 金属冶炼及压延加工业 | 35 | 科学研究事业 |
| 15 | 金属制品业 | 36 | 综合技术服务业 |
| 16 | 通用、专用设备制造业 | 37 | 水利、环境和公共设施管理业 |
| 17 | 交通运输设备制造业 | 38 | 居民服务和其他服务业 |
| 18 | 电气、机械及器材制造业 | 39 | 教育 |
| 19 | 通信设备、计算机及其他电子设备制造业 | 40 | 卫生、社会保障和社会福利事业 |
| 20 | 仪器仪表及文化办公用机械制造业 | 41 | 文化、体育和娱乐业 |
| 21 | 其他制造业 | 42 | 公共管理和社会组织 |

表3 主要能源的温室气体排放因子(IPCC,2006)

| 项目 | | 煤 | 石油 | 天然气 |
| --- | --- | --- | --- | --- |
| 二氧化碳排放因子 | | 2.53(kg/kg) | 3.20(kg/kg) | 2.09(kg/m$^3$) |
| 氧化亚氮排放因子(kg/TJ) | | 1.4 | 0.6 | 0.1 |
| 甲烷排放因子(kg/TJ) | 农业部门 | 300 | 10 | 5 |
| | 采掘部门 | 1 | 3 | 1 |
| | 工业部门(制造业) | 10 | 2 | 5 |
| | 交通部门 | 10 | 20 | 50 |
| | 第三产业部门 | 10 | 10 | 5 |

图1和图2分别描述了北京市42个部门的体现能源强度和体现碳排放强度。由图可知，化石燃料是支撑各个部门的绝对主要的能源形式，而$CO_2$是所有部门温室气体排放中的主要成分。

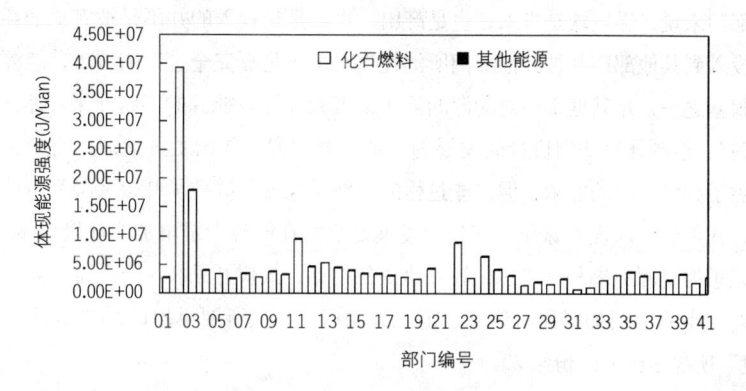

图1  2005年北京各部门的体现能源强度

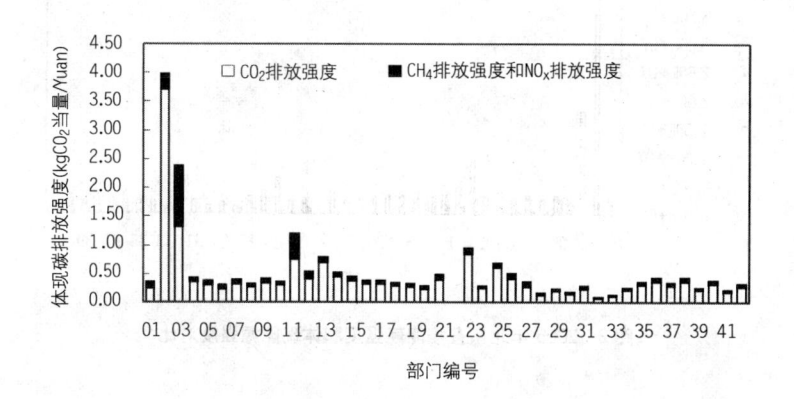

图2  2005年北京各部门的体现碳排放强度

图3和图4是北京市42个部门的直接能耗强度和体现能源强度、直接碳排放强度和体现碳排放强度的对比图。由这两个图我们可以得出一些非常有意思的结论。最直观的感觉是，无论是对于能耗还是碳排放，基于"直接"的指标和基于"体现"的指标之间都存在着很大的差异。

先比较直接能耗强度和体现能源强度。如图所示，几乎所有部门的体现能源强度都比直接能耗强度大。如通信设备、计算机及其他电子设备制造业、仪器仪表及文化办公用等机械制造业以及绝大多数服务业，它们的体现能源强度都是直接能耗强度的很多倍。科学研究部门的体现能源强度是直接能耗强度的160.4倍，通信设备、计算机及其他电子设备制造业、仪器仪表及文化办公用机械制造业、信息传输、计算机服务和软件业等部门的体现能源强度分别是直接能耗强度的34.3、29.7和21.6倍之多。另外要特别说明的是煤炭开采和洗选业部门，其直接能耗强度非常小，只有1.88E+5J/Yuan，与很多其他部门相比可谓非常"资源节约",然而该部门的体现能源强度却位居各大部门之首,为其直接能耗强度的209倍之强。体现能源计算的是生产一项产品或服务中所直接和间接投入的能源总量,对于煤炭开采部门来说,煤炭既是投入,也是产出,也就是说投入的并不是被完全消耗掉的,绝大部分是作为产品投入到其他部门并被其他部门所消耗。对于不是靠完全进口的城市,能源开采部门是其他部门生存的根基之一,是其他部门对能源的需求强度大才导致能源的不断开采。然而,所谓"成也萧何,败也萧何",能源开采部门自身的发展为其他产业的发展作出了贡献,其他产业的发展也为能源开采部门提供了源源不断的需求,但这些过程的最终结果就是导致了社会经济系统能耗的增加。从这个角度来看,我们也可以说能源开采部门的发展是建立在能耗大量增加的环境成本之上的。因此,如果需要部门来承担资源耗竭和环境恶化等环境责任的话,煤炭开采和洗选业部门难逃其咎。同样对于一些直接耗能很小的部门如科研、信息、金融等部门,它们所要承担的环境责任也应该远远大于"直接能耗强度"所显示出来的份额。

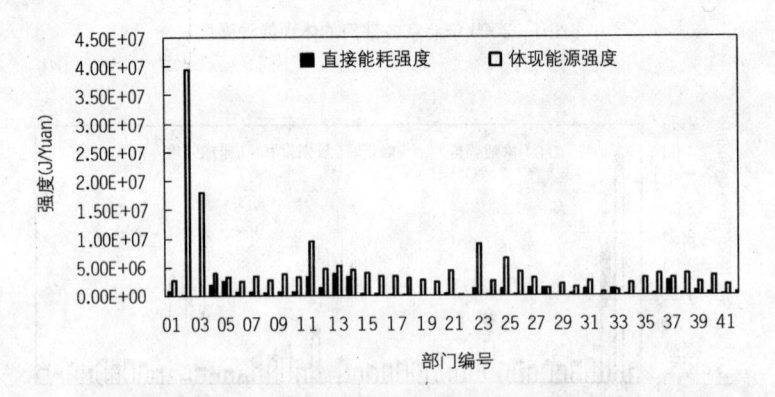

图3 2005年北京直接能耗强度和体现能源强度对比

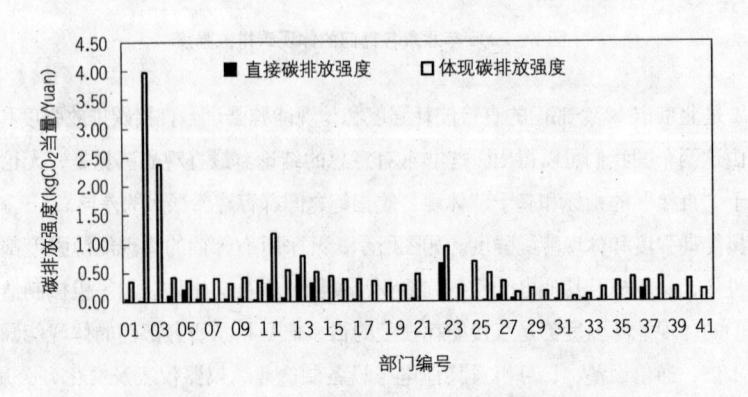

图4 2005年北京直接碳排放强度和体现碳排放强度对比

体现能源强度反映了部门与部门之间的联系，因此，能较客观地、科学地反映每个部门的环境责任。如果根据直接能耗强度来评估每个部门应该承担的环境责任，对像石油加工、炼焦及核燃料加工业这种转换部门则有失公允。

直接碳排放强度和体现碳排放强度都是基于对应的能源消耗计算出来的。这两个指标所描述的部门间的差异与上面讨论的差异基本上一致[②]。体现碳排放强度全面考虑部门创造单位产值所直接和间接排放的 $CO_2$ 的总量，基于这个指标来描述部门的"环境友好程度"，或者建立部门间应对气候问题的减排责任体系会更为科学和全面。

要明确城市的产业是否足够"节能"和"低碳"，最理想的情况是建立不同城市间同一产业的"体现能源强度"和"体现碳排放强度"的比较。通过对多个城市计算结果的归类，确定各个产业的"节能"和"低碳"标准，并进一步建立量化评估指标体系。在全球或者国内城市间建立这样一种产业的量化评估体系是一件很有意义的工作，但其困难也是可以预见的。囿于能力、时间还有数据的局限，我们暂时只能提出这样的想法。

中国城市尺度的投入产出统计体系还不完善，所以目前我们无法开展城市间的产业"节能"和"低碳"程度的比较，但是可以通过与国家尺度的平均水平的比较来初步评估城市产业的低碳程度。中国国家尺度的投入产出表比较完备，我们依据2005年中国国民经济投入产出表和能源生产、消费表计算了中国42部门的"体现能源强度"和"体现碳排放强度"，作为中国产业能耗和排放的平均水平。图5和图6显示的是北京与全国平均水平的比较结果。

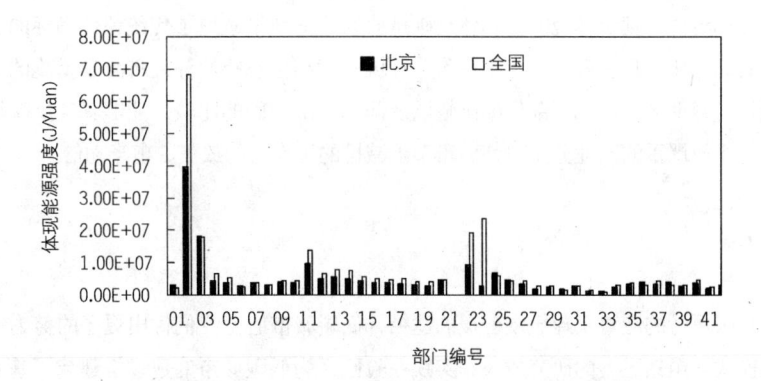

图5　2005年北京和中国体现能源强度对比

如图5、图6所示，北京绝大部分部门的体现能源强度和体现碳排放强度都低于全国平均水平。一方面，城市本身具有集聚经济和规模经济效应，城市大规模的集中生产有助于生产技术的提高，大大降低了能源配置和流通过程中的耗损，这些都提高了产业的能源效率，进而减少产业单位产出的能耗和碳排放；另一方面，北京作为中国的政治、文化和国际交流中心，相比全国平均水平，劳动和技术密集型产业居多，高耗能产业和环境污染性产业在保障城市功能的前提下不断往外迁移。同时，作

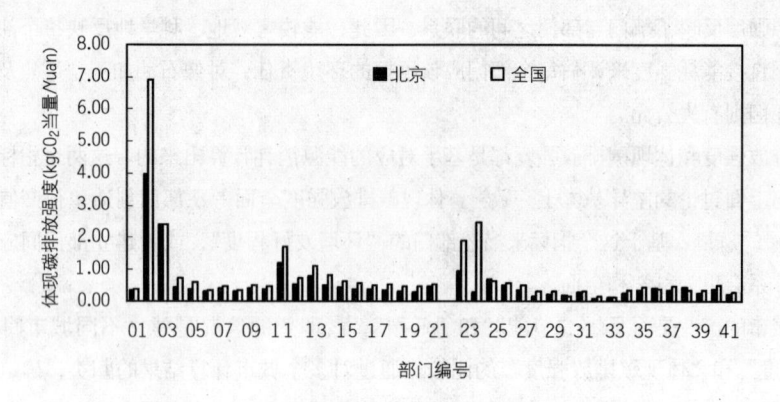

图6  2005年北京和中国体现碳排放强度对比

为中国的首都，政策偏向吸引了很多新技术和新理念，为提高产业的效率注入了不少强大的力量。但是也有少部分产业的体现能源强度和体现碳排放强度高于全国平均水平，比如公共管理和社会组织、农业、居民服务和其他服务业、批发和零售贸易业的体现能源强度分别为全国平均水平的1.4、1.3、1.2和1.1倍，且公共管理和社会组织、居民服务和其他服务业的体现碳排放强度为全国平均水平的1.3倍和1.2倍，这个结果是值得这些部门反思的。

由以上北京的案例，我们能够体会到体现能源和体现碳排放的系统思想在量化评估产业的能耗与排放情况方面的优越性。基于体现能源和体现碳排放的评估结果避免了传统评估指标的片面性和不公平性。由此得到的量化信息能够作为包括税收、环境补偿和生态补偿等经济激励措施的重要参考与凭据。同时，通过与其他区域的相同部门的比较以及部门与部门间的比较，能够真实反映城市社会经济系统中能效低、排放严重的产业分布，使城市节能减排的工作有的放矢、事半功倍。

# 4 结语

作为一种积极可行的应对全球气候变暖的途径，低碳城市值得我们付出更多的努力去探寻它的发展方向与发展模式。虽然已有的研究成果和实践经验已经为低碳城市的建设搭建起了基本框架，但就目前而言，低碳城市更多的还只是一种概念。我们相信，和"绿色城市"、"生态城市"、"人文城市"一样，低碳城市也能逐步从概念走向真正的实体。这个过程需要更为体系化的研究工作。从目标的确立和提升到科学的监测和评估，再到具体的规划和政策监管，发展低碳城市的每一个环节都需要更为深入和系统的指导框架。落实每一个环节，避免盲目跟从和概念炒作，才能真正实现低碳城市的建设和发展。

产业结构的调整是资源优化配置的过程。不同城市具有不同的产业优势，其产业实现节能减排的潜力也各不一样。通过优化产业结构来实现城市的低碳化需要对城市部门的生产环节进行科学系统的量化评估，并实现相同产业城市间的比较。基于投入产出分析的体现能源和体现碳排放方法在系统性与科学性方面具有独特的优势，可以作为监测城市生产能耗和排放情况的基础工具。投入产出分析方法是建立在详细的统计数据基础上的，数据基础的好坏直接决定了分析结果的质量。目前中国城市尺度的投入产出统计还不完善，这是统计方面需要努力的方向。建立相同统计口径的投入产出编制体系，可以实现多城市的横向比较，从而建立城市"低碳化"的评估基准和评估指标体系，在城市间实现产业结构的优化调整，促进能源资源的合理配置，从而推进低碳城市的实现。

构建城市低碳生产的评估体系是实现城市低碳化的必要步骤，但在实际操作中还需要有经济的激励和政府的监管。体现能源强度和体现碳排放强度的核算为评估部门的环境成本、明晰部门的环境责任提供了数据支撑，可以通过对体现能源强度和体现碳排放强度大的部门征收能源税或碳税的方式来敦促部门进行技术和制度的创新，提高能效，最终实现减排；也可以通过对能耗和排放强度小的部门采取减免税收或其他经济激励措施来促进部门的进一步节能减碳。

**致谢**

本文受国家自然科学研究基金项目（NSFC 70903005）、教育部人文社会科学研究项目基金（09YJCZH005）、中国博士后科学基金（20080440005）、中国博士后科学基金第二批特别资助（200902016）。感谢北京大学工学院能源与资源工程系陈国谦教授及其所带领的课题组对本论文的支持。

**注释**

① 本论文是在 2009 年 10 月 28~30 日于中国北京召开的"环境与发展国际研讨会（贸易·城市化·环境）"背景报告的基础上修改所成。研讨会由北京大学经济学院等单位主办、北京大学经济与人类发展研究中心和威力雅环境研究所承办。
② 不一致的情况也有，因为每个部门温室气体的组成复杂性相比于能源消耗类型的复杂性来说更为明显。

**参考文献**

[1] Chen, Z. M., Chen, G. Q., Zhou, J. B., Jiang, M. M. and Chen, B. 2009. Ecological Input-Output Modeling for Embodied Resources and Emissions in Chinese Economy 2005. *Communications in Nonlinear Science and Numerical Simulation*, In Press, Corrected Proof, Available online 11 August 2009.

[2] Christopher, L., Weber, H., Matthews, S. 2008. Quantifying the Global and Distributional Aspects of American Household Carbon Footprint. *Ecological Economics*, Vol. 66, No. 2-3.

[3] Costanza, R. 1980. Embodied Energy and Economic Valuation. *Science*, Vol. 210, No. 4475.

[4] Costanza, R. and Herendeen, R. A. 1984. Embodied Energy and Economic Value in the United States Economy: 1963, 1967 and 1972. *Resources and Energy*, Vol. 6, No. 2.

[5] Dhakal, S. 2009. Urban Energy Use and Carbon Emissions from Cities in China and Policy Implications. *Energy policy*. In press.

[6] IPCC 2006. *2006 IPCC Guidelines for National Greenhouse Gas Inventories*. IGES, Japan.
[7] Judson, D. H. 1989. The Convergence of Neo-Ricardian and Embodied Energy Theories of Value and Price. *Ecological Economics*, Vol. 1, No. 3.
[8] Leontief, W. 1970. Environmental Repercussions and the Economic Structure: An Input-Output Approach. *The Review of Economics and Statistics*, Vol. 52, No. 3.
[9] Nader, S. 2009. Path to a Low-carbon Economy: The Masdar Example. *Energy Procedia*, Vol. 1, No. 1.
[10] Nishimura, K., Hondo, H. and Uchiyama, Y. 1997. Estimating the Embodied Carbon Emissions from the Material Content. *Energy Conversion and Management*, Vol. 38, No. Suppl. 1.
[11] Shimada, K., Tanaka, Y., Gomi, K. and Matsuoka, Y. 2007. Developing a Long-Term Local Society Design Methodology towards a Low-Carbon Economy: An Application to Shiga Prefecture in Japan. *Energy Policy*, Vol. 35, No. 9.
[12] Stern, N. 2007. *The Economics of Climate Change: The Stern Review*. Cambridge University Press.
[13] Wyckoff, A. W. and Roop, J. M. 1994. The Embodiment of Carbon in Imports of Manufactured Products: Implications for International Agreements on Greenhouse Gas Emissions. *Energy Policy*, Vol. 22, No. 3.
[14] 陈红敏:"包含工业生产过程碳排放的产业部门隐含碳研究",《中国人口·资源与环境》,2009年第3期。
[15] 陈迎、潘家华、谢来辉:"中国外贸进出口商品中的内涵能源及其政策含义",《经济研究》,2008年第7期。
[16] 顾朝林、谭纵波、韩春强等:《气候变化与低碳城市规划》,东南大学出版社,2009年。
[17] 吴良镛、吴唯佳:《中国特色城市化道路的探索与建议》,商务印书馆,2008年。
[18] 夏堃堡:"发展低碳经济实现城市可持续发展",《环境保护》,2008年第3期。
[19] 中国科学院可持续发展战略研究组:《中国可持续发展战略报告——探索中国特色的低碳道路》,科学出版社,2009年。
[20] 周江波:"国民经济的体现生态要素核算"(博士论文),北京大学,2008年。

# 低碳生活的特征探索
## ——基于2009年北京市"家庭能源消耗与居住环境"调查数据的分析

霍燚　郑思齐　杨赞

**Low-Carbon Lifestyle and Its Determinants: An Empirical Analysis Based on Survey of "Household Energy Consumption and Community Environment in Beijing"**

HUO Yi, ZHENG Siqi, YANG Zan
(Institute of Real Estate Studies, Tsinghua University, Beijing 100084, China)

**Abstract** Recently, both academia and industry have shown growing interests in "low-carbon communities", but empirical studies in this field are quite few. Based on the survey of "household energy consumption and community environment in Beijing", we estimate the average $CO_2$ emissions of 7.4 ton per year from household living and empirically explore the patterns of low-carbon communities from the perspectives of their location, building structure, household social/economic characteristics and their preferences of energy consumption, and get to the conclusion that the distances to certain public facilities (public transit and supermarket) have remarkable impacts on households' $CO_2$ emissions due to the usage of private cars. Energy-saving buildings with good heat-preservation and heat-proof performance are also effective to reduce the residential $CO_2$ emissions. In addition, the household income level, family size, dwelling size and the dependency on electric appliances all have signi-

**作者简介**
霍燚、郑思齐、杨赞，清华大学房地产研究所。

**摘　要** 目前学术界和产业界对于"低碳小区"的兴趣渐浓。本文利用清华大学房地产研究所于2009年9月开展的北京市小区住户"家庭能源消耗与居住环境"调查数据，估算得到家庭生活碳排放①平均值为7.4吨/年，并探索了小区的区位选址和建筑结构形式特征，以及家庭社会经济特征和能源消费偏好等方面对小区低碳性的影响效果。研究发现，住宅小区距离公共服务设施（如公共交通和购物中心）的距离越近，越有利于减少机动车出行从而降低碳排放；保温隔热性能较好的建筑结构形式也有利于碳排放的降低。同时，家庭收入水平、人口规模、住房面积、对家用电器的依赖程度等也对小区的低碳性有显著影响。本文还给出了小区生活碳排放对于这些因素的弹性系数。这些实证发现有助于从城市（小区）规划及家庭能源消费模式等方面把握低碳小区特征，估算小区的区位特征、结构特征和居民特征对于小区碳排放的影响力度，为今后低碳小区的设计和建设提供一定的借鉴。

**关键词**　低碳小区；城市规划；居住碳排放；私人交通碳排放

## 1 引言

　　中国正处在经济快速增长与城市化进程不断深入的发展阶段，高能耗与高碳排放是这一发展阶段的核心特点。2007年，中国化石燃料排放产生的$CO_2$高达66.07亿吨，约占全世界碳排放的21%，已经超过美国成为全球第一，然而即使中国人多基数大，其人均碳排放在2007年也已经接近世界平均水平了②。中国政府在哥本哈根气候变化大

ficant influence on CO₂ emissions. In this article, we put forward key variables to estimate the elasticity of households' CO₂ emissions, which could help to define the characteristics of low-carbon communities, estimate the impact to low-carbon communities by their location, building structure, and residential group, from the viewpoint of urban planning and energy consumption mode of families, so as to provide references to future design and construction of low-carbon communities.

**Keywords** low-carbon communities; urban planning; residential CO₂ emissions; private transportation CO₂ emissions

会前夕，向国际社会做出了负责任的郑重承诺：到 2020 年中国单位 GDP CO₂ 排放比 2005 年下降 40%～45%[3]。该减排目标远高于美国白宫在前一天所提出的"17%"的减排承诺。因此，探索低碳经济和低碳社会发展模式在当今中国具有十分重要的现实意义。

城市是产业和居住的集中地，也自然成为高能耗和高碳排放的集中地。第二届全球大城市气候峰会公布，全球大城市消耗的能源和温室气体排放量分别占全球总量的75%和80%，因此推动低碳城市发展是实现节能减排的重要途径。城市规划作为城市管理者引导城市发展的一种重要技术手段，可以通过改变传统的城市发展模式，包括产业发展模式和生活模式，来实现城市的低碳发展。目前，国内有关低碳城市的研究主要集中在产业方面，有关居民生活方面的研究相对较少。尽管中国城市居民的生活碳排放占城市碳排放总量的比重较低[4]，但国际经验表明，随着第三产业比重和人均收入水平的上升，居民生活碳排放的比重会逐渐增加，这种现象对于已处在较高发展水平的城市（如北京[5]）来说具有很强的现实意义。因此，将低碳生活模式纳入城市规划体系是非常必要的。

小区作为城市的基本构成单元，是居民居住、生活的主要活动场所，也自然成为生活能耗及其碳排放的主要来源。因此，实现低碳小区是推动整个城市低碳发展的重要手段。目前，低碳小区已经成为国内外学术界和产业界关注的热点，但现有研究还主要集中在阐述低碳小区的理念及设计原则，而对于哪些因素影响小区的低碳性以及小区是否能够达到低碳的效果，仍缺乏相关的实证研究。本文将从这个角度切入，利用微观样本数据，估算北京市 38 个小区、826 个居民家庭生活碳排放及其子项；并估算住宅小区的区位选址、建筑结构形式、家庭社会经济特征及能源消费偏好等因素对小区低碳性的影响力度，旨在为未来的低碳小区建设提供实证支持。

## 2 相关文献述评

小区的低碳发展可以通过改变城市传统的生活模式来推动。目前，国内外有关低碳城市规划的研究刚刚开始，主要停留在理念阐释和理论探索阶段。学者普遍认为，小区是否能够达到低碳效果，主要受家庭行为特征和小区规划特征两方面因素的直接影响，而后者也会通过改变人们的行为方式来间接影响小区的低碳效果。

能源消耗与碳排放具有强相关性。埃林和英格丽德（Erling and Ingrid，2005）在研究家庭生活能耗的影响因素时，在模型中加入了家庭社会经济学特征以及行为偏好等变量，发现其对家庭能耗有显著影响效果。有学者认为消费者需求将带来80%的能源消耗，并将消费者行为的影响区分为直接和间接两方面，揭示家庭行为的能源消耗与环境的影响作用（Shui and Hadi，2005）。此外，家庭特征中的最重要要素——收入也经常被学者关注，分析收入与能耗之间的二次函数关系，建立库兹涅茨曲线（Agras and Chapman，1999；Stern，2004；等）。还有从生活方式角度探讨居住环境和能源消耗的（Ragnar and Arnulf，1993；David，2005；Raaij and Verhallen，1983；Seryak and Kissock，2003）。国内学者也在国际性的期刊中，对家庭生活碳排放的影响因素进行了分析研究，如有些从城市家庭的角度出发，提出了居住能耗的相关概念性（Liu et al.，2003；Xu，2003）；也有些认为家庭生活方式及偏好对生活碳排放产生重要影响（Wei et al.，2007）。

小区规划主要是通过区位选址来影响小区的低碳性效果。马丁（Martine，1996）认为，衡量区域是否能够实现低碳发展主要取决于经济活动所占用的空间规模和布局。因此，小区空间规划通过影响家庭居住和交通能耗对小区的低碳性产生重要影响。但相关的实证研究却很少，比如埃林和英格丽德（Erling and Ingrid，2005）在研究城市空间规划与家庭生活能耗的关系时，选择了城市规划形态、土地使用特征（密度、区位、住房类型等）等方面的因素，并认为，分散型城市家庭居住能耗低，但是交通能耗在人口密集地区较低。此外，一些学者从城市或小区形态的角度探讨居住能耗的问题（Rommel，1997；Kahn，2000；Dieleman et al.，2002；Ewing and Rong，2008）。国内学者也在国际性的期刊中对于空间规划对低碳城市的发展进行了相关研究，例如研究中国城市规划体系及其对于区域发展的影响（Tang，2000），以及从城市层面上研究环境承受能力（Li，2001；Mao，2003）。这些研究主要集中于城市层面上的研究，通常缺少小区层面或者与住宅相关联的调查研究。

在公共政策的实践方面，英国作为最早提出低碳经济概念的国家，在低碳城市和低碳小区发展模式等方面进行了很多探索。2007年英国发表《应对气候变化的规划政策》，将气候变化因素纳入区域空间战略，从区域规划层面考虑减少$CO_2$排放；2008年，英国城乡规划协会出版《小区能源：城市规划对低碳未来的应对导引》，提出应根据小区规模及小区在城市内部的空间差异等特征，采用不同的技术和政策实现节能减排。此外，英国的相关组织也积极与世界自然基金会（WWF）合作，来推动低碳小区发展。世界自然基金会和英国生态区域发展集团共同发起了"一个地球生活"计划，以

"零碳、可持续性交通"等十项原则为指导，通过建设具有示范性作用的住宅小区，来推动可持续的居住生活方式在世界范围内广泛传播。英国的贝丁顿小区、德国的弗班小区以及瑞典的韦克舍均通过合理的小区规划，提高了小区的能源利用率，减少了私家车的使用，并成为全球绿色可持续发展小区的典范。中国目前的低碳公共政策实践主要集中在城市层面，对于低碳小区的探索，主要是以宣传节能意识和推广节能技术为主，而缺乏通过规划手段来实现小区的低碳发展。上海市和保定市通过与世界自然基金会合作，于2008年1月启动中国低碳城市发展项目。其中上海的低碳城市发展主要集中在低碳城市规划、低碳技术应用以及提高建筑能源使用等方面。

## 3 调研方法及调研数据

本文的实证研究基于清华大学房地产研究所于2009年9月开展的北京市小区住户"家庭能源消耗与居住环境"的调查数据。我们以北京市住宅小区的家庭为调研对象，采用非概率抽样的配额抽样方法获取样本，并尽量保证样本的均匀性。调研中，我们从小区的住房类型和小区所在行政区的人口规模这两个维度，建立配额特征矩阵。其中，住房类型关注三类：房改房、商品房以及经济适用房。资料显示，目前北京市的存量住房中，三者的比例大致为4：5：1。小区所在行政区的人口规模则是参考北京市统计局公布的2007年各区常住人口密度以及常住人口总量的统计数据，将北京市划分为四个圈层，在第一圈层（宣武区、东城区、西城区、崇文区）、第二圈层（朝阳区、海淀区、石景山区、丰台区）以及第三圈层（通州区、大兴区、顺义区、昌平区）中按照人口数量确定配额比例2：8：3。总计抽样38个小区，考虑到不同类型住房空间分布不均匀性，具体配额如表1所示。

表1 小区抽样调查配额分配（个）

|  | 第一圈层 | 第二圈层 | 第三圈层 | 总数 |
| --- | --- | --- | --- | --- |
| 房改房 | 6 | 21 | 8 | 35 |
| 商品房 |  |  |  |  |
| 经济适用房 | 0 | 1 | 2 | 3 |
| 总数 | 6 | 22 | 10 | 38 |

调研问卷中的家庭信息，我们采用调研员入户访谈的方式获得；而小区信息，我们则直接从居委会、建设部门、物业公司获取。

本次调研共回收样本950份，但为增加研究结论的合理性，我们结合研究目的对样本进行筛选，并最终获得826份有效样本。筛选数据过程中主要剔除了以下几类样本：用电花费不明确或缺省的样本；除去用电花费以外，家庭消耗其他能源但花费不明确或缺省的样本；家庭拥有私家车数量不为零，但月平均汽油花费为零、不明确或缺省的样本以及家庭收入缺失的样本。下面给出调查问卷中有关家庭社会经济学特征、住宅小区基本特征以及家庭基本能源消耗量的统计值。

表2 北京市家庭基本信息统计

| 变量类型 | 变量名称 | 变量单位 | 样本量 | 平均值 | 标准差 |
|---|---|---|---|---|---|
| 家庭基本能源消耗 | 生活用电 | 度/年 | 826 | 2 766 | 2 086 |
| | 煤气 | m³/年 | 78 | 500 | 374 |
| | 液化石油气 | kg/年 | 64 | 218 | 188 |
| | 天然气 | m³/年 | 653 | 484 | 540 |
| | 私家车 | 元/年 | 393 | 11 693 | 10 411 |
| | 出租车 | 元/年 | 417 | 3 100 | 5 696 |
| 家庭社会经济学特征 | 家庭年收入 | 元/户 | 826 | 12.6 | 15.5 |
| | 户主年龄 | 年 | 826 | 46 | 14 |
| | 家庭人数 | 人/户 | 825 | 3.13 | 1.10 |
| | 住宅建筑面积 | m² | 825 | 90.8 | 38.8 |
| | 私家车拥有量 | 辆 | 393 | 1.18 | 0.43 |
| 住宅小区基本特征 | 容积率 | — | 38 | 3.1 | 3.1 |
| | 房龄 | 年 | 38 | 13 | 10 |
| | 至临近主要公交车站距离⑥ | km | 38 | 5.0 | 4.9 |
| | 至临近轨道交通距离 | km | 38 | 3.2 | 4.4 |
| | 至临近大型超市距离 | km | 38 | 4.7 | 5.2 |

# 4 北京市家庭生活碳排放估算

北京市家庭生活碳排放可大致分为居住和居民交通两大部分。鉴于碳排放估算方法的限制，本文实证研究部分主要集中在居住碳排放和居民交通中的私人交通部分，公共交通碳排放仍有待后续研究。其中，居住碳排放主要由生活用电、冬季供暖和日常炊事三个部分组成，而居民私人交通碳排放则主要包含私家车和出租车两个部分。

## 4.1 北京市家庭生活碳排放的构成与估算方法

### 4.1.1 北京市家庭居住碳排放估算方法

北京市家庭居住碳排放主要由生活用电、冬季供暖和日常炊事三部分的能源消耗产生。对于每个家庭，我们首先估算三个分项各自的碳排放量，然后加总得到家庭居住碳排放总量。

对于每个分项，我们均采用下面的公式计算碳排放量：

$$碳排放量 = 能源消耗量 \times 单位能源的碳排放量 \tag{1}$$

如果某分项包含一种以上的能源，则分别计算各种能源的碳排放量然后进行加总。

单位能源的碳排放量又由下式得出：

$$单位能源的碳排放量 = 平均低位发热量 \times 潜在排放因子 \qquad (2)$$

### 4.1.2 北京市家庭私人交通碳排放估算方法

北京市家庭私人交通碳排放主要由私家车和出租车两部分的汽油消耗产生。对于每个使用私人交通出行的家庭，我们首先估算两个分项各自的碳排放量，然后加总得到家庭私人交通碳排放总量。

$$私家车碳排放量 = 私家车汽油花费 \div 汽油单价 \times 单位汽油消耗的碳排放量 \qquad (3)$$

$$出租车碳排放量 = 出租车花费 \div 出租车单价 \div 出租车单位耗油量 \div (1-空驶率)$$
$$\times 单位汽油消耗的碳排放量 \qquad (4)$$

在进行出租车碳排放的估算时，要综合考虑出租车的计价方式（北京市出租车起步价10元3 km，此后每公里2元）、汽油消耗情况和出租车空驶情况。

单位汽油消耗的碳排放量由式（5）得出：

$$单位汽油消耗的碳排放量 = 汽油的平均低位发热量 \times 潜在排放因子 \qquad (5)$$

具体而言，家庭居住能源消耗各子项（生活用电、冬季供暖和日常炊事）以及居民私人交通能源消耗各子项（私家车和出租车）的碳排放估算基础数据（含数据来源）及估算方法见表3。

表3 北京市家庭生活碳排放基础数据及估算方法

| 家庭生活碳排放 |||||
|---|---|---|---|---|
| 居住碳排放 |||| 私人交通碳排放 ||
| 分项名称 | 基础数据和估算方法 || 分项名称 | 基础数据和估算方法 |
| 生活用电 | "家庭生活用电量"（微观调研数据），"华北电网单位发电量碳排放系数"（国家发展与改革委员会气候变化协调委员会） || 私家车 | "家庭私家车汽油支出"（微观调研数据），"汽油价格"（国家发展与改革委员会），"汽油消耗碳排放系数"（IPCC，2006） |
| | 家庭生活用电量×单位发电量碳排放系数 || | 私家车汽油支出÷汽油单价×单位油耗碳排放系数 |
| 冬季供暖 | "家庭住宅建筑面积"（微观调研数据），"集中供暖单位面积碳排放系数"（清华大学建筑节能研究中心） || 出租车 | "家庭出租车支出"（微观调研数据），"出租车单价"（国家发展与改革委员会），"出租车百公里耗油量、空驶率"（全国水平），"汽油消耗碳排放系数"（IPCC，2006） |
| | 家庭住宅建筑面积×集中供暖单位面积碳排放系数 || | 出租车所需费用÷出租车单价÷出租车百公里耗油量÷（1-空驶率）×单位油耗碳排放系数 |
| 日常炊事 | "家庭煤炭、煤气、液化石油气用量"（微观调研数据），"单位能源碳排放系数"（IPCC，2006） || | |
| | 家庭炊事能源消耗量×单位能源碳排放系数（包括煤炭、煤气和液化石油气） || | |

## 4.2 北京市家庭生活碳排放估算结果

我们利用北京市 38 个住宅小区（图1）826 个家庭的微观样本数据，估算得到 2008 年北京市家庭生活碳排放及其子项的相关数据。表 4 给出了估算结果的若干统计量。

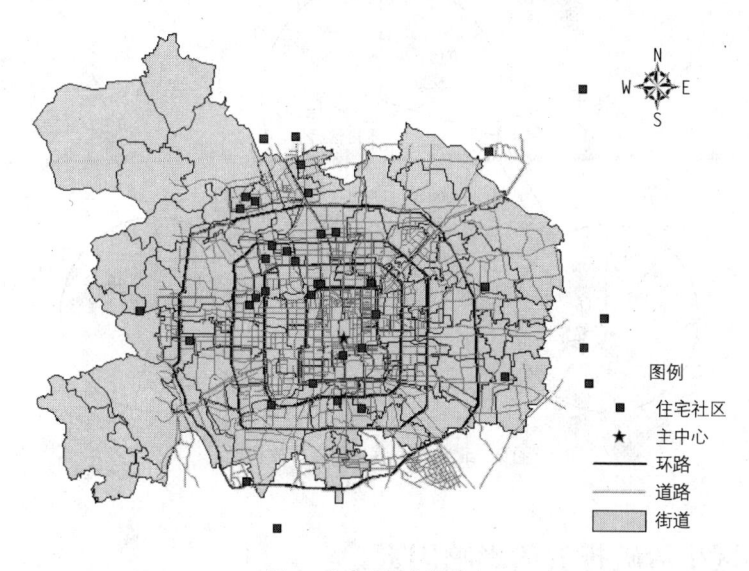

图 1 住宅小区空间分布

表 4 北京市家庭生活碳排放估算结果统计

| 分项名称 | | 样本量 | 家庭生活碳排放量统计值（吨/户） | | | |
|---|---|---|---|---|---|---|
| | | | 均值 | 标准差 | 最大值 | 最小值 |
| 居住 | 生活用电 | 826 | 2.403 | 1.812 | 17.195 | 0.057 |
| | 集中供暖 | 643 | 2.401 | 1.042 | 10.434 | 0.169 |
| | 日常炊事 | 795 | 0.956 | 1.105 | 8.516 | 0.011 |
| 私人交通 | 私家车 | 393 | 4.104 | 3.655 | 29.489 | 0.084 |
| | 出租车 | 417 | 0.502 | 0.922 | 11.655 | 0.019 |
| 生活总量 | | 826 | 7.399 | 4.717 | 40.947 | 0.437 |

注：由于家庭的居住能源消耗种类不同（如部分家庭选择分散供暖方式采暖，而不使用集中供暖等）以及并非全部使用私家车或选择出租车出行等原因，导致各子项的样本量产生差异；此外，部分家庭的个别统计数据缺失也是导致各子项样本量产生差异的原因。

从 2008 年北京市家庭生活碳排放的构成情况来看（图 2），居住能源消耗所产生的碳排放占生活碳排放的 70.1%，居民私人交通能源消耗所产生的碳排放占生活碳排放总量的 29.9%。在居住碳排放中，生活用电和冬季供暖分别占 46.2% 和 36.0%，是两个主要组成部分，日常炊事产生的碳排放占余下的 17.8%，比重相对小。在私人交通碳排放中，私家车汽油消耗又以 88.6% 成为主要组成部分，出租车汽油消耗所产生的碳排放仅占私人交通的 11.4%。

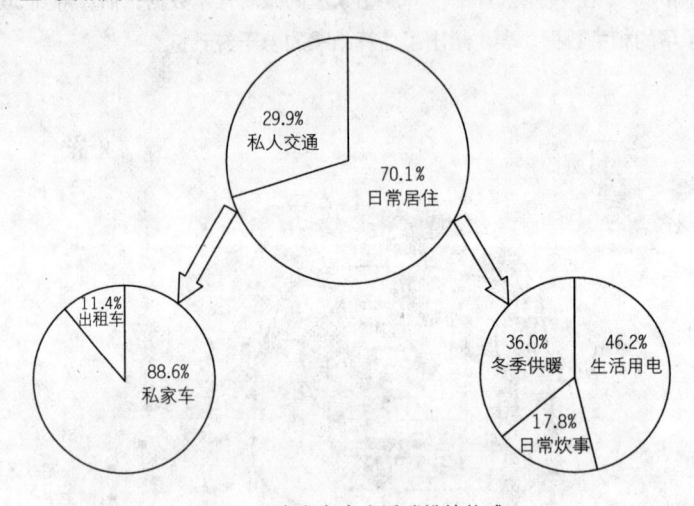

图 2  北京市家庭生活碳排放构成

## 5  北京小区生活碳排放的影响因素

### 5.1  北京小区生活碳排放影响因素的描述性分析

基于上述对北京市 38 个小区、826 个家庭的生活碳排放估算结果，我们对居民家庭生活碳排放及其子项的影响因素进行分析。根据理论研究，我们认为家庭社会经济学特征、能源消费偏好等主观因素以及住宅建筑结构形式、小区公共服务设施等客观因素对家庭生活碳排放产生主要影响。

图 3 显示，随着收入增长，居民对于居住质量和生活质量的要求也会相应提高，这会导致居民消耗更多的生活能源和更多地使用私人交通出行，并产生更多碳排放。此外，家庭能源消费偏好的差异，也会对居住碳排放产生显著影响，研究发现，家庭夏季使用空调时的温度设定越低，表明居民对空调的依赖程度越高，这会带来更多的用电消耗及其碳排放。值得一提的是，家庭空调温度设定在 26 度左右时的用电碳排放开始低于平均值，这说明中国政府出台的空调使用控温标准具有较强的节能减排效果。

当然，我们研究的重点是住宅特征与小区特征对于生活碳排放的影响。我们发现，保温隔热性能更好的建筑结构形式可以减少家庭居住能源消耗及其碳排放。例如，采用砖混结构形式的住宅，其居住碳排放仅为采用钢筋混凝土结构形式住宅的 79.4%。当然，住宅小区至周边公共服务设施的距离越近，即两者的空间匹配程度越高，会提高小区对公共服务设施的可达性，减少居民私家车出行而降低碳排放。本文主要考虑城市公共交通（轨道交通和主要公交车站）以及大型购物中心对拥有私家车的家庭所产生私人交通碳排放的影响。我们将上述公共服务设施的空间信息输入 GIS，并形成上述公共服务设施与住宅小区的最短距离⑧（图4）。发现，小区周边 0.5 km 内存在公共交通站点（轨道交通或主要公交车站）时，居民使用私家车所产生的碳排放仅为不存在时的 85.7%；而小区周边 0.8 km 内存在大型购物中心时，居民使用私家车所产生的碳排放也仅为不存在时的 76.4%（图5）。

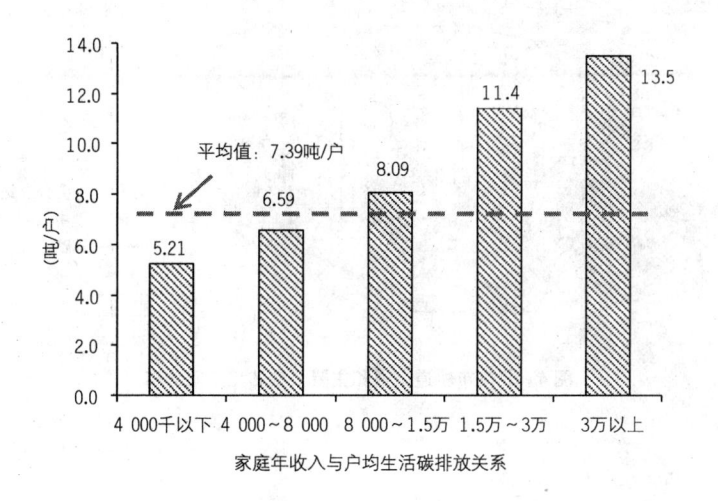

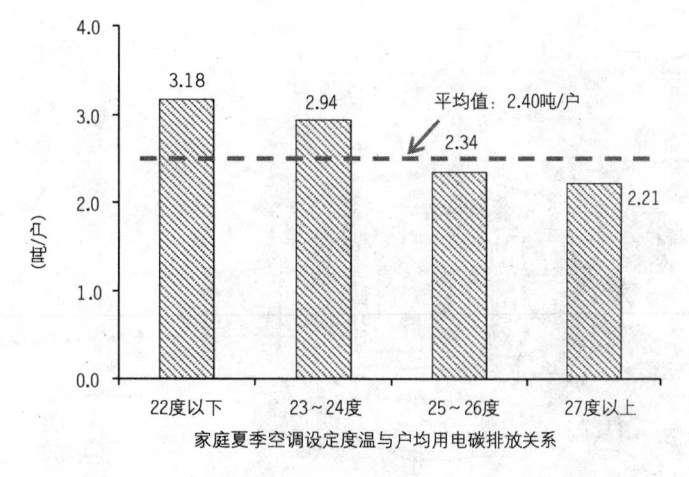

家庭年收入与户均生活碳排放关系

家庭夏季空调设定度温与户均用电碳排放关系

图3 北京小区生活碳排放与家庭收入及能源消费偏好关系

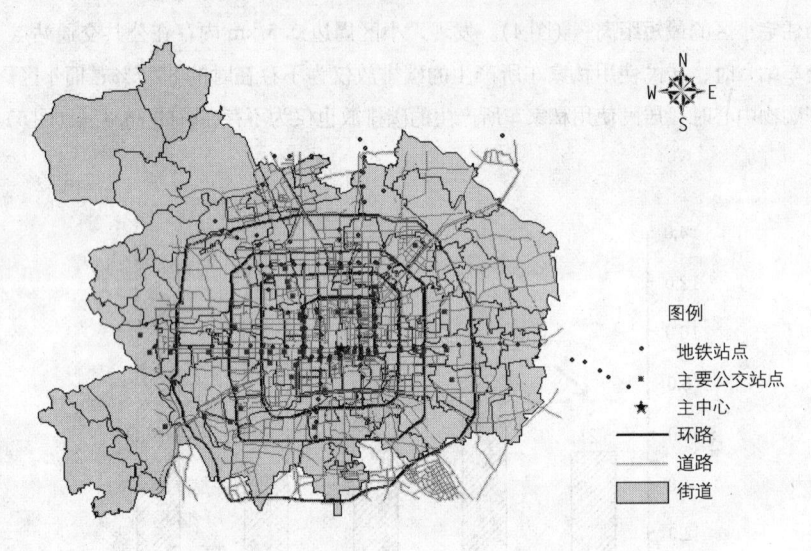

图4 北京市轨道交通和主要公交站点空间分布

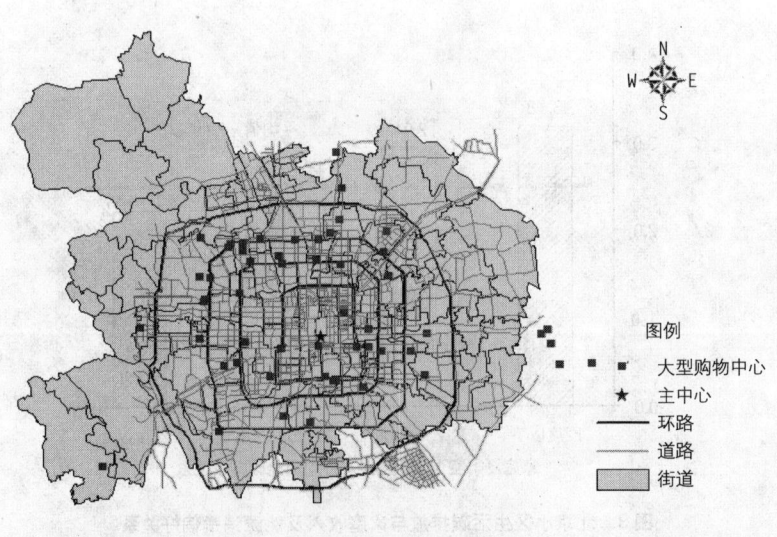

图5 北京市大型购物中心空间分布

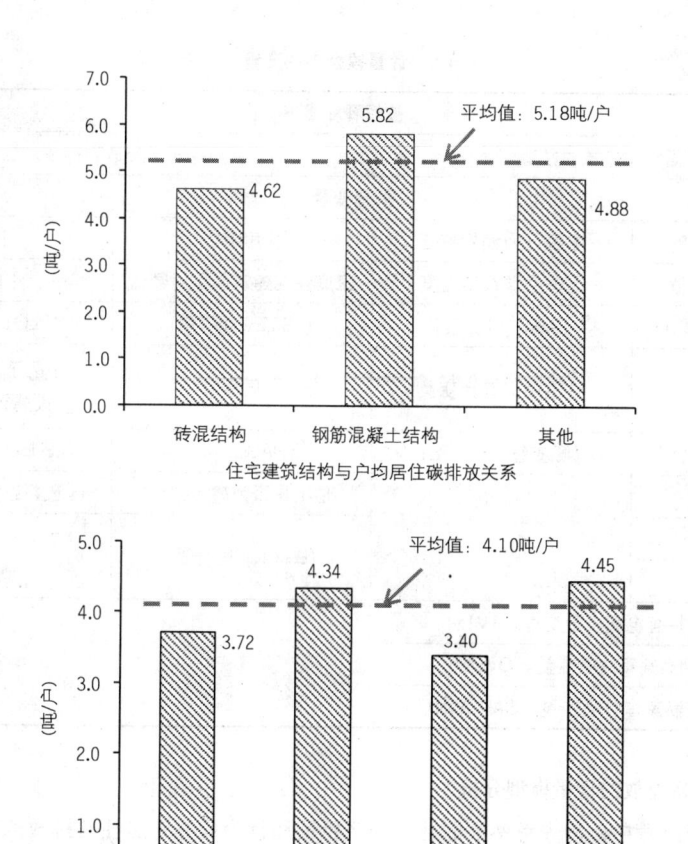

图6 北京市家庭私人交通碳排放与住宅结构形式及小区公共服务设施关系

## 5.2 小区生活碳排放的计量模型分析

为了更深入地分析小区低碳性效果的影响因素及各因素的影响强度，本部分运用计量经济学的方法分别估计户均生活碳排放中的两个重要子项——户均居住碳排放和户均私人交通碳排放的多元线性回归方程。选择了家庭社会经济特征、家庭行为偏好、住宅特征和小区特征四个方面的共14个变量作为可能的解释变量（表5），分别建立计量经济模型，分析上述因素对户均居住碳排放和户均私人交通碳排放的影响。

表5 计量模型中的变量

| 被解释变量 ||
|---|---|
| 户均居住碳排放对数值 | 户均私人交通碳排放对数值 |

| 解释变量 ||||
|---|---|---|---|
| 家庭社会经济学特征 | 家庭行为偏好特征 | 住房特征 | 小区特征 |
| 家庭年收入对数值 (LINCOME,元/户) | 夏季空调设定温度 (AIRC_T,度) | 家庭住宅建筑面积对数值 (LSIZE,m²/户) | 小区容积率 (PLOT_RATIO,%) |
| 家庭人口规模 (HHSIZE,人/户) | 住宅租买选择变量 (哑变量,HTYPE) | 小区房龄 (HAGE,年) | 小区至邻近公共交通设施距离对数值[③] (LPUBLICT,log(km)) |
| 家庭户主年龄 (AGE,年) | | 住宅是否为砖混结构 (BRICK,哑变量) | 小区至邻近大型购物中心距离对数值 (LMARKET,log(km)) |
| 家庭是否拥有电视(哑变量,TV) ||||
| 家庭是否拥有烤箱(哑变量,OVEN) ||||
| 家庭是否拥有私家车(哑变量,CAROWN) ||||

### 5.2.1 小区居住碳排放的计量模型分析

在居住碳排放方程中，首先考察家庭社会经济特征和行为偏好对居住碳排放的影响。方程（1）中，我们加入了家庭基本特征的三个变量，来考察其对居住碳排放的影响。首先，户均居住碳排放的收入弹性为0.13，即家庭总收入每增加10%，将增加1.3%的居住碳排放。这说明收入水平的上升，会带来居民的能源消耗来满足其逐步提高的居住舒适程度，进而产生更多的碳排放。而当我们考察家庭规模及户主年龄对居住碳排放的影响时，发现家庭规模的增大将伴随更多的能源消耗，并显著提高家庭居住碳排放水平，而户主年龄较大的家庭，对居住质量的要求往往较高，家庭成员会更多地使用电器设备从而带来更多的碳排放量。

方程（2）中引入家庭是否拥有电视和电烤箱的哑元变量，来考察家用电器拥有情况对户均居住碳排放的影响，发现两者在99%置信区间下均显著为正，说明生活水平和对居住质量要求的提高，促使家庭开始拥有更多的家用电器，从而更加耗电和产生更多碳排放。

我们进一步控制家庭社会经济特征的变量后，发现家庭行为偏好对户均居住碳排放产生显著影响〈方程（3）〉。首先我们考察家庭夏季的空调使用偏好对居住碳排放的影响，可以发现，家庭夏季开启空调后的设定温度越低，说明家庭对空调的依赖程度越高、使用偏好越强，这会带来更多的生活用电消耗及其碳排放，上述结果在99%置信区间下显著成立；此外，我们认为住房的租买形式也会通过改变家庭能源消费偏好对居住碳排放产生影响，具体来说，相对于租房的家庭来说，买房的家庭会更多地考虑长期居住的需要,并随之添置更多的家用设备,并带来更多的能源消耗和居住碳排放。

除了家庭社会经济特征和行为偏好外,住房特征和小区特征也是我们非常感兴趣的。当我们考察居住面积⑩对居住碳排放的影响时,发现该变量对居住碳排放有显著的正向影响,且碳排放对家庭住房面积的弹性为 0.564,即住房面积增加 10%,户均居住碳排放会增加 5.64%,这意味着伴随着北京市家庭住房面积的提高,会带来更多家用电器设备的使用,导致户均能源消耗量及其碳排放量的上升,但房龄对户均居住碳排放的影响并不显著〈方程(4)〉;此外,住房的建筑结构形式对居住碳排放也有显著影响,本文加入砖混结构的哑元变量,发现该变量在 95% 置信区间下显著为正,即说明采用砖混结构形式的住宅要比其他结构形式碳排放少,这主要是与其拥有较好的保温隔热性能有关;最后,我们还考察了住宅小区的建筑密度(容积率)对居住碳排放的影响,发现该变量显著为负。我们认为,容积率较高的住宅小区,其土地的稀缺性越强,因此土地价格和住房价格往往越高,在控制家庭收入这一变量的条件下,家庭会因为更多的住房消费支出而减少生活能源(特别是生活用电量)的消费,即存在一定程度的挤出效益,因此导致家庭居住碳排放的减少。

表 6 居住碳排放模型回归结果

| EUQ: Variables | (1) LRESIDENTIALC | (2) LRESIDENTIALC | (3) LRESIDENTIALC | (4) LRESIDENTIALC |
|---|---|---|---|---|
| LINCOME | 0.133*** (5.88) | 0.105*** (4.76) | 0.101*** (4.62) | −0.005 (−0.22) |
| HHSIZE | 0.076*** (4.87) | 0.077*** (5.14) | 0.068*** (4.50) | 0.029** (2.11) |
| AGE | 0.006*** (4.96) | 0.004*** (3.62) | 0.004*** (3.26) | 0.003*** (2.88) |
| TV | | 0.809*** (7.01) | | |
| OVEN | | 0.153*** (4.13) | | |
| AIRC_T | | | −0.029*** (−3.73) | |
| HTYPE | | | 0.292*** (5.79) | |
| LSIZE | | | | 0.564*** (16.6) |
| HAGE | | | | −0.001 (−0.23) |
| BRICK | | | | −0.086** (−2.42) |
| PLOT_RATIO | | | | −0.125*** (−2.70) |
| Constant | −0.508* (−1.89) | −0.947*** (−3.44) | 0.497 (1.55) | −1.041 |
| Observations | 825 | 824 | 783 | 779 |
| $R^2$ | 0.10 | 0.17 | 0.15 | 0.36 |

注:(1) t statistics in parentheses;(2) * $p<0.10$, ** $p<0.05$, *** $p<0.01$。

### 5.2.2 家庭私人交通碳排放的计量模型分析

在家庭私人交通碳排放的方程中,我们首先考察家庭社会经济学特征对碳排放的影响〈方程(1)〉。可以看到,私人交通碳排放的收入弹性为 0.76,即家庭收入增长 10%,将增加 7.6% 的碳排放量。这意味着收入水平的上升,会带来私家车拥有率的上升和有车家庭使用私家车出行频率的上升,从而带来更多油料消耗及其碳排放。此外，家庭规模越大，其家庭成员的总出行需求也往往提高，因此家庭的私人交通碳排放也会显著增大；而考虑家庭的户主年龄对碳排放的影响时，我们发现，年轻人会相对更多使用私人交通出行，这主要与年轻人更多掌握机动车驾驶技术和偏好使用私人交通出行有关，该分析结果在95%置信区间下显著。方程（2）中，进一步引入家庭是否拥有私家车的哑元变量，发现该变量在99%置信区间下显著为正，这说明拥有私家车的家庭，其私人交通碳排放是明显较大的。

下面关注小区特征，特别是小区与公共服务设施的距离对家庭出行以及碳排放的影响。本文主要考察住宅小区到公共交通设施以及大型购物中心的可达性对居民私人交通出行及其碳排放的影响。方程（3）中引入住宅小区与邻近周边公共交通设施距离的对数值这一变量，发现其对家庭私人交通碳排放的影响系数为正（尽管仅在85%的置信度下显著），这说明小区距离公共交通设施越近，家庭会减少私家车的使用次数而更多使用公共交通出行。

我们还发现，住宅小区距周边大型购物中心越近，即两者之间的空间匹配程度越高，会减少居民使用私人交通出行购物的机会（居民可能会更多选用步行或其他方式出行），或减少私家车行驶距离而降低油料消耗及其碳排放，这一分析结果在99%置信区间下显著为正，此外，碳排放对该变量的弹性为0.18，即住宅小区与周边大型购物中心的距离每邻近10%，将会降低1.8%的私人交通碳排放〈方程（4））。

表7 私人交通碳排放模型回归结果

| EUQ: Variables | 户均私人交通碳排放 | | | |
|---|---|---|---|---|
| | (1) LTRANSPORTC | (2) LTRANSPORTC | (3) LTRANSPORTC | (4) LTRANSPORTC |
| LINCOME | 0.763*** (10.58) | 0.306*** (6.38) | 0.774*** (10.69) | 0.811*** (11.05) |
| HHSIZE | 0.129** (2.56) | −0.031 (−0.96) | 0.119** (2.34) | 0.107** (2.11) |
| AGE | −0.010** (−2.32) | −0.007** (−2.56) | −0.009** (−2.11) | 0.01239 |
| CAROWN | | 2.287*** (30.24) | | |
| LPUBLIC | | | 0.075 (1.52) | |
| LMARKET | | | | 0.180*** (2.99) |
| Constant | −8.488*** (−9.87) | −4.294*** (−7.67) | −8.649*** (−9.99) | −9.221*** (−10.37) |
| Observations | 608 | 608 | 608 | 608 |
| $R^2$ | 0.18 | 0.68 | 0.19 | 0.2 |

注：(1) $t$ statistics in parentheses; (2) * $p<0.10$, ** $p<0.05$, *** $p<0.01$。

# 6 结语

中国正处在经济快速增长与城市化进程不断深入的发展阶段，高能耗与高碳排放是这一发展阶段的核心特点。中国作为全球碳排放第一大国，正试图通过低碳经济和低碳社会发展模式来实现国家的可持续发展，并在哥本哈根气候变化大会前夕，向国际社会表达了节能减排的坚定决心，并承诺：到2020年中国单位GDP $CO_2$排放比2005年下降40%~45%。

快速城市化下的中国目前正处在转型期的十字路口，迫切需要通过改变现有的城市发展模式，包括产业发展模式和生活模式来实现城市的可持续发展，而后者在许多政策制定过程中则往往被忽视。小区作为城市居民生活和居住的主要场所，也自然成为生活能耗及其碳排放的集中地。因此，低碳小区的建设对于推动城市的低碳发展具有重要意义。

目前国内外学术界和产业界对于"低碳小区"的理念及设计原则已有较多阐述，并在公共政策的实践方面，也已开始尝试低碳小区的规划建设。然而，有关小区低碳性水平的影响因素分析以及小区是否达到低碳的效果，仍缺乏相关实证研究的效果检验。本文利用清华大学房地产研究所于2009年9月开展的北京市小区住户"家庭能源消耗与居住环境"调查数据，估算得到北京市家庭生活碳排放及其子项（居住和私人交通）。这些信息和数据能够为本领域的后续研究提供很好的基础。

本文的实证研究部分，从小区家庭社会经济特征、能源消费偏好以及小区的区位条件、建筑结构形式等方面，分别对家庭居住碳排放和私人交通碳排放建立回归方程，分析上述特征的影响力度。在居住碳排放的回归结果中，我们发现，随着收入水平、人口规模和户主年龄的增大，家庭会消耗更多能源并增大碳排放；更多电器设备的购置（如电视、电烤箱等）也会显著提高家庭碳排放水平。此外，家庭夏季空调的设定温度越低，即对空调的依赖程度越高，也会带来更多的生活用电消耗及其碳排放。住房的租买形式也会通过影响家庭能源消费偏好对居住碳排放产生影响，买房家庭比租房家庭会更多考虑长期居住的需要，而添置更多的家用设备，这会带来更多的能源消耗和居住碳排放。在住房特征和小区特征方面，家庭住房面积的碳排放弹性始终保持在0.5以上，说明家庭住房面积增加10%，将带来超过5%的户均居住碳排放，因此控制单套住房面积、推广小户型建设可以有效降低碳排放；此外，小区住房采用保温隔热性能更好的砖混结构形式可以有效降低家庭碳排放量，因此，推广建筑节能技术均可通过提高能源使用效率而减少碳排放。

在家庭私人交通碳排放的回归结果中，我们发现，目前户均碳排放的收入弹性为0.76，即家庭收入增长10%，将增加7.6%的碳排放量，这对于生活水平快速上升的北京市来说具有重要影响。拥有私家车的家庭会相对产生更多的私人交通碳排放。人口规模越大以及户主年龄越低的家庭，家庭采用私人交通工具出行的机会越多，也会随之增大碳排放量。除了家庭特征和是否拥有私家车对私人交通碳排放产生影响外，小区与公共服务设施的距离也会对家庭出行及其碳排放产生影响。我们发现，小区与邻近公共交通设施及大型购物中心的距离越近，家庭往往会减少私家车出行的次数（选择步行或其他方式出行），或减少私家车行驶距离，从而降低油料消耗及其碳排放。因此，提高小区周边公共服务设施的空间匹配程度，可以有效降低居民的私人交通碳排放。

本文的研究成果有助于我们更好地理解怎样的家庭特征和小区特征会增强小区的低碳效果，并且能够为城市规划和城市管理者提供信息支持，辅助"低碳小区"的建设与发展。

**致谢**

本文受国家自然科学研究基金项目（NSFC 70973065）"'土地利用—交通—环境'空间一体化模型的理论及应用：以北京和深圳为例"资助。感谢清华大学公共管理学院产业发展与环境治理研究中心（CIDEG）对本次调研的资助。感谢杨帆、李伟、刘月同学在本研究中的协助工作。

**注释**

① 碳排放包括$CO_2$和其他碳化物，其中$CO_2$占主体，也是导致全球变暖的主要成分。故本文中的"碳排放"主要指$CO_2$。

② 数据源自 China Energy Databook（version 7, -2008）和美国橡树岭国家实验室$CO_2$信息分析中心的统计结果。

③ 2009年11月25日的国务院常务会议决定，到2020年中国单位 GDP $CO_2$ 排放比2005年下降40%～45%。国务院总理温家宝也将出席于同年12月7～18日在丹麦哥本哈根举行的联合国气候变化框架会议第15次缔约方会议，并与全球主要国家领导人共同商讨《京都议定书》一期承诺到期后的后续方案，就未来应对气候变化的全球行动签署新的协议。

④ 格莱泽和卡恩（Glaeser and Kahn, 2008）的研究显示，美国城市居民生活碳排放已经占城市碳排放的40%，中国的这一数字会略低于美国。

⑤ 2008年，北京市第三产业比重达到73.2%，成为中国惟一第三产业比重超过70%的城市；北京市城镇居民人均可支配收入达24 725元人民币/人，折合3 620美元，已达到中等发达国家水平。

⑥ 本文所采用的住宅小区与其周边公共服务设施（包括主要公交车站、轨道交通和大型超市等）的距离为两点间的直线距离。

⑦ 平均低位发热量是指单位质量的能源在恒容条件下，在过量$O_2$中燃烧，其燃烧产物组成为$O_2$、$N_2$、$CO_2$、$SO_2$、液态水以及固态灰时放出的热量中，去掉高位发热量中（煤中原有的水和煤中氢燃烧生成的水）的汽化热后得到的平均发热量；潜在排放因子是指某燃烧过程每单元活动量向大气排放污染物数量。上述碳排放转化系数都来自 IPCC 2006 "国家温室气体清单导引"（Guidelines for National Greenhouse Gas Inventories）中所提供的数据。

⑧ 本文所采用的住宅小区与其周边公共服务设施的距离为两点间的直线距离。

⑨ 对于邻近公共交通设施，本文主要考虑小区周边主要公交车站与地铁站点两个因素。相关性分析结果显示，上述两个变量具有71.1%的强正相关关系，即说明居民在选取公共交通出行时，会相应产生对这两种出行工具的替代选择。因此，本文将两者合并为"小区至邻近公共交通设施距离对数值"这一变量放入模型之中。

⑩ 本文经过相关性分析后，发现家庭收入与居住面积显著正相关，相关系数达到32.2%。这说明收入水平较高的家庭，往往拥有较大的居住面积来满足其日益增加的居住需求。然而，变量间所存在的显著相关性，会干扰模型结果，如〈方程（4）〉中的家庭收入变量对居住碳排放的影响关系和显著程度均发生改变，这也成为本文在后续研究中需要完善的地方。

## 参考文献

[1] Agras, J. and Chapman, D. A. 1999. Dynamic Approach to the Environmental Kuznets Curve Hypothesis. *Ecological Economics*, Vol. 28, No. 2.

[2] China Energy Databook (version 7), Energy Analysis Department, Environmental Energy Technologies Division, Lawrence Berkeley National Laboratory, October, 2008.

[3] Community Energy: Urban Planning for a Low Carbon Future. http://www.tcpa.org.uk/press_files/pressreleases_2008/20080331_Energy_Guide.

[4] David, C. 2005. Identity and Lifestyle in the Residential Environment. Conference "Doing, Thinking, Feeling Home: The Mental Geography of Residential Environments", Delft 14/15 October.

[5] Dieleman, F. M., M. Dijst and Burghouwt, G. 2002. Urban Form and Travel Behaviour: Micro-level Household Attributes and Residential Context. *Urban Studies*, Vol. 39, No. 3.

[6] Edward, L. G. and Kahn, M. E. 2008. The Greenness of Cities: Carbon Dioxide Emissions and Urban Development. *Harvard University*, WP 7.

[7] Erling, H. and Ingrid, T. N. 2005. Three Challenges for the Compact City as a Sustainable Urban Form: Household Consumption of Energy and Transport in Eight Residential Areas in the Greater Oslo Region. *Urban Studies*, Vol. 42, No. 12.

[8] Ewing, R. and Rong, F. 2008. The Impact of Urban Form on U. S. Residential Energy Use. *Housing Policy Debate*, Vol. 19, No. 1.

[9] Glaeser, E. L. and Matthew, E. Kahn 2008. The Greenness of Cities. NBER Working Paper #14238.

[10] IPCC 2006. Guidelines for National Greenhouse Gas Inventories. http://www.ipcc-nggip.iges.or.jp/public/gl/invs1.html.

[11] Kahn, M. E. 2006. *Green Cities: Urban Growth and the Environment*. Brookings.

[12] Kahn, M. E. 2000. The Environmental Impact of Suburbanization. *Journal of Policy Analysis and Management*, Vol. 19, No. 4.

[13] Li, J. H. 2001. Regional Ecological Carrying Capacity and Sustainability Development. *China Population Resources and Environment*, Vol. 11, No. 3.

[14] Liu, X. R., Wang, R. S. and Yang, J. X. 2003. Importance of Sustainable Household Consumption Research in China. *China Population, Resources and Environment*, Vol. 13, No. 1.

[15] Lorna, A. G., David, L. G. and Carmen, D. 2000. Energy Efficiency and Consumption -The Rebound Effect-A Survey. *Energy Policy*, Vol. 28, No. 6-7.

[16] Mao, H. Y. 2003. Regional Carrying Capacity in Bohai Rim. *ACTA Geographic Science*, Vol. 56, No. 3.

[17] Martine, J. 1996. The Sustainable Use of Space: Advancing the Population/Environment Agenda. Unpublished paper.

[18] Planning Policy Statement: Planning and Climate Change-Supplement to Planning Policy Statement 1. http://

www. communities. gov. uk/publications/planningandbuilding/ppsclimatechange.
[19] Ragnar, L. and Arnulf, G. 1993. *Energy and Lifestyle*. UNIESCO.
[20] Rommel, C. G. 1997. Socio-economic and Spatial Indicators for Household Energy for a Tropical Urban Community in Urban Manila. *Building Research and Information*, Vol. 25, No. 2.
[21] Seryak, J. and Kissock, K. 2003. Occupancy and Behavioral Affects on Residential Energy Use. http://www. sbse. org/awards/docs/2003/Seryak1. pdf.
[22] Shui, B. and Hadi, D. 2005. Consumer Lifestyle Approach to US Energy Use and the Related $CO_2$ Emissions. *Energy Policy*, Vol. 33, No. 2.
[23] Stern, D. I. 2004. The Rise and Fall of the Environmental Kuznets Curve. *World Development*, Vol. 32, No. 8.
[24] Tang, W. S. 2000. Chinese Urban Planning at Fifty: An Assessment of the Planning Theory Literature. *Journal of Planning Literature*, Vol. 14, No. 3.
[25] Van Raaij, W. F. and Verhallen, T. M. M. 1983. A Behavioral Model of Residential Energy Use. *Journal of Economic Psychology*, Vol. 3, No. 1.
[26] Wei, Y. M. , Liu, L. C. , Fan, Y. and Wu, G. 2007. The Impact of Lifestyle on Energy Use and $CO_2$ Emission: An Empirical Analysis of China's Residents. *Energy Policy*, Vol. 35, No. 1.
[27] Wouter, P. , Linda, S. , Charles, V. and Gerwin, W. 2003. Household Preferences for Energy-Saving Measures: A Conjoint Analysis. *Journal of Economic Psychology*, Vol. 24, No. 1.
[28] Xu, T. 2003. Family Green Consumption and Sustainable Development. *Liaoning Urban Environmental Technology*, Vol. 23, No. 5.
[29] 辛章平、张银太："低碳经济与低碳城市"，《城市发展研究》，2008年第4期。
[30] 辛章平、张银太："低碳小区及其实践"，《城市问题》，2008年第10期。

# 发展低碳经济与区域互动机制研究

谢来辉　潘家华

**Developing Low-Carbon Economy and the Mechanisms of Interregional Linkage**

XIE Laihui[1], PAN Jiahua[2]
(1. Graduate School of Chinese Academy of Social Sciences, Beijing 100102, China; 2. Institute of Urban and Environmental Studies, Chinese Academy of Social Sciences, Beijing 100005, China)

**Abstract** Developing Low-Carbon Economy has become one of the trends of the world economy. For open economies, liberalization of international trade and investment would have important impacts on the scale and distribution of greenhouse gas emissions, and therefore there will be complex interaction for regions or countries in different stages of low-carbon development. These interregional linkages, might promote low-carbon development worldwide, or have inverse impacts on some developing countries. This paper intends to discuss the core mechanisms, and derives some policy implications for developing countries towards low-carbon economy. Although the discussions in this paper are concentrated at international levels, it will also leave some implications for low-carbon development at domestic cities and regions.

**Keywords**　low-carbon economy; embodied emission; carbon leakage; climate-friendly goods

---

**作者简介**
谢来辉，中国社会科学院研究生院；
潘家华，中国社会科学院城市发展与环境研究所。

**摘　要**　发展低碳经济已经成为世界经济的一大潮流。在开放经济条件下，国际贸易和投资自由化对温室气体排放的规模与地理分布产生重要影响，因此处于低碳经济不同发展阶段的区域或国家之间也存在复杂的互动和相互影响。这种区域之间的联系，可能促进世界范围内的低碳发展，也可能对一些发展中国家带来不利影响。本文致力于讨论其中一些基本的传导机制，得出发展中国家发展低碳经济的一些政策含义。虽然本文讨论主要是基于国际层面，但对在国内城市和区域层面发展低碳经济也会有一定的启示。

**关键词**　低碳经济；转移排放；碳泄漏；气候友善型产品

## 1　引言

虽然世界各国在哥本哈根会议上暂时没有就中长期减排目标达成一致，但是就控制温室气体排放导致的全球升温目标以及大力发展低碳经济等方面达成了共识。因此，发展低碳经济无疑将成为世界经济的重要潮流。由于处于经济发展的不同阶段，各国采取的减排政策也各有不同，特别是发达国家处在发展低碳经济的有利地位，也较早和较为严格地采取了气候政策。而在经济全球化的背景下，各国通过投资和贸易发生密切的联系。所以，从空间的角度来考虑气候变化以及减排政策的影响，对于中国发展低碳经济无疑具有重要的启示。

概括来说，这方面的机制包括三个内容。首先，全球化本身，由于产业转移升级和要素禀赋特征，会推动形成"转移排放"。其次，发达国家为了发展低碳经济的一些政策与措施，会对发展中国家的发展产生不利影响。这表现在，在开放条件下实施较为严格的气候政策，可能会影响出口商品的竞争力甚至推动产业向海外转移，即产生"碳泄漏"问题。第三，发达国家的一些低碳政策或相关的措施，也可能成为发展中国家新的出口障碍。

本文将从上述三个方面进行分析，希望为发展中国家发展低碳经济得出一些有益的启示。当然，国内一些地区也在积极发展低碳城市和低碳经济区，考虑地区之间的紧密联系和各自的分工地位，特别是低碳政策措施导致的区域性影响，有利于区域经济相互协调，追求共同的低碳发展。

## 2 经济全球化和"转移排放"

国际贸易是推动经济增长的重要驱动力量，但是同时也对环境具有复杂的影响。学术界一般把国际贸易对环境的影响分解为三种效应：规模效应、结构效应和技术（收入）效应（Grossman and Krueger, 1991）。其中特别值得注意的是结构效应。随着全球化的迅速发展，发展中国家和发达国家之间的国际分工对南方国家的环境具有负面的影响（Copeland and Taylor, 1994）。在开放条件下，国际贸易使得生产和消费可以分离，各国的生产排放和消费排放可能存在不一致。发达国家的环境库兹涅茨曲线的倒"U"形很可能是通过海外转移排放而实现的（Suri and Chapman, 1998）。不少研究认为，通过研究国际贸易背后隐藏的物质流动问题，能够更加清晰地揭示各国在国际生产分工中的地位。特别是有证据表明，发达工业化国家通过贸易与投资转移环境负担（environmental load displacement），而发展中国家以不公平的贸易条件大量出口环境资源型产品，发达国家与发展中国家之间存在着生态不平等交换（ecologically unequal exchange）（Muradian et al., 2002; Roberts and Parks, 2007; 等）。

### 2.1 内涵能源和内涵排放的概念

所谓内涵能源（embodied energy），是指产品自此上溯各个生产阶段所消耗能源的总和，包括直接和间接能耗。由于能源消费与温室气体的排放直接相联系，所以也有对应的内涵排放（embodied emission）的概念，即指产品生产过程中的温室气体排放总和。对这两个问题的研究方法在本质上是一样的。这两个概念都类似于后来提出的"生态足迹"（ecological footprint）概念的思想，只是着眼于产品的整个生命周期中的能耗与排放。如果某一个产品的内涵能源和内涵排放越多，说明其生产过程的能源耗费和排放越大。

内涵能源的概念之所以被提出或者引起研究者的关注，在很大程度上与能源通过贸易在国际间的转移涉及国家之间的利害有明显的关系。关于内涵能源，特别是贸易对能源的影响，曾有几个研究的高潮。首先是1970年代末1980年代初，由于能源供给危机，不少能源专家开始使用投入产出法就国际对能源使用和环境污染的影响进行综合分析，内涵能源的概念被创设出来（Costanza, 1980; Costanza and Herendeen, 1984; 等）；其次是在1990年代，由于担忧发达国家的减排会导致国内生产成本上升，造成能源密集型产业向"污染天堂"转移，从而可能对国际气候制度的减排效力构成威胁，一些学者开始试图估计国际贸易中内涵能源的规模（Wyckoff and Roop，1994；Schaeffer and Sá，1996；Lenzen，1998；等）；第三次应该是最近几年，许多学者从温室气体排放的国家责任，关注贸易中的内涵能源和转移排放问题（Munksgaard and Pedersen，2001；Ahmad and Wyckoff，2003）。有学者认为，由于内涵能源进出口贸易大量存在，从消费侧对温室气体减排责任进行重新考虑，比现行的生产侧计算方法更加公平和有效率。这引发了新的争议，并导致进行了许多分国别的估算。由于能源安全的极端重要性，以及各国温室气体减排责任分配问题日益受到关注，可以预计国际贸易的内涵能源和转移排放将会受到越来越多的重视。

## 2.2 中国对外贸易与转移排放

由于国际分工地位、生产技术水平、能源强度和能源的碳强度等方面的差异，发达国家在内涵能源的贸易平衡方面（Balance of Embodied Energy in Trade，BEET）多处于逆差地位，而发展中国家大多处于顺差地位。其中，中国的地位尤其明显。OECD 在这方面曾组织过多项较为权威的研究。其中艾哈迈德和威科夫（Ahmad and Wyckoff，2003）基于 1990 年代中期的数据计算发现，许多国家的内涵能源进出口占国内生产过程中排放量的比率一般都在 10%甚至 20%以上。而在一些已经采取碳税或排放限制的国家，如丹麦、芬兰、法国、荷兰、新西兰、挪威和瑞典等国，进口内涵排放超过各自国内生产碳排放量的 30%。其中，中国是以内涵能源形式向 OECD 国家的最大的净出口国家（Ahmad and Wyckoff，2003）。2009 年 OECD 最新的研究显示，1990 年代后期以来，20 个 OECD 国家消费侧的排放都在增长；虽然 2/3 的世界新增排放源自非 OECD 国家，但是其中一半归因于 OECD 国家的消费。在 2000 年之后的几年，除了加拿大以外的七国集团国家（美国、日本、英国、德国、法国和意大利）都是内涵排放的净进口国，而五个主要的非 OECD 国家（俄罗斯、中国、印度、印尼和南非）贡献了世界内涵能源贸易净出口顺差中的 80%（Nakano et al.，2009）。

由于发展阶段使然，中国的超速发展已经使之与发达国家的差距不断缩小，中国一直延续粗放式发展模式，但当前偏重的产业结构和高密集度的资本投入，能效和排放强度均落后于发达的工业化国家。随着全球化浪潮的到来，特别是进入 21 世纪以来，中国逐渐在世界经济的分工链条中扮演了"世界加工厂"的重要角色。在巨大的对外贸易顺差背后，也隐含着巨大的能源和转移排放。这些因素使得中国在全球贸易的内涵能源流动中占有非常突出的地位。

比如，对中美双边贸易内涵能源的研究显示，1997～2003 年中国对美国的出口贸易消耗的能源大约占同期能源消耗总量的 7%～14%。美国向中国出口的几乎都是单位价值碳含量低的产品，而中国产品的碳含量很高。美国通过贸易获得的 $CO_2$ 顺差大部分是通过从中国的出口获得的。美国因此避免了大约 3%～6%的排放量，1997～2003 年的七年间累计避免排放 17.11 亿吨 $CO_2$，这比俄罗斯（世界第三大排放国）2003 年的总排放量还高出 6%（Shui and Harriss，2006）。显然，该研究认为，生产出口导致的排放（即内涵碳的出口）是中国碳排放增长的主要驱动力量。

英国 Tyndall 研究中心研究人员用一个较为粗略的算法计算了中国 2004 年对外贸易中的内涵能源。根据他们的研究，中国在 2004 年的内涵能源净出口值略低于当年日本的排放量，但高于德国，比英国和澳大利亚两国排放总量之和还要多（Wang and Watson, 2007）。虽然其计算方法较为简单，但是该研究成果在国际学界引起了较大的反响。

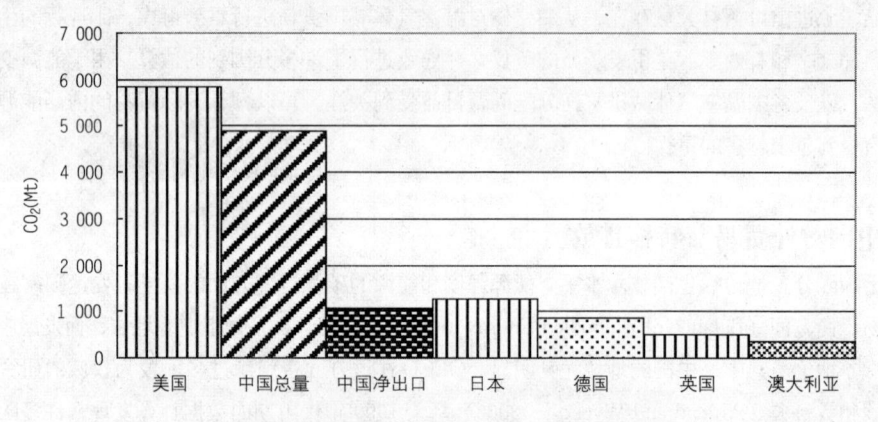

图 1　中国内涵能源出口净值与各国 2004 年排放量的比较

资料来源：Wang and Watson, 2007。

中国学者也很早就对这个问题予以关注。比如中国科学院系统科学研究所早在 1980 年代初对于中国贸易中的"完全含能"（即包括能源产品和非能源产品中的内涵能源）做过计算。结果表明，按照 1973 年各类产品的含能量计算，中国进出口中的完全含能量分别为 5 194 万吨标煤和 4 639 万吨标煤，净进口 555 万吨标煤。考虑到国内的能源利用效率与国外的差异，假设国外重工业品的含能量是中国同类产品含能量的 59%，他们的计算结果显示，1978 年中国出口 3 898 万吨标煤，进口 3 276 万吨标煤，净出口 622 万吨标煤[①]。早期的一些研究，由于数据的困难，往往直接使用了中国的能耗系数来计算进口产品的内涵能源，所以其结论的价值相对有限（如徐玉高、吴宗鑫，1998；马涛，2005；Li et al., 2007；周志田、杨多贵，2006；等）。

中国社会科学院可持续发展研究中心课题组（潘家华等，2007）对中国对外贸易中的内涵能源开展了较为系统的研究。研究显示，2002 年中国出口货物的内涵能源总量约为 4.1 亿吨标煤，进口 1.6 亿吨标煤，净出口大约是 2.5 亿吨标煤，约占中国当年一次能源消费总量的 16.5%。当年全国一次能源消费总量为 14.82 亿吨标煤，出口内涵能源占比约为 27.6%。按美国资源研究所（WRI）公布的 2002 年中国能源消费的碳强度（1 吨标油约为 0.83 吨碳）计算，这相当于出口 2.4 亿吨碳。动态地来看，2002~2006 年中国净出口内涵能源从 2.5 亿吨标煤增长到 6.3 亿吨标煤，占当年一次能源消费的比例从 16% 上升到 25.7%[②]。

从内涵能源出口的流向来看，在主要贸易伙伴中，首先，2002 年中国对美国的出口占总出口额的

21.5%，美国无疑是中国最大的出口市场，也是中国出口内涵能源的最大受益者；其次是中国香港地区，当然对香港的出口主要不是供本地消费，而是经香港销售到全世界；第三是日本，2002年中国对日本的出口所占比重为14.9%。最后，中国对欧盟整体的出口量较大，但这里只有对其中前三位的德国、荷兰、英国（即图表中的欧洲三国）的出口进行了计算，这三国加总所占份额还比较小，如图2所示。

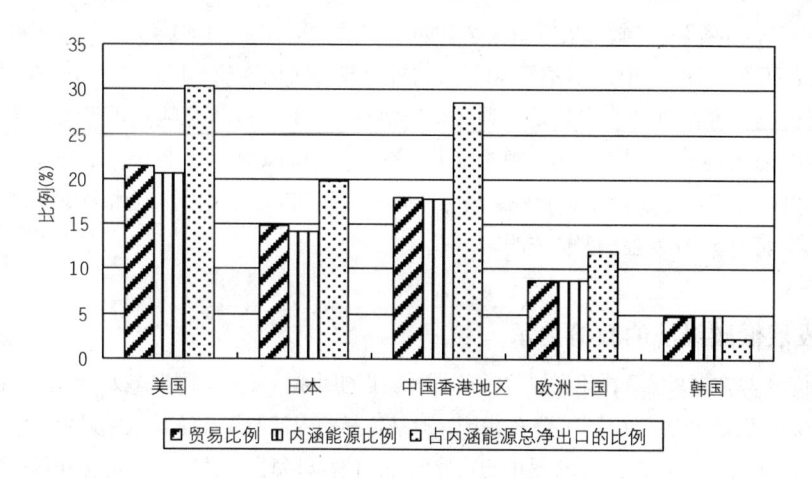

图2 2002年中国出口贸易及内涵能源流向

表1 2002年中国进出口内涵能源的主要流向（万吨标煤）

| 国别/地区 | 出口 | 进口 | 净出口 |
| --- | --- | --- | --- |
| 澳大利亚 | 591.4 | 218.4 | 373.0 |
| 俄罗斯 | 389.5 | 2 594.6 | -2 205.1 |
| 加拿大 | 545.3 | 172.8 | 372.5 |
| 中国香港地区 | 7 295.1 | 147.5 | 7 147.6 |
| 韩 国 | 2 034.1 | 1 448.1 | 586.0 |
| 欧洲三国 | 3 574.7 | 564.9 | 3 009.8 |
| 日 本 | 5 784.8 | 840.2 | 4 944.6 |
| 美 国 | 8 455.0 | 867.1 | 7 587.9 |
| 对世界总量 | 40 958.3 | 15 956.1 | 25 002.2 |

资料来源：根据潘家华等（2007）整理。

另外，从内涵能源的贸易平衡来看，美国是中国最大的内涵能源净出口国；其次是日本，净出口都超过7 000万吨标煤。美国和日本的净出口内涵能源之和，占到净出口总量的60%左右。俄罗斯是中国最大的内涵能源净进口国，净流入约2 000万吨标煤。

从这一意义上来讲，当今中国的大量温室气体排放，很大一部分都是海外转移的排放，本土的发展排放只是其中一部分。中国也通过出口内涵能源为工业化国家减排作出重大贡献。之后的许多研究都支持上述结论。比如，齐晔等（2008）的计算发现：1997~2006年，中国大量净出口"隐含碳"（即内涵排放），2003年以后增长明显。如果假设进口产品都在中国生产，1997~2004年"隐含碳"净出口占当年碳排放总量的比例在0.5%~2.7%，2004年之后迅速增加，2006年该数字达10%左右。如果都按照日本的碳耗效率对进口产品进行调整，1997~2002年"隐含碳"净出口量占当年碳排放总量的12%~14%，2002年之后迅速增加，到2006年已达29.28%。韦伯等人（Weber et al.，2008）的成果发现，在2005年，中国的温室气体排放大约有1/3（17亿吨$CO_2$）源自于出口的生产部门，而相应的数据在1987年和2002年分别是12%（2.3亿吨）和21%（7.6亿吨），所以显然海外的消费对于推动中国排放的大幅增加具有不可忽视的作用。邦等人（Bang et al.，2008）的测算结果是，2001年欧盟消费引起的$CO_2$排放约为47亿吨，较生产排放高出12%，而中国恰恰相反，生产排放高出消费排放22%，其中5%是欧盟消费造成的。

## 2.3 对发展低碳经济的政策启示

从前面的测算数据来看，由于发展阶段和国际分工的因素，发展中国家多处于发展低碳经济更加不利的地位。特别是作为"世界工厂"的中国，对外贸易的内涵能源无论是从绝对值还是增长速度上看，都是非常惊人的。中国在国际贸易中的独特地位，使得外贸出口成为拉动能源和排放快速增长的突出因素。而发达国家很大程度上是通过贸易模式的调整，增加高耗能产品进口，减少高耗能产品出口，从而节约国内能源，发展低碳经济。所以，如果发展低碳经济不是着重生活消费方式的转变，那么表面上的低碳经济，可能只是以其他地区的高排放为代价。

从全球共同发展低碳经济的角度来看，这种情况需要未来国际气候协议或者国家之间的政策协调。因此，贸易中的内涵能源和转移排放必然涉及"两种责任之争"：到底谁应该为此承担责任？到底是生产地的责任还是消费地的责任？

值得注意的是，基于对各国温室气体排放清单中的统计口径，UNFCCC给各国规定的减排指标，都是基于生产的排放削减，而不是基于消费的排放削减。目前，《京都议定书》规定的减排目标主要是对其附件I国家的国内生产过程产生的温室气体排放进行约束，对于其进口能源密集型产品在生产过程中所导致的排放则没有规定。因此，减排国家可以通过进口替代的方式从非减排国家进口相关产品来满足国内需求，而不把生产过程的排放计入本国排放清单。国际气候制度未包括内涵排放，也被认为是一大缺陷，不利于有效实现全球减排。所以从国际制度的视角看，应该把各国的排放统计从生产侧的排放清单改变为消费侧的排放清单。仅仅从生产侧来考虑各国的排放责任是错误的。而从消费侧的角度看来，发达国家应该承担责任，必须降低国内消费的直接排放、降低国内生产的排放、降低进口的内涵排放。但是从现实来看，这样做还存在非常多的障碍（Munksgaard and Pedersen，2001；Ahamad and Wyckoff，2003；Peters，2008；Pan et al.，2008）。

在内涵能源和转移排放问题上，显然，单纯的"生产者付费原则"并不适用。生产者和消费者都是温室气体排放的受益者,都应该对气候变化负责(齐晔等,2008)。伦曾等(Lenzen et al., 2007)认为,从经济学的角度来看,单一的责任会使得某一方信息过多,造成偷懒,而且技术上为了避免双重计算,应该采取分担责任的方式。但是,如果生产者和消费者之间分担,那么又应该如何公平和可行地确定分摊的方法呢?这些都是值得深入研究和讨论的问题。

## 3 不同区域的气候政策差异与"碳泄漏"

在开放条件下,环境管制政策可能损害贸易产业的竞争力,使得环境政策的效果也有所影响。在采取较为严格环境政策的国家,被管制的企业生产成本上升,而来自未采取严格环境政策国家的进口增加,从而导致竞争力和就业的问题,甚至还产生产业的海外转移。这体现为所谓"污染避难所效应",存在"排放泄漏"(emission leakage)的可能性。在资本流动的情况下,如果一国之内各地方政府可以制定区域环境政策,也可能会有竞相降低环境标准来吸引投资以增加就业岗位的情况,从而影响各地区的污染排放[3]。

在开放条件下,部分国家强制减排所导致的环境影响和经济影响,可能产生"碳泄漏"(carbon leakage)和竞争力问题。导致"碳泄漏"的一个重要原因在于国家之间减排政策的"不对称性"或"不匹配性"(Reinaud,2009)。值得注意的是,发展中国家与发达国家之间减排强度的差异,主要是因为各自所处发展阶段不同。由于矿产资源及环境容量等方面的优势,而且在城市化和工业化过程的驱动力下,发展中国家往往会追求能源密集型产业的发展和扩张。发达工业化国家之前在能源密集型产业的比较优势,会由于产业升级和减排政策的压力,而有所转移到发展中国家,但同时对碳密集型产品的需求可能并不会减少。发展中国家能源密集型产品的竞争力上升,对发达国家的出口也会增加。所以,发达国家较大规模的减排行动,将会通过国际贸易和投资途径对发展中国家的贸易和经济,进而对温室气体排放产生影响。

### 3.1 "碳泄漏"的概念与机理

对碳泄漏的研究,最早源于一些气候经济建模专家的研究(如 Felder and Rutherford, 1993)。他们发现,附件 I 国家的减排政策,通过国际市场的传导机制,结果会增加在非减排国家的温室气体排放。"碳泄漏"概念形象地描述了这种情况——部分温室气体从减排国家"泄漏"到没有减排政策的国家[4]。具体来说,其机理主要在于:①减排国家征收较高的燃料税,国内燃料消费在理论上可能导致含碳能源在全球价格有所下降,而另一些国家能源使用可能增加。②在减排国家,生产过程中的能源使用和排放受到一定的限制,但是对进口能源密集型产品的消费却没有限制。当国内生产受到限制导致成本和价格提高时,消费者可能直接转而购买进口产品作为替代,而不关注产品生产过程排放的差异。这就会加大来自非减排国家的进口。总之,减排政策导致对国外产品的大量需求,非减排国家的能源密集型产品将扩大生产出口,增加排放。③一些能源密集型企业,可能转移到减排政策较不严格的国家生产（谢来辉、陈迎，2007）。

非减排国家由于减排国家减排政策而导致的排放增加量，与减排国家减排量之间的比值，被称为"泄漏率"。政府间气候变化专门委员会（IPCC）在2001年发布的《气候变化第三次评估报告》中指出，由于可能发生的一些碳密集产业向非附件 I 国家转移，以及价格变化对贸易流向的影响，可能导致的泄漏率在 5%～20%。同时，2001 年 IPCC 第三次评估报告为此强调，对碳泄漏率为 20%的上限是在"假设没有技术转移，以及京都框架下国际排放贸易等弹性机制情况"下得出的结果，事实上考虑到未来各国可能还会谨慎地采取其他各种政策手段，泄漏率将会远小于 20%。IPCC（2007）进一步指出，大部分均衡模拟支持第三次评估报告的结论，即整体经济的碳泄漏在 5%～20%，但是如果低排放技术得到有效的推广，该值会降低。

关于碳泄漏的研究基本说明，附件 I 国家的减排政策对发展中国家的影响是温和的，无论是从经济上还是排放都不会有太大的变化。当然，理论模型中对泄漏率的估计很可能过于夸大，比如有学者认为极端的理论假设下泄漏程度甚至可能足以抵消所有附件 I 国家的减排努力（Babiker，2005）。但是，一般都认为：①泄漏显然具有可能性，但不至于严重到抵消在全球范围内附件 I 国家减排努力的程度；②泄漏的程度仍让人担忧；③对于减排国家的能源密集型产业而言，其贸易参数对泄漏程度是敏感的（Manne and Richels，2000）。博伦等（Bollen et al.，2000）计算了 IPCC A1 情景下，附件 I 国家各采取一定水平的单边碳税实现减排目标，导致对非附件 I 国家的泄漏，即使以 20%的泄漏率计算，也仅相当于非附件 I 国家相对基线排放量增加了 3%。国际能源署的学者雷诺（Reinaud，2008）通过统计研究发现，到目前为止，欧盟排放贸易体制（EU ETS）并没有引发可以观察到的碳泄漏，至少在其考察的行业中是如此，包括钢铁、水泥、铝等重工业行业。其中很重要的原因在于 OECD 许多国家同时采取了多种政策措施（比如补贴或者豁免），以抵消征收碳税对竞争力的影响，一些行业的出口甚至还因此增加（World Bank，2008）。

## 3.2 "碳泄漏"潜在影响排放的地理分布

虽然在全球水平上不会导致排放的增加，但是"碳泄漏"假说预示着温室气体排放在地理分布上可能会有所变化。其中，欧盟和中国在"碳泄漏"问题中的地位都非常突出，而能源密集型产业是发生泄漏的主要行业。

关于能源市场可能存在的价格波动所引起的泄漏问题，一般研究都认为在非附件 I 国家中，能源出口国（如石油输出国组织国家）受到的损失最大，且一国经济对能源出口的依赖性越大，损失越大；而能源进口国，如中国和印度可能因石油价格的下降而获得利益。例如，莱特等（Light et al.，1999）认为，由于煤炭将是导致碳泄漏最多的能源，而美国和中国作为煤炭的第一、第二大生产和消费国，二者之间的泄漏将最为显著。巴比克尔和雅各比（Babiker and Jacoby，1999）采用 EPPA-GTAP 模型的计算结果表明，到 2010 年《京都议定书》对附件 I 国家除东欧外造成的经济福利损失约在 0.5%～2%，而非附件 I 国家中依赖石油出口的中东、北非等地区的国家的经济福利损失可能达到

2.4%~3.7%,某些能源进口国获益幅度在0.3%以内;中国、印度、巴西、韩国和墨西哥五国将产生占全球60%以上的泄漏,其中中国对泄漏的"贡献"将达到30%。

美国学者曾运用GTAP-EG模型研究了"碳泄漏"可能发生的区域和产业分布。其研究的结果显示,假设《京都议定书》所有附件I国家一起采取减排行动,全球泄漏较为温和,仅在10.5%左右。而模拟计算的结果显示,泄漏最多的附件I国家依次是欧盟(36%~51%)、美国(28%~34%)和日本(13%~18%);中国将是最大的流入国(24%~32%),其次是墨西哥和中东地区(24%~30%);而发生在美国和中东之间、欧洲和南非之间、中日以及中美之间的贸易与投资将是最重要的泄漏渠道。该研究在产业层面的分析显示,在化工和钢铁行业征收碳税将是导致泄漏的主要源泉,其中化工产业的泄漏占总泄漏中的20%,钢铁产业占了16%,采矿业和非有色金属行业也是产生泄漏的重要行业;而日本的钢铁业以及美国和欧盟的化工产业,将是中国最可能接受的泄漏来源(Paltsev, 2001)。

值得警惕的是,发达国家的减排对当前全球产业转移可能会有推动作用,而这种碳泄漏所预示的能源密集型产业的转移,对中国等发展中国家具有复杂的影响。一方面伴随着国际投资的流动,它会带来资金和技术,能够扩大就业,促进产业结构的升级,有利于东道国经济的发展;但是另一方面,其中也蕴涵了被发达国家能源密集型产业转移所导致的"碳锁定"的风险(Unruh and Carrillo-Hermosilla, 2006;谢来辉,2009)。它既威胁国内能源和原材料的供应安全,又会带来严重的环境污染问题。因为能源密集型产品在生产过程中不仅能源消耗较大,而且温室气体及其他污染物的排放较高。发达国家通过对发展中国家的直接投资,利用东道国的生产成本优势和资源,再把产品出口到国外,实际上是占用了东道国的环境容量,抬高了发展中国家的排放水平。换言之,发达国家"碳锁定"的全球化,不利于中国经济增长方式的转变,影响向低碳经济的转型。

可以预见,未来发展中国家和发达国家在减排政策强度方面存在的情况必然还将延续,因此处于不同发展阶段的国家之间就继续存在"泄漏"的可能性。《联合国气候变化框架公约》和《京都议定书》都明确了发达国家和发展中国家"共同但有区别责任"的原则,要求在该原则基础上承担起与各自的权利和能力相适应的环境责任与行动。其中,工业化国家因为历史责任等原因应首先采取行动,并且给发展中国家一定的资金援助和技术转让。发展中国家暂时不承担强制性减排义务,首要任务是发展经济和消除贫困,承担义务要依发达国家执行承诺的情况而定。"巴厘行动计划"和哥本哈根协议也继续强调,将根据"共同但有区别责任"原则和区别能力,以及经济社会发展条件等因素,设计2012年以后的国际协议,虽然发展中国家也将有条件地承担采取"可测量、可汇报、可核实"的减缓气候变化的行动。

# 4 世界经济的低碳发展潮流与发展中国家出口

世界经济的低碳发展潮流,尤其是气候友善型产品(climate-friendly goods)以及相关技术的贸易自由化，可能给发展中国家带来重要的发展机遇。有研究显示，在 WTO 讨论中的涉及气候变化的多个环境产品类别中，中国和墨西哥都是排在前十位的出口国（Jha，2008）。也有研究认为发展中国家在大量的低技术环境产品（比如零部件）方面，面临重要的出口机会（Hamwey，2005）。世界银行（World Bank，2008）报告指出，许多发展中国家在清洁能源产品（如节能灯）的出口方面已经在迅速增长。随着中国和印度等发展中国家迅速成为清洁能源行业（如风能和太阳能等）的重要生产方，巴西也已处于生态燃料设备生产方面的世界领先水平，未来发展中国家将会在贸易方面获得很多机遇。不过，也应该看到，目前环境友好型产品80%的市场都在发达国家中，虽然较高收入的发展中国家也迅速增长。所以，贸易自由化主要有利于发达国家和少数中等收入的发展中国家，而缺乏购买力或有其他进口优先考虑的发展中国家可能不会有太多的环境改善（Jha，2008）。

随着发展低碳经济的呼声日益高涨，发达国家一些企业和组织纷纷推行低碳产品的行动，也对发展中国家的出口造成不利影响[5]。其中受到关注最多的是碳标签。所谓碳标签（carbon labeling），是为了缓解气候变化，减少温室气体排放，推广低碳排放技术，把商品在生产过程中所排放的温室气体排放量在产品标签上用量化的指数标示出来，以标签的形式告知消费者产品的碳信息。

碳标签是鼓励消费者和生产者支持保护环境与气候的一种方法，有利于促进气候友善型产品的扩散。碳标签的实施需要核定生产过程中导致的温室气体排放量，会给厂商带来额外成本，消费者也要因此承担一部分的加价（吴洁、蒋琪，2009）。随着低碳消费逐渐成为时尚，特别是在发达国家，消费者会根据碳标签提供的信息，考虑所消费产品在生产过程排放的温室气体。一些国际标准组织也开始讨论其转化为 ISO 国际标准的可能性。届时，各类消费品都可能需要进行碳足迹的核算并提供碳标签，否则有大幅削弱竞争力的风险。所以，进入发达国家市场的门槛越来越与"低碳"相挂钩。

碳标签使得一些发展中国家的出口可能受到新的障碍。特别是一些落后的发展中国家，依赖发达国家市场出口农产品，可能面临较大的不利局面。以新鲜豌豆为例，如果只考虑耕作环节，肯尼亚和乌干达的每千克豌豆产生的全球增温潜能（global warming potential，GWP），大概分别只有英国本地生产豌豆的 1/10 和 1/2。因为低收入国家一般使用更少的化肥，耕作的机械化程度也要低得多，所以在碳排放方面具有较大的优势（Brenton et al.，2008）。但是如果计算供应链中的全部碳排放，则肯尼亚和乌干达的豌豆的 GWP 是英国本土豌豆 GWP 的三倍以上。而其中航空运输导致增加的排放占到总排放的绝大部分（3/4 以上）。显然，距离发达国家市场较远的国家显然处于不利地位，出口总价值、对出口的依赖程度以及出口产品的结构、供应方式等都会影响碳标签措施下一国的脆弱性程度（Edwards-Jones et al.，2009）。而像肯尼亚这样的非洲低收入国家，很大程度上依赖于通过空运出口农产品，所以面对英国碳标签措施就会较为脆弱。不过目前碳标签才刚刚起步，影响还比较小。但是，为了降低碳标签对贸易的不利影响，发展中国家应该投资可再生能源；建立能源要求低的企业；建立对碳密集型投入依赖较少的企业，开发将运输产生排放最小化的供应链；考虑要素投入的碳足迹等。

此外，低碳经济发展本身涉及各方面的利益，并非只有减少碳排放一个维度，也涉及国家的竞争力和产业的长期发展。虽然中国等发展中国家在一些气候友善型产品上具有比较优势，近年来迅速发展占领国际市场，但是也应有序发展，积极规避贸易壁垒。以用能产品（energy-using products）为例，目前许多发达国家纷纷进行能源效率立法，有将强制性的最低能源绩效标准取代自愿性的行业目标的趋势。中国是机电产品出口大国，而能效标准相对落后于发达国家，国外愈发严格的能源效率要求意味着贸易损失。据中国家电行业协会估算，仅欧盟用能产品指令（欧盟EuPs指令）的实施，就会对中国家用电器行业造成500亿人民币的损失（石坚，2007）。又比如，欧盟曾对中国产的节能灯泡征收五年的高额反倾销税，欧盟委员会于2007年8月29日到期后决定继续延续到一年之后取消，尽管欧盟内部生产的节能灯泡只能满足其1/4的市场需求，有效地使用能源和节能也是欧盟当务之急。据报道，2009年9月，德国光伏企业联合多家组件厂商，游说德国政府和欧盟委员会对中国产太阳能电池板进行反倾销调查。德方称中国财政部"并网光伏发电项目原则上按工程总投资的50%给予补助"是对光伏企业的直接补贴。德国是最早通过光伏发电支持政策的国家之一，但是面对中国厂商的竞争也可能在太阳能发电领域设立贸易壁垒。中国虽然具有生产成本方面的优势，但是面临行业产能过剩的问题，导致过分依靠出口市场，也不利于可持续发展（胡剑龙，2009）。

# 5 结论

在全球化背景下，应对气候变化以及发展低碳的相关行动，使得不同区域或国家之间存在复杂和深刻的互动关系。通过对这一领域国内外主要文献进行梳理，有利于从发展中国家（特别是中国）发展低碳经济的视角深入讨论其中的有关机制。基于前面的讨论和研究成果，我们可以得出以下一些基本结论。

首先，全球化推动中国等发展中国家成为内涵能源的出口国。从应对气候变化的角度看，南北之间的不平等进一步加剧，大量研究证明，大规模转移排放的存在，表明发展中国家处于发展低碳经济的不利地位上。尤其是中国，自近十多年来一直是内涵能源净出口国，进入21世纪后状况进一步恶化。

其次，处于不同发展阶段的国家采取较大差异的气候变化政策，可能会进一步推动"碳锁定"的全球化。发达国家的气候政策会加剧推动碳排放从消费国向生产国进行转移，使发展中国家向低碳之路的转型更加困难。

第三，世界经济向低碳方向发展有助于气候友善型产品及技术的扩散，发展中国家面临低碳发展的机遇。但是发达国家关于气候友善型产品的界定措施（比如碳标签），可能给国际贸易带来新的不利影响，值得发展中国家持续关注。

虽然本文的讨论都是基于南北格局或者国际层面的讨论，但是对于国内一些地区设计与发展低碳城市及低碳经济区，也可能会有一定的启示。处于低碳经济不同发展阶段的地区，比如发达地区和欠发达地区、城市与农村之间，也存在不同的分工和政策差异。考虑这种差异以及其潜在的影响，有利于更好地进行区域协调，共同向低碳经济方向发展。

**致谢**

本文的写作基于 2009 年 10 月 28～30 日在中国北京召开的"环境与发展国际研讨会"的特约背景报告。该国际研讨会由北京大学经济学院等单位主办、北京大学经济与人类发展研究中心和威力雅环境研究所承办，会议主题为"贸易·城市化·环境"。作者对北京大学经济与人类发展研究中心所提供的大力支持，对刘民权教授、俞建拖、季曦和郭红燕等多位专家，特别是《城市和区域规划研究》主编顾朝林教授以及各位编委提出的修改意见，表示衷心感谢。当然，文责自负。

**注释**

① 陈锡康：《投入产出方法》，人民出版社，1983 年。
② 由于数据的限制，该研究从 43 个部门中选取了 37 个发生货物贸易的部门。关于各部门层面的内涵能源出口详细情况，请参看潘家华等（2007）。
③ （美）威廉·E. 鲍莫尔、华莱士·E. 奥茨著，严旭阳等译：《环境经济理论与政策设计》，北京经济科学出版社，2003 年。
④ 需要说明的是：碳泄漏主要指国家之间因政策差异而改变比较优势格局所引致的碳排放源产地的变化。在全球层面，碳泄漏的影响并不存在或忽略不计。如果从消费侧核算，即使国家之间的碳泄漏也几乎可以忽略不计（Pan and Xie, 2009）。
⑤ 目前根据 WTO 规定，各国不允许基于产品生产过程中的能源消耗和温室气体排放，即碳足迹，对进口产品实施"碳标签"制度。目前是一些企业和非政府组织自愿倡导采取"碳标签"措施。碳标签的实施，更多地取决于消费者和生产者的社会道德与责任感。

**参考文献**

[1] Ahmad, N. and A. Wyckoff. 2003. Carbon Dioxide Emissions Embodies in International Trade of Goods. STI Working Papers, No. 15, OECD.

[2] Babiker, M. and H. Jacoby 1999. Developing Country Effects of Kyoto-Type Emission Restriction. In Proceedings of IPCC Expert Meeting on Economic Impact of Mitigation Measures, The Hague, The Netherlands, 27-28 May.

[3] Babiker, M. 2005. Climate Change Policy, Market Structure, and Carbon Leakage. *Journal of International Economics*, Vol. 65, No. 2.

[4] Bang, J. K., Hoff, E. and Peters, G. 2008. EU Consumption, Global Pollution. WWF Report. Available at http://assets.panda.org/downloads/eu_consumption_global_pollution.pdf.

[5] Brenton, P., Edwards-Jones, G. and Jensen, M. F. 2008. Carbon Labelling and Low Income Country Exports: An Issues Paper. MPRA Paper (Munich Personal RePEc Archive).

[6] Copeland, B. R. and M. S. Taylor 1994. North-South Trade and Environment. *Quarterly Journal of Economics*, Vol. 109, No. 3.

[7] Costanza, R. 1980. Embodied Energy and Economic Valuation. *Science*, Vol. 210, No. 4475.

[8] Costanza, R. and Herendeen, R. A. 1984. Embodied Energy and Economic Value in the United States Economy: 1963, 1967 and 1972. *Resources and Energy*, Vol. 6, No. 2.

[9] Edwards-Jones, G. et al. 2009. Vulnerability of Exporting Nations to the Development of a Carbon Label in the United Kingdom. *Environmental Science & Policy*, Vol. 12, No. 4.

[10] Felder, S. and T. F. Rutherford 1993. Unilateral $CO_2$-reductions and Carbon Leakage: The Consequences of International Trade in Oil and Basic Minerals. *Journal of Environmental Economics and Management*, Vol. 25.

[11] Grossman, G. M. and A. B. Krueger 1991. Environmental Impacts of a North America Free Trade Agreement. NBER Working Paper No. 3914.

[12] Hamwey, R. M. 2005. Environmental Goods: Where Do the Dynamic Trade. Opportunities for Developing Countries Lie? Cen2Eco Working Paper. Geneva: Centre for Economic and Ecoloigcal Studies. www.cen2eco.org/C2E-Documents/Cen2eco-EG-DynGains-W.pdf.

[13] Hoel, M. 1991. Global Environmental Problems: The Effects of Unilateral Actions Taken by One Country. *Journal of Environmental Economics and Management*, Vol. 20, No. 1.

[14] Hoel, M. 1994. Efficient Climate Policy in the Presence of Free Riders. *Journal of Environmental Economics and Management*, Vol. 27, No. 3.

[15] ICTSD 2008. Liberalization of Trade in Environmental Goods for Climate Change Mitigation: The Sustainable Development Context. Trade and Climate Change Seminar, June 18-20, Copenhagen, Denmark.

[16] IPCC 2007. *Climate Change 2007: Mitigation of Climate Change*. Cambridge University Press, Cambridge, UK and New York, NY, USA.

[17] Iturregui, P. and M. Dutschke 2005. Liberalisation of Environmental Goods & Services and Climate Change. HWWA Discussion Paper 335.

[18] Jha, V. 2008. Environmental Priorities and Trade Policy for Environmental Goods: A Reality Check. ICTSD Trade and Environment Series Issue Paper No. 7. International Centre for Trade and Sustainable Development, Geneva, Switzerland.

[19] Jiang, K., A. Cosbey and D Murphy 2008. Embedded Carbon in Traded Goods. Trade and Climate Change Seminar, June 18-20, Copenhagen, Denmark.

[20] Lenzen, M. 1998. Primary Energy and Greenhouse Gases Embodied in Australian Final Consumption: An Input-Output Analysis. *Energy Policy*, Vol. 26, No. 6.

[21] Lenzen, M. et al. 2007. Shared Producer and Consumer Responsibility: Theory and Practice. *Ecological Economics*, Vol. 61, No. 1.

[22] Li, H., Zhang, P. D., He, C. Y. et al. 2007. Evaluating the Effects of Embodied Energy in International Trade on Ecological Footprint in China. *Ecological Economics*, Vol. 62, No. 1.

[23] Light, M. K., C. D. Kolstad and T. F. Rutherford 1999. Coal Markets, Carbon Leakage and the Kyoto Protocol. Center for Economic Analysis Working Paper 99-23, University of Colorado at Boulder.

[24] Ludivine, T., R. Teh and V. Kulaçoğlu et al. 2009. Trade and Climate Change. WTO and UNEP Report. Available

at: http://www.wto.org/english/res_e/booksp_e/trade_climate_change_e.pdf.
[25] Manne, A. S. and R. G. Richels 2000. International Carbon Agreements, EIS Trade and Leakage. Paper Presented at Energy Modeling Forum 18, "International Trade Dimensions of Climate Change Policies", February 24-25.
[26] Munksgaard, J. and K. A. Pedersen 2001. $CO_2$ Accounts for Open Economies: Producer or Consumer Responsibility? *Energy Policy*, Vol. 29, No. 4.
[27] Muradian, R., M. O'Connor and J. Martinez-Alier 2002. Embodied Pollution in Trade: Estimating the "Environmental Load Displacement" of Industrialised Countries. *Ecological Economics*, Vol. 41, No. 1.
[28] Nakano, S., A. Okamura, N. Sakurai et al. 2009. The Measurement of $CO_2$ Embodiments in International Trade: Evidence from the Harmonised Input-Output and Bilateral Trade Database. OECD Science, Technology and Industry Working Papers 2009/3, OECD, Directorate for Science, Technology and Industry.
[29] Paltsev, S. 2001. The Kyoto Protocol: Regional and Sectoral Contributions to the Carbon Leakage. *The Energy Journal*, Vol. 22, No 4.
[30] Pan, J. H. and Xie, L. H. 2009. Border Tax Adjustments: For Climate Protection or as a Barrier to Trade. Contemporary International Relations. Vol. 19, Special Issue.
[31] Pan, J. H., J. Phillips and Y. Chen 2008. China's Balance of Emissions Embodied in Trade: Approaches to Measurement and Allocating International Responsibility. *Oxford Review of Economic Policy*, Vol. 24, No. 2.
[32] Peters, G. P. 2008. From Production-Based to Consumption-Based National Emission Inventories. *Ecological Economics*, Vol. 65, No. 1.
[33] Reinaud, J. 2008. Issues behind Competitiveness and Carbon Leakage: Focus on Heavy Industry. IEA Report, Paris.
[34] Reinaud, J. 2009. Trade, Competitiveness and Carbon Leakage: Challenges and Opportunities. Energy, Environment and Development Programme Paper No. 09/01, London: Chatham House.
[35] Roberts, J. T. and B. C. Parks 2007. Fueling Injustice: Globalization, Ecologically Unequal Exchange and Climate Change. *Globalizations*, Vol. 4, No. 2.
[36] Schaeffer, R. and A. L. de Sá 1996. The Embodiment of Carbon Associated with Brazilian Imports and Exports. *Energy Conversion and Management*, Vol. 37, No. 6-8.
[37] Shui, B., Harriss, R. C. 2006. The Role of $CO_2$ Embodiment in US-China Trade. *Energy Policy*, Vol. 34, No. 18.
[38] Suri, V. and D. Chapman 1998. Economic Growth, Trade and Energy: Implications for the Environmental Kuznets Curve. *Ecological Economics*, Vol. 25, No. 2.
[39] Unruh, G. C. and J. Carrillo-Hermosilla 2006. Globalizing Carbon Lock-in. *Energy Policy*, Vol. 34, No. 10.
[40] Wang, T. and J. Watson 2007. Who Owns China's Carbon Emissions? *Tyndall Briefing Note*, No. 23.
[41] Weber, C. L., Peters, G. P. and D. Guan et al. 2008. The Contribution of Chinese Exports to Climate Change. *Energy Policy*, Vol. 36, No. 9.
[42] World Bank 2008. International Trade and Climate Change: Economic, Legal, and Institutional Perspectives. World Bank Publications.

[43] Wyckoff, A. W. and J. M. Roop 1994. The Embodiment of Carbon in Imports of Manufactured Products: Implications for International Agreements on Greenhouse Gas Emissions. *Energy Policy*, Vol. 22, No. 3.
[44] 陈迎、潘家华、谢来辉:"中国外贸进出口商品中的内涵能源及其政策含义",《经济研究》,2008年第7期。
[45] 胡剑龙:"贸易保护再添一例 德国发难中国太阳能光伏产业",《南方日报》,2009年9月19日。
[46] 刘强、庄幸、姜克隽等:"中国出口贸易中的载能量及碳排放量分析",《中国工业经济》,2008年第8期。
[47] 马涛:"中国对外贸易中的生态要素流动"(博士论文),复旦大学,2005年。
[48] 潘家华、陈迎、谢来辉、郑艳:"中国进出口产品中的内涵能源及其政策含义研究",载WWF中国SNAPP项目组:《气候变化国际制度:中国热点议题研究》,中国环境科学出版社,2007年。
[49] 齐晔、李惠民、徐明:"中国进出口贸易中的隐含碳估算",《中国人口·资源与环境》,2008年第3期。
[50] 石坚:"欧盟EuPs指令对我国用能产品制造企业的影响与对策",《中国国门时报》,2007年8月1日。
[51] 吴洁、蒋琪:"国际贸易中的碳标签",《国际经济合作》,2009年第7期。
[52] 谢来辉:"碳锁定、解锁与低碳经济之路",《开放导报》,2009年第5期。
[53] 谢来辉、陈迎:"碳泄漏问题评析",《气候变化研究进展》,2007年第4期。
[54] 徐玉高、吴宗鑫:"国际间碳转移:国际贸易和国际投资",《世界环境》,1998年第1期。
[55] 周志田、杨多贵:"虚拟能——解析中国能源消费超常规增长的新视角",《地球科学进展》,2006年第3期。
[56] 庄贵阳:《低碳经济:气候变化背景下中国的发展之路》,气象出版社,2007年。

# 21 世纪的城市地理学：一个研究议程

麦克·帕西诺

李志刚 李楚婷 蔡萌 伦锦发 林婕 黄馨琳 译校

Urban Geography in the Twenty-First Century: A Research Agenda

Michal PACIONE
(Department of Geography, University of Strathclyde, Glasgow, UK)

**Abstract**  The contemporary world is an urban world, in which the primary goal of the urban geographer is to understand and explain the complexity of urban environments across the globe. The difficulty of attaining this objective is compounded by the diversity and dynamism of the subject matter of urban geography. The principal objective of this paper is to identify some of the main approaches to research in urban geography and explore current key research themes in order to provide signposts for future research. The paper is organized into two main parts. In the first I explain the scope of urban geography and employ theoretical and conceptual perspectives to clarify the diverse approaches and themes in urban geography. In the second part, I identify key research areas from the perspectives of urban geography as study of "systems of cities" and "cities as systems". The former includes illustration of research on

**摘 要** 当今世界是一个城市世界，而城市地理学者的首要目标是理解和解释遍及全球的城市环境之复杂性。不过，这一目标的实现因城市地理学学科对象的多样性和动态性而困难重重。本文的首要目标是确定城市地理学的主要研究方法并探讨当前的关键研究议题，以此为未来研究指明方向。本文分为两大部分：第一部分阐释了城市地理学的研究范畴，并从理论和概念角度阐明了城市地理学的各种方法和主题；第二部分从城市地理学角度把其研究领域划分为"城市体系"和"作为体系的城市"两类。前者包含对世界城市、跨国城市体系以及对各种城市化区域的研究；后者包含对城市经济、人类健康、生活质量以及城市可持续发展等的研究。结论认为，在新的世纪中，依其折中视角、综合能力以及坚实的研究积累，城市地理学必将为更好地理解城市环境作出重大贡献。

**关键词**  城市地理学；研究议程；21 世纪

**作者简介**
麦克·帕西诺，英国斯特莱斯克莱德大学地理学院。
李志刚、李楚婷、蔡萌、伦锦发、林婕、黄馨琳，中山大学城市与区域研究中心。

当今世界是一个城市世界。今天，城市居民的规模有史以来首次超过农村。我们居住在一个城市世界，城市地区及其影响力的扩张已成为一种全球现象。照此趋势发展，2025 年 65％的世界人口将居住在城市。城市人口和城市数量的增长是城市地理学的"原材料"，而城市地理学的主要目标是理解当今世界城市变化的进程与模式。

world cities, transnational urban systems, and different types of urbanized regions. The latter incorporates exploration of research into the urban economy, human wellbeing and quality of life, and sustainable urban development. It is concluded that urban geography with its eclectic perspective, synthesizing power, and solid research base is well positioned to make a significant contribution to understanding the complex geographies of urban environments in the twenty-first century.

**Keywords**　urban geography; research agenda; twenty-first century

# 1　城市地理学研究

城市变化具有差异性和复杂性，这也体现在作为当今世界特征的城市环境的多样性中。城市地理学者的任务是理解和解释全球城市环境的复杂性。更具体地讲，城市地理家关注于辨别和解释城镇与城市的分布，以及探讨它们之间或各城市内部社会空间的相似性与差异性。城市地理学有两种基本研究方法：第一种是城镇的空间分布及其相互关系，即城市体系的研究；第二种指城市的内部结构，即作为一个体系的城市研究。从本质上讲，城市地理学可定义为对"位于城市体系中的成体系的城市"的研究（Berry, 1964）。

图1指出了城市地理学研究范畴及其与地理学各分支之间的学科联系。这张关系图也表明了城市地理学综合不同视角以理解城市现象的巨大能力。这一分析城市的折中法超越地理学本身，跨越传统学科界限以获取发现和知识。地理学的综合力和整合力是城市地理学视角的一大优势。

# 2　城市地理学的学科对象

过去半个世纪以来，城市地理学一直朝向地理学中心位置稳步发展。正如赫伯特和约翰斯顿（Herbert and Johnston, 1978）所述，"尽管在1950年代早期，城市地理学作为一门独立课程出现在一个讲英语的大学会显得相当特殊，但如今如果（一所大学）缺少这样一门课程，则也显得极为特殊。确实，在很多大学里，学生们会选择一系列关于城市环境的课程"。

城市地理学是一门动态的学科，它涵盖了过去的观点和方法、当今思想以及不断涌现的新议题。"它可以和一座有着不同时代特征和活力的城市类比。一些建于一个世纪之前的地区，有时需要修复，同时也有一些地区曾经很时尚但现在不那么时尚了，还有一些地区正在恢复原貌。也有其他地区近来迅速扩张,一些修缮良好,一些相当花哨"(Haggett,1994)。1970 年代晚期以来,城市地理学的范围迅速扩张。一些评论者认为,不断增加的多样性是衰落的源头,最终会导致瓦解。另一些人(包括笔者)则认为,视角的拓展将增强城市地理学在城市研究中的核心地位。

表1显示了城市地理学的核心议题的发展与变化。可以看到,在过去的一个世纪里,不同主题在"城市体系"和"作为体系的城市"研究中不断涌现。许多早期主题如中心地理论和城市景观分析,虽已少有实践者,但依然引人注目。城市和区域规划、权力和政治、经济重构以及贫困与剥夺等主题,则仍是研究者的主要努力方向;而另外一些主题如城市空间的社会建构、社会正义、城市宜居和城市可持续发展等,则新近占据重要位置。在过去 20 年里,全球化讨论尤为突出,地理学研究的主题开始涉及全球城市体系、世界城市和巨型城市以及全球化对城市的地方影响等。我们可以继续通过"分析层次"(levels of analysis)这一概念来对城市地理研究的多样化展开分析。

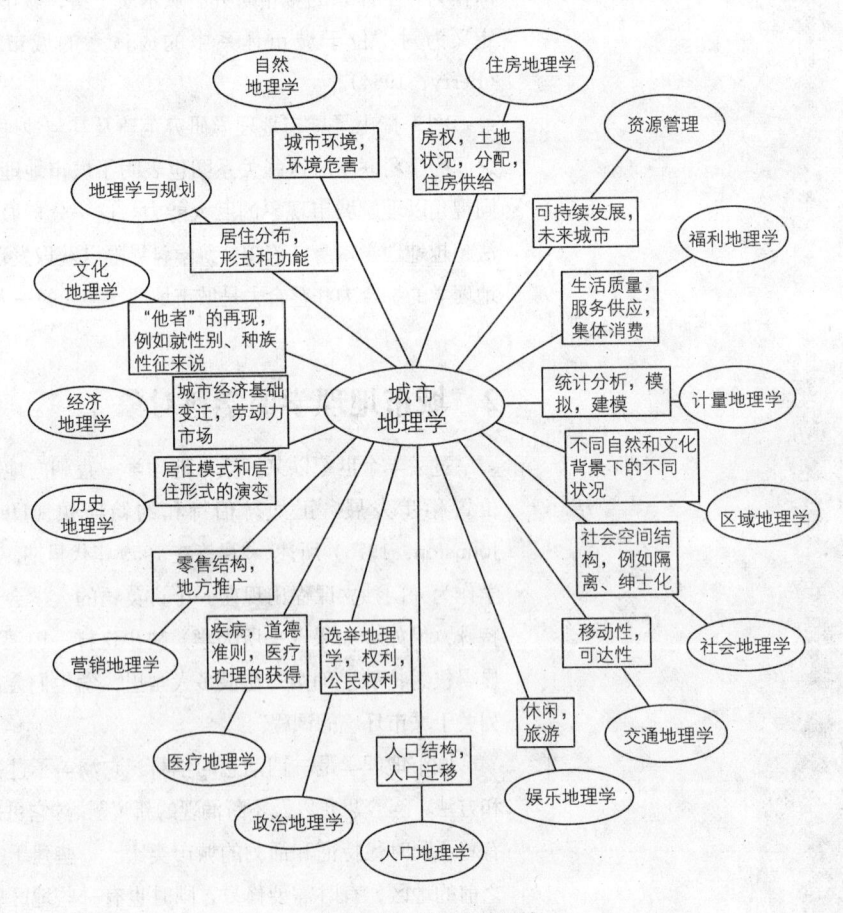

图 1　城市地理学的领域

表1 城市地理学研究范围的扩展

| | 城市体系 | 作为体系的城市 |
|---|---|---|
| 1900 | 城市的起源和发展 | 移居地的地点与情况 |
| | 移居地的区域模式 | 城市形态 |
| | | 城市景观分析 |
| | | 城市生态 |
| | 中心地理论，居住地分类 | 社会领域的分析 |
| | | 生态学因子 |
| | | 中心商业区的定界 |
| | 人口流动、移民决策、郊区化 | 居民流动性 |
| | | 零售业与消费者行为 |
| | | 城市意象 |
| | 城市与区域规划 | 权利与政治 |
| | | 地区公平 |
| | | 服务获取的可达性 |
| | 城市在全国政治经济中的角色 | 城市的结构性问题 |
| | 边缘城市、逆城市化 | 经济转型 |
| | | 贫困与匮乏 |
| | | 城市内城问题 |
| | 第三世界的乡村—城市移民问题 | 住房市场与绅士化 |
| | | 城市房地产市场 |
| | | 交通与运输问题 |
| | | 城市自然环境 |
| | | 第三世界城市的住房、健康与经济 |
| | 社会与文化的全球化、全球经济、全球城市体系、世界城市与全球城市、巨型城市 | 全球化对城市的影响 |
| | | 城市空间的社会建构 |
| | | 城市的多元文化 |
| | | 社会公平 |
| | | 城市宜居性 |
| | | 可持续城市 |
| 2000 | 技术极（科技极） | 未来城市形态 |

## 3 城市地理学的分析层次

城市地理学者在不同的空间范围或"分析层次"上开展研究。虽然城市发展的因素和进程并不局限于全球—地方范围的任何单独层面，"分析层次"的概念提供了一种有用的组织框架，大大简化了现实世界的复杂性，可以阐明不同空间尺度的城市地理学的一些重要问题。我们可以识别五个主要分析层次。每一分析层次具有不同的研究主题。

(1) 邻里

邻里指紧靠住所的范围，它通常在房屋类型、种族或社会文化价值观等方面具有均质性。邻里可以为形成利益共享、实现社区团结提供温床，或提供所谓的"地方感"(sense of place)。在这一层次上，城市地理学者研究的相关问题包括地方经济的下滑或复苏、居住分异、服务供给以及作为城市空间政治组成的邻里组织等。

(2) 城市

城市是经济生产和消费、社会网络与文化活动以及政府管理机构的核心场域。城市地理学者研究一个城市在地区、全国和国际经济中的地位，分析城市的社会空间结构如何受其地位的影响（如作为金融中心或制造基地）。城市权力分配的研究主要集中在正规组织的行为与偏向，或是公共或私人借以影响政府决策的非正规行为。城市中"获利"或"失利"集团的不同社会空间分布也是城市地理学研究的一大领域。

(3) 区域

城市影响力向周边农村地区扩散，特别是城市空间的扩展使城市地理学引入了诸如城市群（urban region）、大都市（metropolis）、大城市群（metroplex）、集合城市（conurbation）以及特大城市（megalopolis）的概念。适合这一层次的研究议题包括城市的生态足迹、城市边缘土地的利用冲突、增长管理战略以及大都市区管治等。

(4) 国家城市体系

城市受到国家发展战略的影响。英国（玛格丽特·撒切尔和约翰·梅杰时代）和美国（罗纳德·里根和乔治·布什时代）接二连三的新右派政府延续重点发展市场经济的宏观政策，忽视该政策对部分城市地区经济增长与下滑的影响。鼓励城市吸引内向投资，鼓励城市竞争。国家政策导向、奖励竞争的激励机制、对地方政府的财政支持或干预，对城市决策和管理均有直接影响。为了充分理解城市演化的进程与模式，城市地理学者需要理解和把握国家政策，分析其对于一国城市间或城市内的地理影响。

(5) 世界城市体系

世界城市体系的概念反映了在全球政治经济中日益增长的国家和城市的相互依赖。在这一级别的城市体系中，作为政治和经济控制中心地位，"世界城市"扮演了颇为独特的角色。这一地位表现为先进的服务业，如教育、研发、银行和保险、会计、法律服务以及广告和房地产服务等方面的聚集。着眼于"世界城市"的观点，城市地理学者可以对很多之前在城市和区域界限之内被仓促界定的城市问题重新解释。一个生动的例子是，一个总部位于纽约的日资跨国公司的经理所做的决策可以导致利物浦或拉各斯①地区的工人失业。

虽然"分析层次"的概念是一种有用的组织工具，但在研究当代城市时，城市地理学家必须意识到全球和地方在城市环境的生产与再生产中的联系。这一观点在全球化进程中相当必要，它强调了不同"分析层次"的密切联系。特别地，一定不要把全球化和本土化当成对立面，它们是同一硬币的两面而已。全球化进程要求城市地理学家采用多层次的视角来寻求对城市的解释。

城市地理学的内容或是其学科对象同样也受到处于主导地位的理论视角的影响。

## 4 不断演进的理论观点

表2 城市地理学中不同理论视角的分析价值：以城市居住结构为例

| 理论观点 | 释义 |
| --- | --- |
| 环境保护论 | 虽然现在环境决定论已经不能让人信服，在危险地区的建设问题以及建筑设计对社会行为的作用中，仍然可以看到环境因素的影响 |
| 实证主义 | 运用客观的社会、经济与人口数据的统计分析，来揭示城市中具有相似居住特征的区域 |
| 行为主义 | 通过检验不同社会群体的迁移动机与策略，论述人们搬迁的关键问题 |
| 人本主义 | 解释了个人与社会群体与他们的感知环境的相互影响如何不同，体现在一个城市或住宅区内公共与私人空间的用途差异上 |
| 管理主义 | 阐明了专业人士与官僚管理资源获取渠道的能力如何影响城市居住结构，例如社会住房或抵押贷款融资的资源 |
| 结构主义 | 探讨了政治与经济角色（如金融机构、房地产投机者和地产代理）通过他们在城市土地与房市的活动影响城市居住结构的各种方式 |
| 后现代主义 | 通过关注各种人群如少数民族、同性恋、老年人、残疾人和贫困者的不同的生活方式与居住经历，探索不同社会群体在城市混居区中的位置 |
| 跨国主义 | 强调世界各地文化与居住环境间的相互关系是全球化的一种结果，以第三世界乡村与西方城市少数族裔社区的联系为例 |
| 后殖民主义 | 点明了殖民时代对当代前殖民城市和国家城市环境的影响，例如西方规划准则对第三世界城市发展模式的持续性影响 |
| 道德哲学 | 批判性地评价了无家可归者以及贫民窟和棚户区这些议题的伦理基础 |

表2以城市居住结构为例，说明了城市地理学中的不同理论视角。认识论从实证主义到结构主义，再到后现代主义，近来又朝着诸如道德论哲学等的一系列转型，确定了城市地理学中关键的研究主题和

话题。这里因篇幅所限无法全面探讨理论转型对城市地理学发展的影响（参考 Pacione，2009）。但一个反映地理学中"文化转向"的关键变化是从"经济"视角到"社会—文化"视角的转变。这一从政治经济朝着后现代主义方法的转变强调了从不同个体和群体的多重角度研究城市现象的必要性。新兴的研究主题包括地理环境对不同人群的不同含义，以及以阶级、婚姻状况（Watson，1988）、性别（Wotherspoon，1991）、种族（Peach，1996）、年龄（Warnes，1994）和伤残（Imrie，1996）等所定义的少数群体所处的"排斥的空间"。

基于道德哲学或伦理学（表2）的研究方法反映了城市地理学中一种新视角。这种方法寻求用批判的眼光去检验社会的道德基础。伦理视角的重点是集中于该怎么样而非是什么的标准判断（Harvey，1996；Pacione，1999a）。这涉及对于与标准状况（通常由伦理原则定义）相对的实际状态的批判性评价。在城市地理学中，研究者经常面对道德议题，包含诸如社会福利服务的分配在什么程度上公平、就业机会和城市中不同群体享有住房的问题、对城市内贫困的解释（涉及人口个人缺陷的相对重要性或是结构化力量对行为的制约），以及现有城市状况的社会接受度等，例如，空气污染或者婴儿死亡率水平是否存在一个可以接受的水平？

城市地理学者从多个哲学视角从事城市研究。虽然各视角对于城市地理学的意义已随时间而改变，但那些主要方法没有一个是被完全抛弃的，各类视角之下的研究将在城市地理学范畴下继续进行。

# 5 纯粹研究与应用研究之争

到目前为止，通过"城市体系"与"作为体系的城市"的划分、通过"层次分析"以及不同理论视角，我们已经识别了几种组织城市地理学的"学科对象"的方法。而另一影响城市地理学者研究的差异是"纯粹"和"应用"研究的区分。

根据帕姆和布雷泽尔（Palm and Brazel，1992）的观点，任何学科的应用性研究均可视为基础研究或纯粹研究的对立面。在地理学中，基础研究旨在发展新的理论和方法，帮助解释自然或人类环境空间组织演变的整个过程。与之相对的是，应用性研究利用现有的地理学的理论或技术手段来理解和解决具体的实际问题。

这样的区分大体适合，但它过于依赖纯粹地理学与应用地理学的二分法，它们实际也是一枚硬币的两面。事实上，两者之间存在辩证关系。正如弗雷泽（Frazier，1982）所指出的，应用地理学运用了纯粹地理学的原则和方法，但区别在于，应用地理学分析和评估真实世界的行动与规划、探索开发和利用环境与真实空间。在这个过程中，应用地理学通过揭示新的联系而对一般地理学作出贡献，并将之推向应用。

显然，理论和实践是缺一不可的。应用性研究为最终运用理论和方法提供现实的平台，有助于研究人员找到解决现实世界问题的方法。理论提供了分析问题所包含的根本性联系的框架。在城市地理学中，社会理论提供了一个规范的标准，以防止根据既有道德准则来判断当前或未来社会状况（也许会造成诸如保证最低工资和基本生活水准是否应该成为发达资本主义社会的合法权利的问题）。

在纯理论和应用性研究方面强调错误性的二元划分毫无益处（类似的讨论请参考 Pacione, 1999b）。一个更有用的区分在于，划分每个研究阶段的研究人员参与的不同层次，特别是应用地理学家在"下游"或分析的后期的密切参与（图2）。

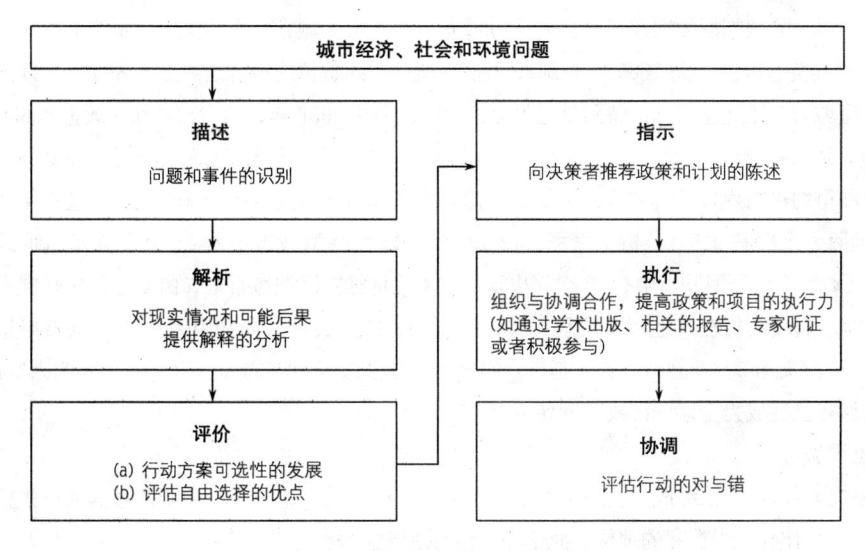

```
                    城市经济、社会和环境问题
                              │
              ┌───────────────┴───────────────┐
              ▼                               ▼
          ┌───────┐                       ┌───────┐
          │ 描述  │                       │ 指示  │
          │问题和事件的识别│              │向决策者推荐政策和计划的陈述│
          └───┬───┘                       └───┬───┘
              ▼                               ▼
          ┌───────┐                       ┌───────┐
          │ 解析  │                       │ 执行  │
          │对现实情况和可能后果│          │组织与协调合作，提高政策和项目的执行力│
          │提供解释的分析│                │（如通过学术出版、相关的报告、专家听证│
          └───┬───┘                       │或者积极参与）│
              ▼                           └───┬───┘
          ┌───────┐                           ▼
          │ 评价  │                       ┌───────┐
          │(a) 行动方案可选性的发展│       │ 协调  │
          │(b) 评估自由选择的优点│         │评估行动的对与错│
          └───────┘                       └───────┘
```

图2　应用性城市地理学的协议

除了分析应用结果和监测实施策略的效能，应用性研究人员相比纯理论研究人员对调查有更大的兴趣。研究者参与执行阶段的形式包括学术刊物发表或专题报告（这是大部分的大学应用性研究的地理学者都喜欢走的路，尽管不是惟一形式）乃至积极参与实践工作（应用性研究的地理学者常常被聘请到大学之外任职）。这些岗位代表了不同程度的参与，包括参与公共咨询的专家、通过媒体宣传学术研究成果、实地参与如景观保护项目以及监督政府和私营部门机构战略政策的实施效能等。

应用性城市地理学的理性基础近似于"关联性"（relevance）或"社会效用"（social usefulness）哲学，它把关注点放在了地理学的知识和技能的运用上，以此解决现实世界的社会、经济和环境问题。

## 6 城市地理学的关键研究领域

讨论至此，我们可确定当代城市地理学的关键研究领域。

## 6.1 "城市体系"研究

世界人口迅速增长的同时，大多数国家的城市也在迅猛发展。全球城市格局最显著的特点之一，是在大城市生活的人口的密集程度，这些大城市主导着全球城市和经济制度。在城市居住人口稳定增长的背景下，大都市区的增长和扩展最为迅速。

同时，最大的城市群依旧在发展壮大，1990年世界上最大城市的平均人口数量为500多万，与此相比，1950年为210万，而1800年不到20万。巨型城市的数目（联合国界定有800万及以上居民的城市为巨型城市）正迅速增加，特别是在欠发达地区。而在1950年，只有纽约和伦敦拥有800万或以上的人口，到1970年，11个城市已成为巨型城市。3个位于拉丁美洲和加勒比地区（圣保罗、布宜诺斯艾利斯和里约热内卢），2个在北美（纽约和洛杉矶），2个在欧洲（伦敦和巴黎），还有4个在亚洲（东京、大阪、上海和北京）。相比之下，在1994年22个巨型城市中有16个在欠发达地区。而到2015年，预计33个巨型城市中有27个将出现在欠发达地区。巨型城市增长由发达地区转向不发达地区的这一地理转变同样在其他尺度表现明显，如亚洲、拉丁美洲和非洲百万人口大城市与超级城市（metacities，定义为2 000万人口的大都市）的分布。许多超级城市的人口比一些国家的人口还要多。部分超大城市已经成为全球城市或"世界城市"。

### 6.1.1 世界城市

一些"世界城市"已经成为全球资本主要的指挥和控制点。这些中心并非依赖其人口规模（如巨型城市），亦或作为大国首都的地位，而是靠它们的经济实力。

霍尔（Hall，1966）早期曾试图给世界城市下定义，其定义依据这样一个前提，"在这些伟大城市中，世界上最重要的商业占有一定量的份额"。对霍尔而言，这些城市的特征是它们拥有作为政治权力中心的功能及其在国内国际机构中的席位，其主要业务是与政府，包括专业团体、贸易联盟、工会和公司总部打交道。它们还拥有大港口和主要机场枢纽，主要的银行、金融、文化中心。在此基础上，霍尔认为伦敦、巴黎、兰斯塔德地区、莱茵鲁尔区、莫斯科、纽约和东京是世界城市。在此期间，这个概念的含义和世界城市的名单也被不断修订。布罗代尔（Braudel，1985）使用术语"世界城市"来指代特定的世界经济中心，罗斯和特拉赫特（Ross and Trachte，1983）把世界城市看做是"世界范围资源配置体制的高地之所在"。而对费金（Feagin，1985）而言，这样的城市是"把资本主义经济制度紧拧在一起的工具"。这些定义均明显以经济视角为基础。世界城市被视为是全球商业、金融、贸易和政府组织发生和发源的地方。世界城市的另一个特色是世界大同的独特社会和文化，以及日益增长的经济和社会极化（Beck，2004）。

弗里德曼（Friedmann，1986）将"世界城市等级"定义为30个中心，每个都依据其作为主要的金融、制造业和运输业中心的地位、作为跨国公司总部的所在地、国际机构的数量、金融服务业的增长比例、人口规模来确定。思里夫特（Thrift，1989）发现了世界城市的三个主要层次。

（1）真正的世界中心。其中有许多公司总部、大公司和银行的分支机构及区域总部，负责大部分的国际贸易——纽约、伦敦、东京。

（2）分区中心。有各类公司办事处，扮演着与国际商业体系联系的重要环节，如巴黎和洛杉矶。

（3）区域中心。有很多公司的办公室和外国金融网点，但不是国际商业体系中的必要的联系，如悉尼和芝加哥。

比弗斯多葛等人（Beaverstock et al., 2000）制作了一本世界 55 个主要城市的名册（表 3）。尽管在对"世界城市"的具体描述上有所不同，大多数的分析家都一致认为伦敦、纽约和东京是全球经济的指挥中心。

表 3 世界城市名册

| 第一级 | 第二级 | 第三级 | |
|---|---|---|---|
| 伦敦 | 旧金山 | 阿姆斯特丹 | 吉隆坡 |
| 纽约 | 悉尼 | 波士顿 | 马尼拉 |
| 东京 | 多伦多 | 加拉加斯 | 大阪 |
| 巴黎 | 苏黎世 | 达拉斯 | 布拉格 |
| 芝加哥 | 布鲁塞尔 | 杜塞尔多夫 | 圣地亚哥 |
| 法兰克福 | 马德里 | 日内瓦 | 台北 |
| 香港 | 墨西哥城 | 休斯敦 | 华盛顿 |
| 洛杉矶 | 圣保罗 | 雅加达 | 曼谷 |
| 米兰 | 莫斯科 | 约翰内斯堡 | 北京 |
| 新加坡 | 首尔 | 墨尔本 | 罗马 |
| | | 亚特兰大 | 斯德哥尔摩 |
| | | 巴塞罗那 | 华沙 |
| | | 柏林 | 迈阿密 |
| | | 布宜诺斯艾利斯 | 明尼阿波利斯 |
| | | 布达佩斯 | 蒙特利尔 |
| | | 哥本哈根 | 慕尼黑 |
| | | 汉堡 | 上海 |
| | | 伊斯坦布尔 | |

## 6.1.2 跨国城市体系

世界城市等级的概念把关注重点放在全球城市舞台上的个体城市之间的联系。跨国城市联系的典型例子有：①跨国网络的分支机构和子公司，典型如主要制造业公司和生产服务供应商；②全球金融市场的去管制和先进电子信息技术的到来，贸易商无论身处何地都可以进行"实时"经营；③城市政府所提倡的各类并没有那么直接的经济联系正不断发展壮大（如结对城市或姊妹城市），形成一种因城市发展而生，并为城市发展服务的"外交政策"。

对城市研究的学者而言，关键问题是，世界城市形成的庞大联系网是否正塑造新的跨国城市系统。一方面，如果认为全球城市在互相竞争全球业务，那么它们无法形成跨国城市体系。另一方面，如果我们承认除了竞争，世界城市还是跨国多地域生产的所在地，就有可能存在整合这些城市的"系统机制"。这在全球金融体系中表现明显，三个主要的世界城市纽约、东京和伦敦在一系列的融资"生产链条"中扮演着不同的角色。例如，在1980年代中期，东京是以资金作为原料的主要出口国，而纽约通过了一系列新的金融工具的发明（如欧洲货币债券和利率期货）而成为领先的加工中心，金钱成为获取最大投资回报的产品。另外，伦敦成为集中世界各地较小的金融市场分散资金的广阔国际市场的主要市场。萨森（Sassen，1981）认为，这些城市不是简单地为了业务而相互竞争，而是代表了以三个截然不同的地点为基础的城市经济体系。类似的"合作集群"的城市系统也在区域尺度出现，例如香港—珠江三角洲地区，以及新加坡—柔佛—廖内（SIJORA）三角区。

这样一个由跨国商业及金融中心组成的跨国城市体系的存在可能，也引起了对于世界城市与其所在国家城市体系之间关系的讨论。尽管城市植根于所在区域经济，部分在全球经济居于战略地位的地区趋于从本地区域中脱离出来。这可能导致融入与无法融入全球城市体系的城市之间的不平等日益加深，后者甚至可能会愈来愈被边缘化。

### 6.1.3 巨型城市区域

城市化规模日益扩大，城市的增长和国家城市体系的发展已形成不同的城市化区域。单中心城市发展与多中心城市的差别正日益深化，前者（如城市地区）有一个单一的支配中心，后者则由交通和通信联系网络连接成具有互补作用的区域系统（如都市连绵带）。

单一中心城市形态的典型是城市群（city-region）（Hall，2009）。这是一个地区的主要就业中心，它主要作为周边地区的高级服务中心。城市群是对人口密度不高的地区、人口不超过100万的单中心城市地区的适当描述，乃至城市化水平最高的国家也存在此类情况。

相比之下，大都市连绵区通常呈多核形态，但因内部本身有足够的独特性，每个组成城市自有城市主权。都市连绵区最早在六个区域出现：美国东北地区是这一空间形态的典型，从芝加哥到底特律延伸的五大湖地区，以东京—横滨为中心的日本北海道地区扩大到包括大阪—神户的西部地区，从伦敦到默西赛德郡的英格兰中心带，集中在阿姆斯特丹—巴黎—鲁尔的西北欧城市群及上海周边地区（Gottmann，1961）。之后，美国有26个地区呈现出都市连绵区的形态（图3），而类似的趋势在巴西（在里约热内卢和圣保罗间）、中国（Yeh，2001）和欧洲（Dieleman and Faludi，1998）（图4）均极为明显。

许多城市如东京、雅加达和曼谷爆炸式增长，意味着人口增长向外超出了市区边界，这一趋势在政府划定新的规划区时常被提及（如曼谷周边的城市区从中心向外延伸100 km左右）。亚洲是许多跨越现有（或原有）国界城市集聚区的所在地。例如，香港是香港—珠江三角洲地区的中心，大部分的香港制造业生产已搬迁到广东南部，那里大约有300万工人受雇于港资企业和工厂。与此同时，在这一新的跨国[②]多中心大都市区内，香港成为为制造业服务的生产性服务业的中心（Tao and Wong，2002）。许多亚洲国家的巨型城市不断扩大，以致成为功能上紧密联系的"城市体系"，以网络形式将大片高度城市化的地区与和农村地区联系起来。

虽然巨型城市群可以用来泛指这些城市集聚现象，实际我们可以找出四种类型：

(1) 以巨型城市为中心向外扩展的大都市区。如曼谷、马尼拉和雅加达，是由一个城市核心主导，向附近居住区扩散包围发展。

(2) 向外扩展的大城市区。如上海—南京—杭州—苏州地区和京津塘地区，无数城市节点形成一个区域网络。

(3) 多核大城市区。没有一个城市区主导，但是有许多高度城市化的定居点形成城市体系。如由广州、深圳、香港、澳门和珠海组成的珠江三角洲地区。

(4) 真正的大都市连绵区，如东京—名古屋—大阪的新干线沿线地带，几个巨型城市不断扩张，成为一个高度城市化的地区。

一般而言，亚洲巨型城市的行政管理、政治状况是采取分散管治的形式，缺乏统一或协调的治理结构 (Laquian, 2005)。因此，亚洲巨型城市的挑战是，优化管理使城市区可以保持经济活力、满足

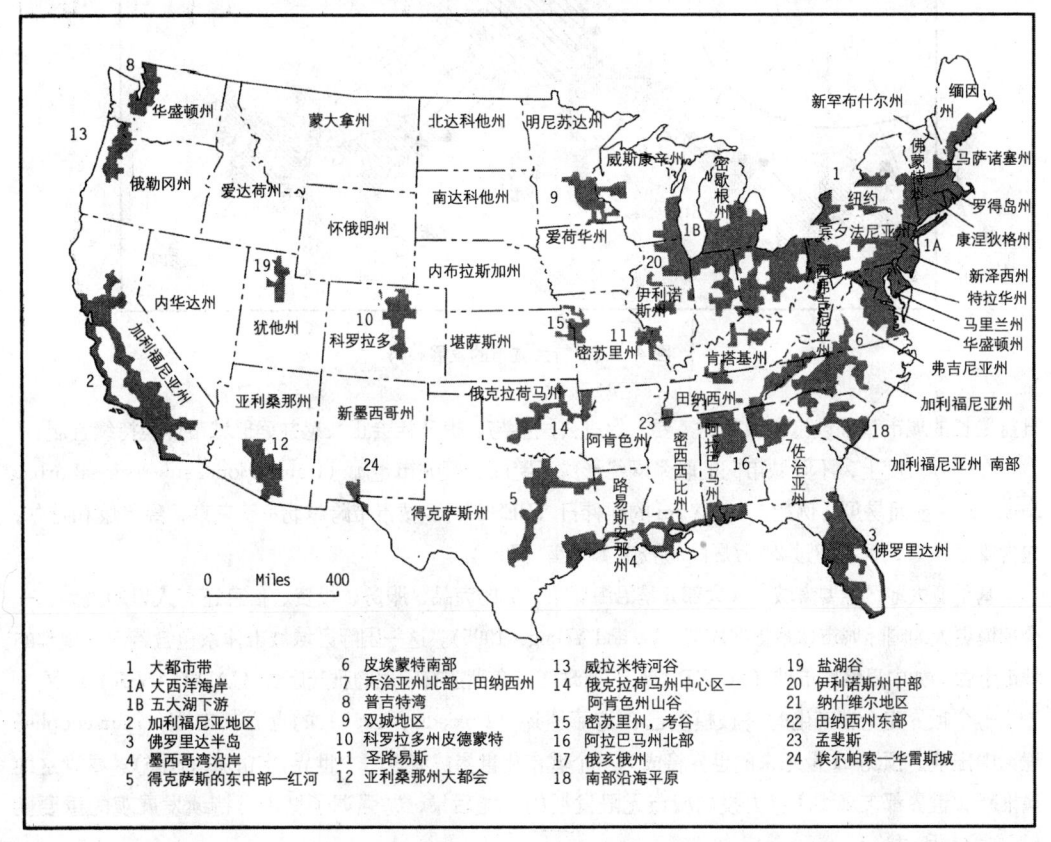

图 3　美国的特大城市

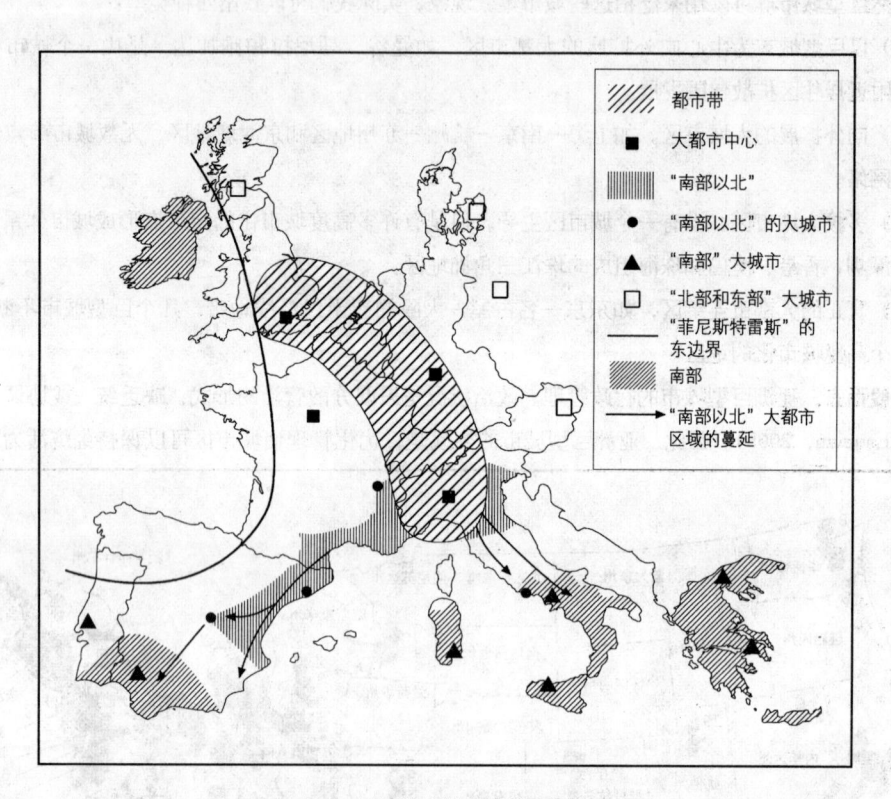

图4　西欧特大城市的发展趋势

日益增长的城市基础设施和服务的需要、促进公民参与、提升社会正义感并确保城市环境持续宜居。

在国际尺度上，不同城市间的联系网络形成了跨国分区城市走廊（transnational sub-regional urban corridor）。显而易见，例如，1 500 km 的中韩日（BESETO）城市带跨越北京至东京，经平壤和首尔，包含1亿人口，拥有超过20万居民的城市112座（图5）。

基于亚太地区主要大城市（大部分是沿海城市）间的商品、服务、投资、信息还有人口的流动，一个规模更大的国际城市体系正在成型（Lo and Yeung, 1995）。这一国际区域城市体系包含若干小规模的城市走廊，如中日韩城市带（BESETO地区）、珠江三角洲还有印尼的雅茂唐勿（JABOTABEK）地区。

一个世界完全城市化的终极模型已在道萨迪斯（Doxiadis, 1968）的世界都市观（ecumenoplis）理论中出现，预测21世纪末的世界将成为一个城市化世界或者说一个世界/宇宙城（图6）。尽管这纯属推断，世界都市观将注意力投向城市无限发展的可能后果，并强调了城市可持续发展观的重要性（下文将有所讨论）。

### 6.1.4　城市转型与全球—地方联系

作为对于城市间关系研究的补充，城市地理学者们对城市内部组织进行了大量研究。当然，我们

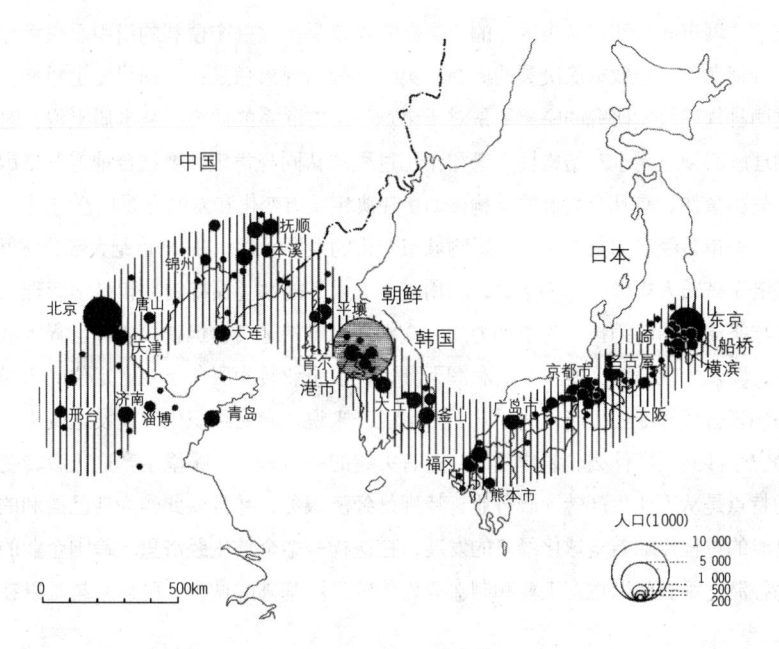

图 5  BESETO 城市带

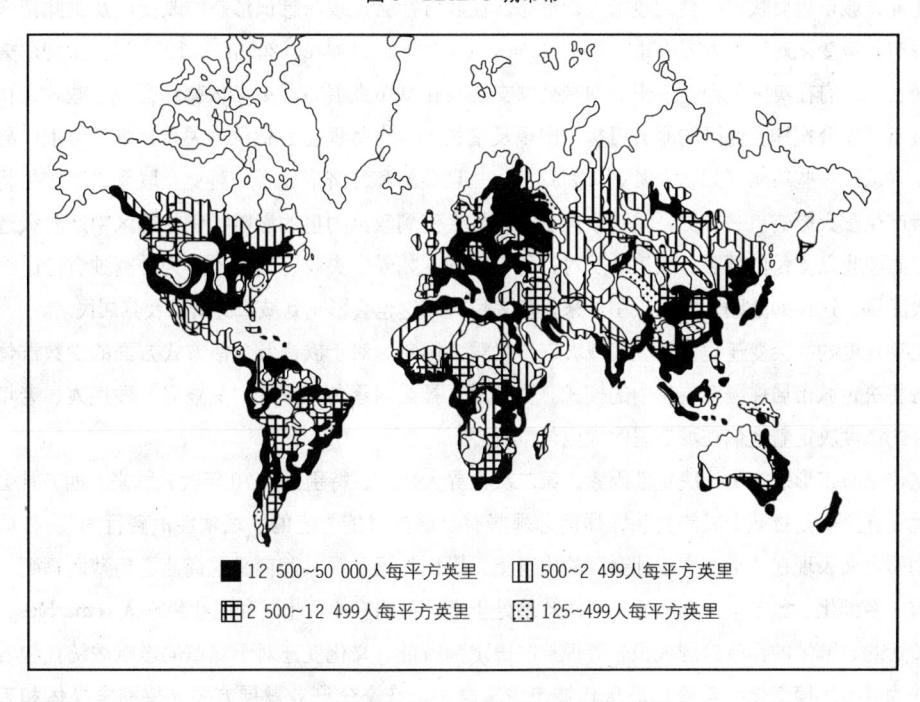

图 6  世界都市观：21世纪末的城市化世界

必须明白，关于"城市间"和"城市内"的分类研究仅仅是提供一个便利的组织手段而已。从一种视角转换到另一种视角不会导致彻底决裂的局面，实际进程与现象总是在不同尺度上重叠。而联系城市间和城市内这两种规模尺度研究的桥梁则是对于全球—地方联系的研究。从本质上说，对于当今城市经济和社会的理解必须立足于对结构性力量和作用过程的认同与肯定，要结合地方背景因素，它们为地方地理提供先决条件。有几个关键的结构性力量在决定城市变化和发展方面起着作用。

在资本主义城市，经济力量被认为是影响城市变化的主导因素。在20世纪大部分时间里，有组织的资本主义经济系统以大规模生产为基础，利用流水线生产技术（福特制）和科学管理（泰勒制）以及依靠以高薪与挤压式的营销技巧为推动力的大众消费来维持运转。但在第二次世界大战后，由于公众市场的饱和，以及大规模生产所带来的利润下降，许多企业转为服务于专业定位的市场，这就要求以柔性生产系统来替代标准化生产模式。对于城市经济来说，向无组织化的或发达资本主义的转型意义重大，因为它牵涉到生产什么、怎样生产、还有关键的一点——在哪里生产这三者转变的问题。先进资本主义的特点是从工业生产转向服务业，特别是经济服务，并且以此作为自己盈利的基础。向发达资本主义过渡的过程伴随着全球化经济的发展，在这样一个全球化经济里，跨国企业的经营往往超越各国政府的控制之手。而以重型工业和制造业为传统经济基础的城市，已越来越难以在新的全球经济中获得成功。

此外，城市也反映出社会的政治意识形态。在西方社会，政治意识形态的改变以及由此带来的经济和城市政策变化对城市发展有重大影响（Pacione，1990a、1997a、2003a）。1979年，撒切尔夫人领导的新右派政府在英国上台，提出要削减公共支出并在城市发展方面更多依赖私营。这些政策体现在包括城市开发公司和企业区的服务机构的出现及增长上，也体现在公私伙伴关系计划、房地产导向的城市复兴以及一些策略（如私人融资计划）上。一旦政治和经济形成了一种交互联系，其结果将对城市发展产生重大影响。一方面，城市政策制定可能会受到政治力量的影响，例如郊区中产阶级选举人对于提高税收以支付内城服务政策的反对；另一方面，如果中央政府决定不再为外商独资跨国企业提供财政激励，这样的激励通常以吸引外来投资为目的，这也会影响到城市的繁荣及其居民。

宏观尺度的社会变迁也会对城镇或城市产生重大影响。对于族裔及生活方式方面的少数群体的主流看法将决定城市居住隔离与集中的模式。类似地，社会对于单亲家长、失业者、残疾人、老年人还有女性的态度决定着他们在城市里的地位与位置。

文化是城市形态的另一决定性因素。第二次世界大战后，特别是1970年代末以来，西方社会最大的文化变迁之一是物质主义的抬头，体现为那些有足够支付能力者的"炫耀性消费行为"。在城市尺度，物质主义表现在"卡布奇诺社会"的出现上，以出售设计师品牌商品的商店、葡萄酒酒吧、路边咖啡馆、乡绅化、雅皮士（年轻的、经济政治处于上升期的专业人士）和职业经理人（marbles，已婚的、负责的、繁忙的行政管理人员）等现象的出现为特征。文化变迁对于城市的影响浓缩在包容社会差异并为城市环境变化而欢呼的后现代城市主义之中。在文化产业发展方面（特别是媒体和艺术），以及在城市再生和城市历史区域营销方面，后现代城市主义也表现得很明显。

在全球—地方联系中，全球性力量（经济的、政治的、文化的）一般被认为是最强大的，它控制着最广大的空间。地方力量则被认为是相对较弱，实际受地理范围限制。然而，我们不能用全球化话语来掩盖城市变迁不单受全球化力量影响这一事实。国家的、区域的、地方的动因一样非常重要。国家税收政策、区域弱势群体和本土规划法规都对城市发展和变迁产生影响。全球化对本土生活的瓦解并非必然。个人既可以通过在全球化环境里活动从而脱离本地身份，也可以通过依附特定地点以扎根本土。这两种情形并不相互排斥。全球—地方的反身性关系在国际金融界表现得尤为明显，国际金融体系的非在地的（disembedded）电子空间技术在特定地点（比如伦敦城）促成社会交往，并带来关于新金融产品的讨论。更一般地说，在容纳大部分人日常生活的地方，特别是那些处在发达资本主义主流之外的地方，全球化可能会在这一动荡的世界里带来对于本地身份的索求（Cox，1997；Eade，1997）。

全球化渗透的不均衡不仅仅是一个关于什么机构、什么产业、什么人或什么地方受影响的问题，更是一个关于它们如何受影响的问题。本地人和地区也许会被全球化的力量所压倒及利用，他们也会试图抵抗、适应或把全球性转变转化为机会（Ritzer，1993）。全球性力量扎根于城市（Sassen，1996；Swyngedouw，1997）。地方背景如城市经济基础、社会结构、政治组织、税收法规、社会公共机构、竞争利益集团等在城市变迁中有着强大影响力。在全球化的世界里，地方的重要性是后福特主义追求经济灵活性和产品多样性的直接结果。一个能够提供有吸引力的生产环境的城市往往能够积累经济优势，而这样的优势能够激励创新，并激励地方社区去宣传其作为生活和工作的合适地方，即其所具备的独特优势。在全球、地方还有其他中等规模地域活动进程间所存在的辩证关系为理解当代城市地域变迁提供了一个重要背景。

如表1所示，对于"作为体系的城市"的研究包含一系列内容广泛的主题，涉及城市经济、社会、文化、政治和生活环境等方面。我们可以参照几个关键研究主题来阐述。

## 6.2 对于"城市作为体系"的研究

### 6.2.1 城市经济

"二战"后，向发达资本主义的转变意味着需要新的生产系统和"新的工业空间"（例如以半导体的生产为基础而不是造船业）以及新的城市形式（例如以资讯科技园取代重工业中心）。以硅谷为先锋（Saxenian，1983），科学城和资讯科技园已在全球范围内出现，包括慕尼黑（德国）、格勒诺布尔（法国）、剑桥以及通往西伦敦（英国）的M4走廊（Komninos，2002）、班加罗尔（印度）（Audirac，2003）、深圳（中国）（Walcott，2002）和马来西亚的多媒体超级走廊（Indergaard，2003）。

在大都市内部尺度上，新产业集群的出现集中在具有创新性、以知识为基础、技术密集型的产业，例如计算机图形和图像、软件设计、多媒体产业以及技术上重组了的产业，如建筑和图形设计，两者已被视为新兴的内城"新经济"的重要部分。这样的一批企业被云集的创造力、公司间潜在的"知识溢出效应"、在工作和非工作社会的互动机会、优越的文化及居住环境等要素吸引到都市核心区。像这样新的生产空间的例子还有新加坡的直落亚逸、圣弗朗西斯科的多媒体峡谷、纽约的硅谷和内伦敦东区。

全球经济增长以及发达资本主义到来的过程伴随着服务业在城市经济体系的扩张。到了2000年，"高收入国家"的总出口有70％源于服务业。这似乎是一种普遍现象，尽管在发展中国家，第三产业化的速度还是相对较慢。在发展中国家由于大量非正式部门存在，而它们完成了在先进经济体系由正规服务部门负责的功能。这就部分地解释了发展中国家服务业所占的比例较小的原因。就先进或高级生产者的服务而言，城市第三产业化的进程已经引起亚太城市区许多"城市服务走廊"的出现，包括西雅图—波特兰、东京—京都和新加坡—吉隆坡服务走廊。

相关的去工业化趋势是发达经济体的一个特征。尽管发展中国家迎来了制造业的增长（从出口的绝对量和相对量以及就业人口方面来说），但工业化国家却经历着制造业总的出口量及就业人数出现较大份额的下跌。这个趋势很大程度上反映了旧的国际劳动分工在被取代，而这是在产业分化（例如，主要的产业活动被安排在发展中国家，而制造阶段的高附加值过程则被安排在发达国家）的基础上出现的。产业分化则基于以功能分化为基础的新国际劳动分工（NIDL）作用而产生。功能分化表现为控制和指挥功能被定位在较发达地区的（MDRs）全球性城市网络里，而物质生产越来越多地分散在大量欠发达国家（LDRs）里，在这些欠发达国家里可以通过利用新技术以减低劳动成本。最近，随着"离岸外包"的出现，新国际劳动分工已经影响到第三产业经济。凭借着离岸外包业务，公司可以把白领的工作岗位转移到外国那些劳动力成本更低的目的地。

经济世界里的产业转变反映在先进资本主义社会里不断改变的工作性质。去工业化以及第三产业化的过程影响到提供给城市居民的工作机会。从根本上说，尽管福特主义大规模生产的技术不需要劳动力接受过良好教育，但是在后福特主义的时代，"只有训练有素并且具有高适应性的劳动力，才有能力去适应结构性转变以及抓住新的就业机会"（OECD，1993）。后福特主义生产策略的出现以及公司对于灵活和熟练劳动力的需求，在劳动力范围内创造出一种核心—边缘的分割。核心由技能丰富且训练有素的雇员构成，他们获得高薪与稳定的工作，然而处在边缘的劳动力在经济不景气的时期最容易遭到解雇。这表明在劳动力市场里，在被德鲁克（Drucker，1993）称为"知识型工人"的劳动力与其他劳动力之间存在着不断增大的差距。弗洛里达（Florida，2002）关于一个创造性阶级兴起的观点是以一种相类似的劳动力划分为基础的。（知识型工人和创意专业人士）"他们通过自己的创造力来增加商品的经济价值"。在以灵活劳动力的需求为特点的后福特主义经济的大背景下，"创造性城市"的概念由此出现了。

劳动力市场的非正规化也产生了一定工作职位。在西方大部分曾经制造业云集的城市里，服务业增加的职业岗位不足以抵消制造业工作岗位的损失。此外，在服务业，许多领域所要求的劳动力类型（非全日制的、临时的、女性）与失业的男性制造业工人的能力不相吻合。随着小批量生产的发展、产品的高度差异化以及出口的快速变化，剩余的制造业也改变了它们的组织形式。这就引发了更多的分包生产、更多的兼职或临时性工作、更多的计件工作以及工业上家庭作坊形式的生产（往往是在血汗工厂式的条件下）。在这种情形下，雇主可能通过剥夺雇员的利益、规避工会的力量甚至拒绝提供工作场所，以达到缩减成本的目的。"山寨版"产业（downgraded manufacturing sector）的出现是非正规化所带来的一个现象，这样的现象在第三世界很普遍，但是它在发达国家里也变得越来越明显（Bonacich and Applebaum，2000）。

欠发达地区城市的经济结构以及就业结构是对当代城市地理研究的另一个主要领域。在发展中国家城市，其经济是以边缘资本主义为基础的。这种生产模式由两个互相联系的部门组成，一个资本主义部门纳入世界经济，而一系列小资本主义的生产形式更多面向国内经济。这些被描述为"以公司为中心的经济"和"集市经济"（Geertz，1963），或者正规部门和非正规部门（Hart，1973）。个人或家庭的福祉取决于他们在这个二重经济或者两极型城市经济里的地位。人们开始关注低端循环活动的本质。尽管确切地测量非正规部门的规模是一件困难的事，但是据估计，在欠发达地区有50%的劳动力在非正规部门里面工作，对比之下，在较发达地区就只有3%（Mead and Morrison，1996；Thomas，1992）。

通过对国家和地方政策进行关键性的分析以及对城市经济变迁的应对措施进行规划，城市地理学者们已经完善了对城市经济变迁以及特定地点所遇问题的分析。这就牵涉到了在较发达地区的国家里"自上而下"的城市复兴策略，包括在城市重建过程中公司伙伴关系的作用（Levine，1989）、房地产导向的城市更新（Turok，1992；Church and Frost，1995）以及文化产业的作用（Zukin，1995）。补充了这个角度之后，对于"自下而上"经济复兴效用的研究已经大量展开，如渐进的规划政策（Krumholz，1995；Smith，1988）、社区商业（Hayton，1996）、社区发展公司、信用社（Hayton，1996）以及地方外汇交易系统（Pacione，1997b、1998、1999c）等。

### 6.2.2 城市环境和人类福祉

受到世界城市化趋势、城市数目及面积的增大以及城市环境恶化的刺激，人们对于城市的未来越来越关心，并把主要注意力放在城市生活问题方面。这种关心的核心是人与所处城市日常环境间的关系。理解人与环境关系的特性是一个经典地理问题。在已建成环境中，这可以通过人们对于城市居民和城市环境间关系和谐或者失调的程度，以及城市满足城市居民物质和心理需要的程度这两者的关注方面得以解释。参与"生活质量"（Pacione，2005）以及"城市宜居性"（Pacione，1990b）研究的城市地理学者们为我们理解人与所处城市环境间的关系作出了重大贡献。

(1) 城市地理学对生活质量的研究

图7说明了城市生活质量研究在人文地理学中的地位。对于不同生活质量的研究可以在城市间和城市内两个尺度下进行，然而大部分研究把注意力放在后者。在城市尺度下，对于不同生活质量的地理研究旨在发现生活质量或者人类福祉的各方面（例如包括健康财富、住房及犯罪）在社会空间上的分异。绘制不同生活质量分布的地图，帮助辨别城市的"优势环境"以及"不利环境"——以社会、经济、环境问题为衡量标准（图7）。

应用性或问题导向的视角为此类工作提供基础，这对创建一个宜居城市（当然也包括宜居邻里和社区）至关重要。这样的视角意味着在当代城市，"不利环境"已获得特别的关注。在英国，一些城市中心区的地位下降，这样的情况为社会空间分析所揭示，显示出城市中心区域失业者、低技术工人、老年人以及少数族裔高度集中，并且伴随着过度拥挤、舒适住宅的严重缺乏以及居民外迁（Pacione，1982、1986a、1986b、1987、1989a、1989b、1993、1995a、1995b、1995c、1997、2003b、2004）。

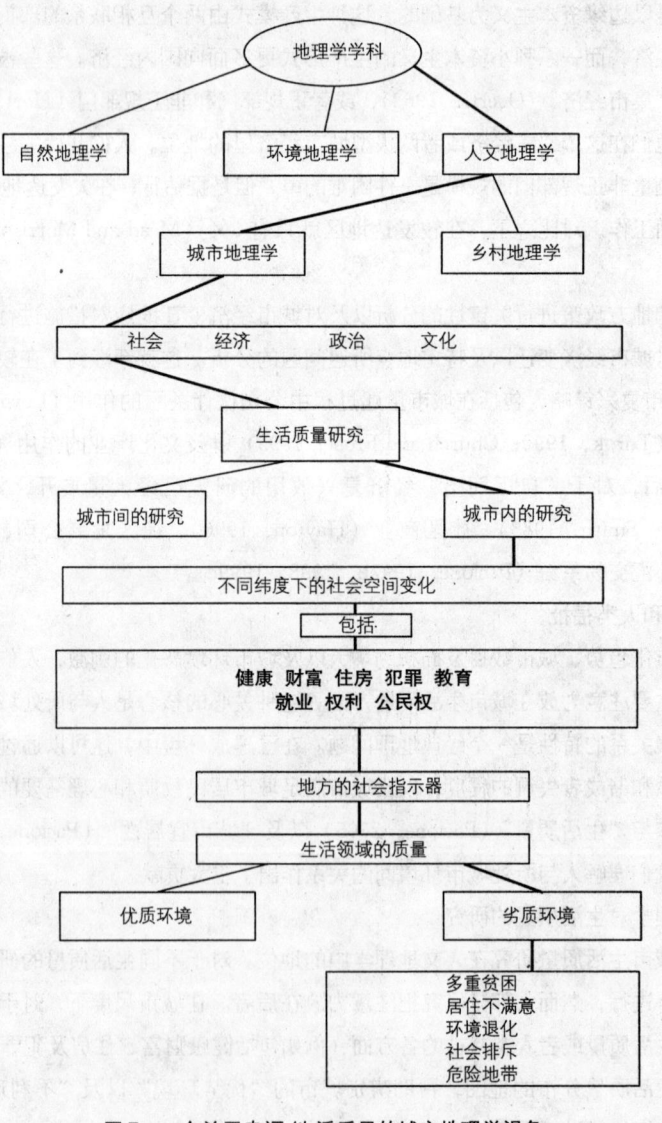

图7 一个关于幸福/生活质量的城市地理学视角

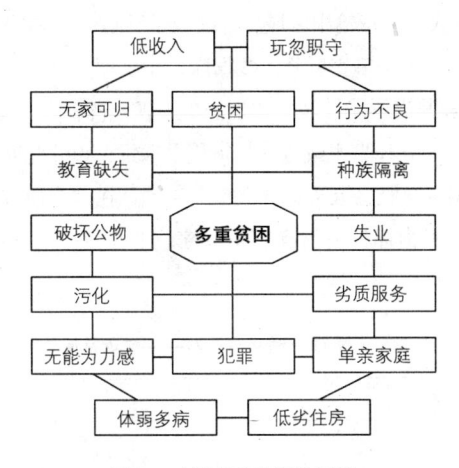

图8 对于多重贫困的剖析

对生活质量处于劣势的地区进行研究，成为当代城市社会地理学的一个重要的研究领域。如图8所示，贫困是多重贫困问题的核心内容，表现为单独困难的互相强化，以至出现不利因素的累加。很明显，与贫穷相关联的一系列问题，如犯罪、违法、旧的住宅、失业、上升的死亡率以及染病率等，已在城市空间聚集。这种模式的出现强调了贫困对于特定地点居民所造成的影响。

举例来说，在英国城市里，对于经济贫困社区来说，街区的失业率达到全国平均水平的三倍是很常见的。而在这些地方，男性失业率往往超过40%。就业机会的缺乏导致了对公共支持系统的依赖。而区域转型，例如Clydeside从重工业就业到服务业就业的转变，以及由此导致的新型劳动力的需求，逐渐破坏了原有建立在全职男性就业的基础上的社会结构，并造成家庭压力。对于社会福利的依赖以及缺乏可动用的收入会降低他们的自尊，可能会引起临床抑郁症。贫穷也会限制他们的饮食，导致体质变差。在英国和美国，城市研究者在地图上标示出处于"食品沙漠"地区（指的是较难获得食物的区域，特别是那些对于健康饮食不可或缺的）低收入家庭所在区域的范围，并为他们设计出合适的解决办法（Whelan et al., 2002）。在贫困地区，婴儿的死亡率往往更高，在这样环境下成长的儿童更有可能暴露在犯罪亚文化之下，缺乏受良好教育的机会（Pacione, 1997c）。贫困地区的物质环境通常非常破败，几乎没有美好的景观，只有广阔的荒废地以及反映出这个地区贫困的购物休闲设施。许多贫困地区在社会上以及地理上与其他地方隔离，能搬离的人都搬离了，剩下的只能有限地控制他们的生活质量。生活水平比这更低的只能是"底层阶级"（underclass）了（Myrdal, 1962）。

如图8所示，在贫困与城市衰退（例如健康欠佳、低质量住房、无家可归现象、犯罪以及对于犯罪的恐惧、社会耻辱、服务差、环境荒废和政治乏力）之间存在着紧密联系（Pacione, 2009）。这在英国城市格拉斯哥的多重贫困地理中表现明显。

(2) 格拉斯哥生活质量的地理学

在这个研究中，统计学和地图绘制的分析方法被综合运用，以识别城市多重贫困的状况、强度及发生率。从格拉斯哥 5 374 个人口普查输出区域里,提取了一组 64 个关于人口统计、社会、经济和居住条件的客观性属地指标。首先采用单变量分析数据库,用以调查个别社会指标在城市里的分布。对这 64 个指标的调查研究本身就具有学术性及实用性。单因素分析表明,在所揭示的模式之下存在一定程度的统计与空间上的重叠。一个 R 型主成分分析被用以探索个人分配间的联系,以及提供一个对多重贫困的混合测量,这样的测量在概念上及统计上是严密的。在这个研究里,鉴于男性失业、社会住房、单亲家庭和住房过度拥挤等指标存在着高度相关性,主成分被毫不迟疑地确定为多重贫困指标(表 4)。

表 4　主成分结构与荷载——多重贫困

| 指标 | 比重 |
| --- | --- |
| 男性失业率 | 0.751 1 |
| 社会住房 | 0.489 6 |
| 每个房间平均人数大于 1.5 人的家庭 | 0.518 3 |
| 家庭房屋空置 | 0.490 6 |
| 有不到领取养老金年龄单身者的家庭 | 0.521 6 |
| 单亲家庭 | 0.661 7 |
| 乘坐公交巴士上班 | 0.318 9 |
| 户主处在社会经济底层的家庭 | 0.300 0 |
| 居住在高层公寓的幼童 | 0.601 9 |
| 平均居住水平以上住户 | 0.693 5 |

对成分得分的计算提供了对于城市 5 374 个人口普查单元的贫困测量。把这些得分标记在地图上,显示出格拉斯哥多重贫困的空间形态(图 9)。

这个研究分析了城市多重贫困的特性、强度以及发生率。此外,通过鉴别贫困主要集中地("不利环境"),这样的研究提供了对特定问题以及问题区域进行详细分析的基础。分析结果为严格评估以减轻城市环境不利因素为目标的政策提供了平台。此外,跨时段研究能把随着时间改变的多重贫困地理在地图上标示出来。

(3) 城市恐惧的景观

作为城市社会地理学对于生活质量研究的第二个范例,我们将阐述主观社会指标被用以衡量城市中不同性别对于犯罪的恐惧。对于犯罪的恐惧是一个越来越大的社会问题,是重大的政策问题,是当代城市社会地理学的一个重要因素。对于那些生活在高危环境里、易受伤害的群体来说,对犯罪的恐惧可能会对日常生活模式以及对综合生活质量有着深远的影响。但存在一个主要障碍,就是缺乏街区尺度的犯罪恐惧的详细信息。进行这个研究的目的,正是为了研究居住在格拉斯哥边缘一片贫困的社会区域的男性及女性居民,了解其犯罪恐惧性质及程度,也是为了识别该地区恐惧地理的状况。对于男性及女性来说,犯罪被认为是在这片区域里第二个最为严重的问题(表 5)。相关联的社会问题还包括地方的整体不友善、居民与警察间相当差的关系等。据报告，袭击和盗窃是这里最为常见的犯罪行为（表6）。

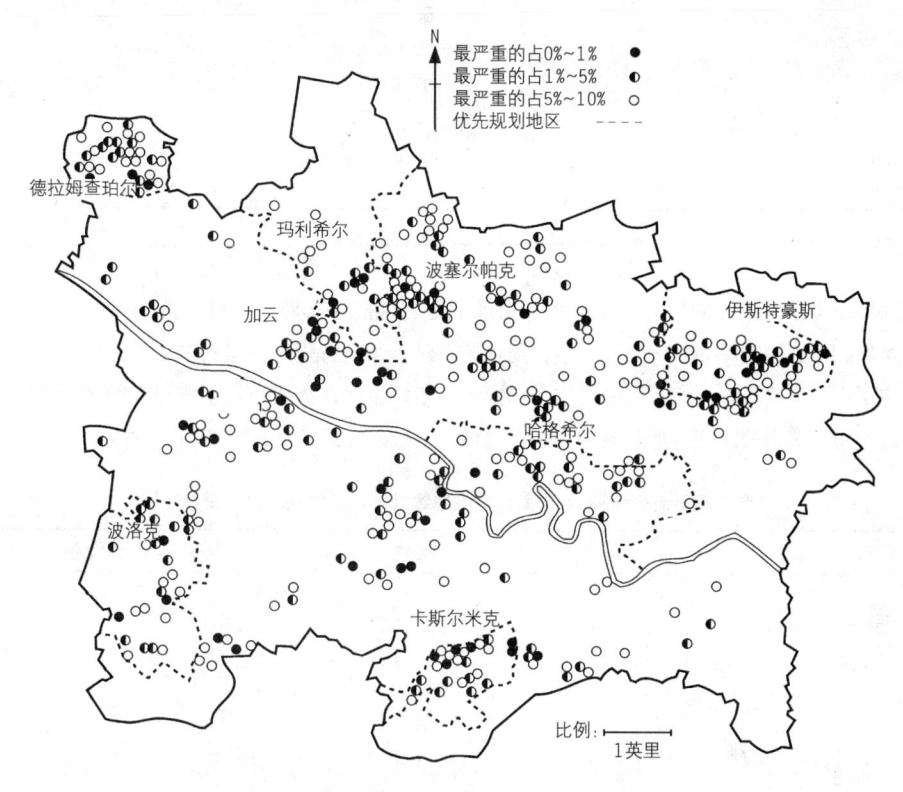

图9　格拉斯哥多重贫困的情况

表5　在研究区域感知到的生活问题（%，占调查对象的百分比）

| 问题 | 男性 | 女性 | 总数 | 总排名 |
|---|---|---|---|---|
| 失业 | 83.7 | 82.9 | 83.3 | 1 |
| 教育缺乏 | 26.1 | 22.0 | 24.1 | 8 |
| 恶劣的住房条件 | 73.0 | 70.6 | 71.8 | 3 |
| 犯罪 | 80.3 | 79.9 | 80.1 | 2 |
| 休闲设施的缺乏 | 53.9 | 49.9 | 51.9 | 4 |
| 游戏空间的缺乏 | 34.6 | 38.3 | 36.5 | 5 |
| 总体的不友善 | 32.6 | 33.0 | 32.8 | 6 |
| 与警方冲突 | 30.4 | 29.0 | 29.7 | 7 |

表6  在研究区域感知到的犯罪形式（%，占调查对象的百分比）

| 风险种类 | 男性 | 女性 |
| --- | --- | --- |
| 袭击 | 56.7 | 27.4 |
| 性侵犯 | 0.0 | 31.5 |
| 入室行窃 | 37.8 | 29.0 |
| 偷车 | 4.5 | 5.2 |
| 街道行窃 | 0.0 | 6.9 |
| 纵火 | 1.0 | 0.0 |

这个调查反映了犯罪恐惧在性别上的差异。对于大多数年轻男性来说高袭击风险在他们的生活方式与生活环境里是可接受的部分。受访者承认他们是当地匪帮必然的目标，他们是在"公平竞赛"。在身体条件相对男性较差的年轻女性当中，则存在着对于袭击特别是性暴行的恐惧。对于风险的不同看法决定了在这个住区里人们不同的日常活动模式。年轻男性在夜里小心躲避已知的帮派底盘与市中心，女性则特别警惕公园及其他开放的空间，包括次要道路、桥以及天桥/隧道（表7）。

表7  在研究区域内感知到的危险地区（%，占调查对象的百分比）

| 场所 | 男性 | 女性 |
| --- | --- | --- |
| 公园 | 7.6 | 19.7 |
| 犯罪高发社区 | 34.0 | 14.9 |
| 桥梁与高架路 | 0.0 | 11.9 |
| 运动场 | 6.8 | 9.5 |
| 学校 | 8.2 | 7.1 |
| 城市边缘的道路/区域 | 0.0 | 20.8 |
| 市中心 | 43.4 | 16.1 |

调查对象所感知恐惧的认知地图被用以发现研究区域的特定危险地区（图10）。明显地，对于这些危险空间特点的分析，可能有助于制定减少当地犯罪恐惧的政策，有助于提高居民的生活质量。

这些例子的研究共同强调了这样一个事实：为了获得对于城市生活空间的正确认识，同时利用客观和主观评估方式是必要的。简而言之，我们必须从物质层面和精神层面上同时研究城市。

### 6.2.3 城市可持续发展

对于城市生活质量以及城市宜居性的研究是可持续发展观这个更普遍研究的一部分（Pacione，2007）。可持续发展是"既满足当代人发展需要，又不损害后代人发展需要"的发展模式（World Commission on Sustainable Development，1987）。

城市可持续性的观点可被视为由五个方面组成：

(1) 经济的可持续性，指的是地方经济供养地方自身，而不对自然资源造成无法挽回的伤害的能力。这意味着尽量提高一个地方（城市或区域）的经济生产力，但这并不是从绝对的意义上来说（例如利润最大化），而是要联系上其他四个方面的可持续性。在资本主义社会，实现经济可持续发展的困难在于经济全球化，这一趋向造成了城市内、城市间以及周围区域间的激烈竞争。

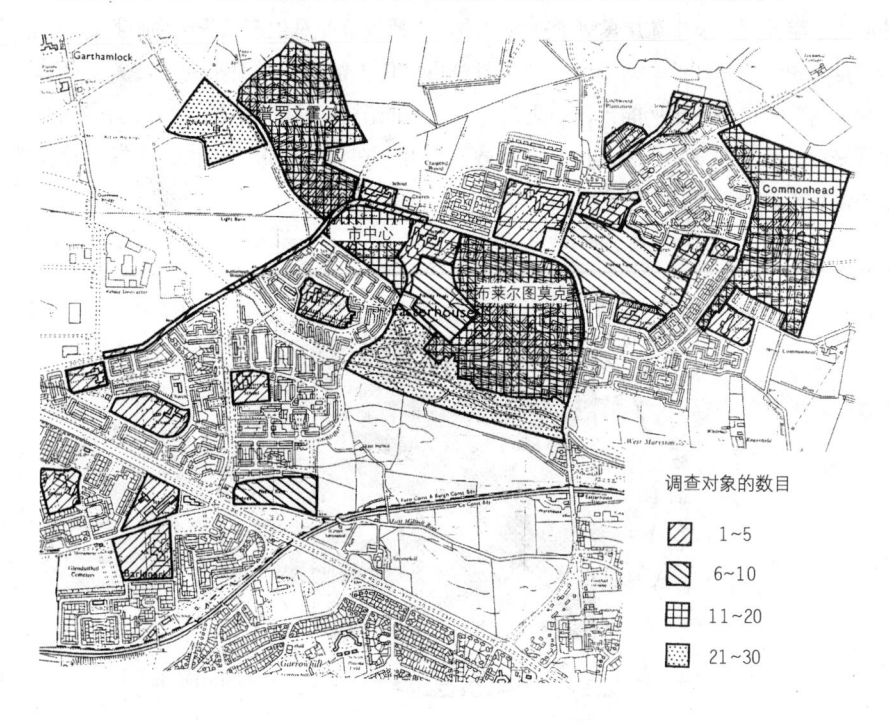

图 10 研究区域的女性恐惧的地理

（2）社会的可持续性，指的是一系列旨在提高生活质量，以及促进更公平地使用及占有自然和城建环境的行动和政策。这意味着需要通过减少贫困及提高对基本需求的满足来改善地方的生活条件。

（3）自然的可持续性，意味着对自然资源进行合理的管理以及对社会生活垃圾的压力进行处理。随着对自然资本的过度开采以及自然资源的利用越来越不公平，城市和区域自然资源的损耗在危害着自然资源的可持续性发展。

（4）物质的可持续性，指的是城市建设环境支撑人类生活以及生产活动的能力。作为迁入人口与城市人口承载能力两者不平衡的结果，物质的可持续性危机在欠发达地区的大都市显而易见。

（5）政治的可持续性，指的是城市治理过程中的民主化及地方市民社会的参与。在城市变迁里，这一目标的实现可能会被非本地力量与市场力量越来越大的影响力所阻碍。

图 11 阐述了城市可持续性的五个主要方面的关系。在这里，政治的可持续性表现为调节其他四个方面性能的管理框架。社会、经济、自然和物质可持续性的程度，取决于这些活动能否容纳在城市生态区域系统的生态容量之内。实际上，城市可持续发展各个主要方面的特定目标之间可能存在冲突。

鉴于城市在大小、人口增长率以及经济、社会、政治、文化和生态方面的多样性，普遍地应用可持续发展观是一件困难的事。在大部分城市里,在可持续性与发展目标间存在着矛盾。大部分高度发展的城市同时也对自然资源人均消耗量最大——就不可再生资源的消耗、水系统、森林系统、农业系统受到的压力、温室气体及平流层臭氧消耗气体的人均释放量和对生态系统废物吸收自净能力的过度需求这些方面来说,均是如此。对比之下,那些对自然资本消耗需求最小的城市大部分都是"欠发达"的,而在这些城市里高比例的人口缺乏安全及足够的用水、卫生设施、合适的住房、卫生保健、稳定的生活来源,甚至常常缺乏基本的公民和政治权利。在这种情况下,优先选择可持续性还是发展,对于不同城市来说,势必有所不同。

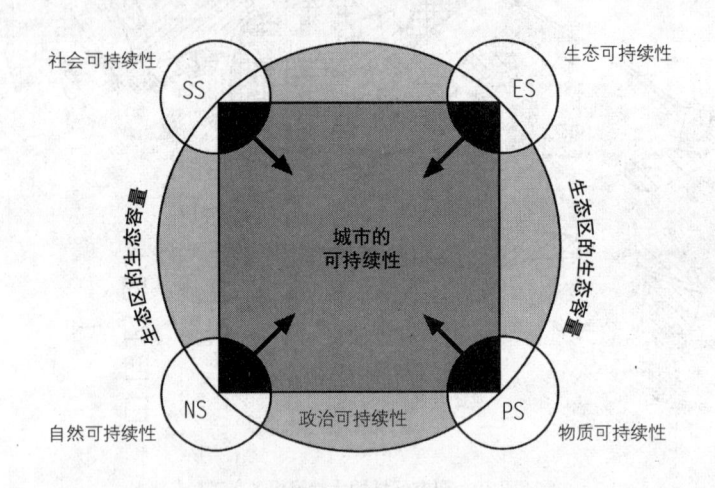

图 11 城市可持续性的主要方面

实际上,期望第三世界城市里那些为贫穷所困的居民像先进社会里那些居住在舒适环境里的"绿色政治"拥护者那样,给予长期的环境可持续性很高的重视,是不切实际的。这个前提被载入到城市环境转型(urban environmental transition)的概念当中,揭示了在城市发展中环境挑战的变化(Marcotullio and Lee, 2003)。在城市发展的早期阶段,首要的环境挑战是那些关于"棕色议程"(brown agenda)的问题,例如供水、污水处理及公共卫生问题。随着城市的工业化,城市面临的是"灰色议程"(grey agenda)的挑战,例如那些与工业和汽车产业有关的污染问题。在后工业化时期,城市面临着"绿色议程"(green agenda)的挑战,例如温室气体的排放、臭氧层的损耗以及越来越多的都市垃圾。考虑到城市可持续发展观,在关于长期的环境安全的"绿色议程"和关于环境问题的"棕色议程"间进行区分是很必要的,而"棕色议程"所引起的环境问题与第三世界城市里迫切的生存与发展问题相联系。正如恩瓦卡(Nwaka, 1996)指出的,"对发展中国家的人来说,如果今天的年轻人缺乏标准的健康、教育以及应对将来世界的技巧,后代人的'生态债务'远没有将来'社会债务'来得紧急"。

甚至在较发达地区里，可持续发展也不被普遍认可为城市发展的一个主要目标，特别是如果它限制了个人消费模式。理想地，对资源利用水平很高的较富裕城市来说，首要的是减少化石燃料的使用以及减少垃圾的产生，与此同时，维持生产性经济的发展并追求城市生活利益的更公平分配。对较为贫穷的城市来说，首要的是在寻求对自然资本要求最少的基础上，完成基本的社会、经济和政治目标。当然，我们不是居住在一个理想的世界里，城市可持续发展的实现是很困难的。这个挑战代表了城市地理学又一个重大研究课题。

# 7 结论

城市地理是无数公私经济力量、社会力量、文化力量、政治力量的共同结果，这些力量作用在从全球到地方多种空间尺度上。因此，充分认识城市化，认识不同民族、不同地方的问题与前景，必须以对结构性力量和作用过程的认识、以对影响当代城市地理的背景性因素的认识为基础。

城市环境的多样性在宏观尺度上通过这样的一个事实得到说明：当许多较发达地区朝着一个后工业化、后现代的未来发展时，大部分欠发达地区城市为获得现代工业城市的特点而努力着。这些差异在其各自领域产生了特定的研究问题。一方面，对较发达地区来说，其主要挑战包括去工业化、市中心衰退、城市扩张、交通拥挤、过度的能源消耗（有些也会在欠发达地区的大城市出现）。另一方面，大部分欠发达地区城市面临着与"过度城市化"有关的问题，包括随着人口快速增长，基础设施出现的严重不足。除了存在差异，所有城市都存在着共同的问题，例如贫困、污染以及不同程度的社会极化。

城市地理学在迎接这些挑战中起着重大作用。要确定城市地理学今后的研究议程，就算不是一件不可能完成的事，也会是一个很困难的任务。本文不是提供一张城市地理学今后研究发展的详细地图，而是提供一些重要的路标，这些路标会指出通往今后研究议程的各种路径。但可以肯定的是，在21世纪的城市化世界中，城市地理学必将凭借其折中视角、综合能力以及坚实的研究积累，为更好地理解城市环境作出重大贡献。

**致谢**

本文受国家自然科学研究基金项目（NSFC 40971095、40971092）资助。本文为2009年10月18日中国地理学会百年庆典大会城市地理学专业委员会特邀报告论文。

**注释**

① 译注：Lagos，尼日利亚第一大港口城市。
② 译注：应是跨行政边界。

## 参考文献

[1] Audirac, I. 2003. Information-age Landscapes Outside the Developed World. *Journal of the American Planning Association*, Vol. 69, No. 1.

[2] Beaverstock, J. Smith, R. and Taylor, P. 2000. World-City Network. *Annals of the Association of American Geographers*, Vol. 90, No. 1.

[3] Beck, H. 2004. Cosmopolitan Realism. *Global Networks*, Vol. 4, No. 2.

[4] Berry, B. 1964. Cities as Systems within Systems of Cities. *Papers in Regional Science*, Vol. 13, No. 1.

[5] Bonacich, E. and Applebaum, R. 2000. The Return of the Sweatshop. In E. Bonacich and R. Applebaum (eds.), *Behind the Label*. Berkeley: University of California Press.

[6] Braudel, F. 1985. *Civilization and Capitalism* volume 3. *The Perspective of the World*. London: Fontana.

[7] Church, A. and Frost, M. 1995. The Thames Gateway. *Geographical Journal*, Vol. 161, No. 2.

[8] Conaty, R. and Mayo, E. 1997. *A Commitment to People and Place: The Case for Community Development Credit Unions*. London: New Economics Foundation.

[9] Cox, J. 1997. *Spaces of Globalisation*. New York: Guilford Press.

[10] Dieleman, F. and Faludi, A. 1998. Randstad, Rhine-Ruhr and the Flemish Diamond as One Polynucleated Macroregion? *Tijdschrift voor Economische en Sociale Geografie*, Vol. 89, No. 3.

[11] Doxiadis, C. 1968. *Ekistics*. London: Hutchinson.

[12] Drucker, P. 1993. *Post-capitalist Society*. London: Butterworth Heinemann.

[13] Eade, J. 1997. *Living the Global City*. London: Routledge.

[14] Feagin, J. 1985. The Global Context of Metropolitan Growth. *American Journal of Sociology*, Vol. 90, No. 6.

[15] Florida, R. 2002. *The Rise of the Creative Class: and How It's Transforming Work, Leisure, Community and Everyday Life*. New York: Basic Books.

[16] Frazier, J. 1982. *Applied Geography: Selected Perspectives*. Englewood Cliffs, NJ: Prentice Hall.

[17] Friedmann, J. 1986. The World City Hypothesis. *Development and Change*, Vol. 17.

[18] Geertz, C. 1963. *Pedlars and Princes*. Chicago, IL: University of Chicago Press.

[19] Gottmann, J. 1961. *Megalopolis: The Urbanized Northeastern Seaboard of the United States*. Cambridge, MA: MIT Press.

[20] Haggett, P. 1994. Geography. In R. Johnston, D. Gregory and D. Smith (eds.), *The Dictionary of Human Geography*. Oxford: Blackwell.

[21] Hall, P. 1966. *The World Cities*. London: Weidenfeld & Nicolson.

[22] Hall, P. 2009. Looking Backward, Looking Forward: The City Region of the Mid-21st Century. *Regional Studies*, Vol. 43, No. 6.

[23] Hart, K. 1973. Informal Income Opportunities and Urban Employment in Ghana. *Journal of Modern African Studies*, Vol. 11, No. 1.

[24] Harvey, D. 1996. *Justice, Nature and the Geography of Difference*. Oxford.

[25] Hayton, K. 1996. A Critical Evaluation of the Role of Community Business in Urban Regeneration. *Town Planning Review*, Vol. 67, No. 1.

[26] Herbert, D. and Johnston, R. 1978. Geography and the Urban Environment. In D. Herbert and R. Johnston (eds.), *Geography and the Urban Environment* (Vol. 1). Chichester: Wiley.

[27] Imrie, R. 1996. *Disability and the City*. London: Paul Chapman.

[28] Indergaard, M. 2003. The Webs They Weave. *Urban Studies*, Vol. 40, No. 2.

[29] Komninos, N. 2002. *Intelligent Cities*. London: Routledge.

[30] Krumholz, N. 1995. Equity and Local Economic Development. In R. Caves (ed.), *Exploring Urban America*. London: Sage.

[31] Krupat, E. 1985. *People in Cities*. Cambridge: Cambridge University Press.

[32] Laquian, A. 2005. *Beyond Metropolis: The Planning and Governance of Asia's Mega-Urban Regions*. Baltimore: Johns Hopkins University Press.

[33] Levine, M. 1989. The Politics of Partnership: Urban Redevelopment since 1945. In G. Squires (ed.), *Unequal Partnerships*. New Brunswick, NJ: Rutgers University Press.

[34] Lo, F. and Yeung, Y. (eds.) 1995. *Emerging World Cities in Pacific Asia*. Tokyo: United Nations Press.

[35] Marcotullio, P. and Lee, Y. 2003. Urban Environmental Transitions and Urban Transportation Systems. *International Development Planning Review*, Vol. 25, No. 4.

[36] Mead, D. and Morrison, C. 1996. The Informal Sector Elephant. *World Development*, Vol. 24, No. 10.

[37] Myrdal, G. 1962. *Challenge to Affluence*. New York: Pantheon.

[38] Nwaka, G. 1996. Planning Sustainable Cities in Africa. *Canadian Journal of Urban Research*, Vol. 5, No. 1.

[39] Organisation for Economic Co-operation and Development (OECD) 1993. *Education at a Glance*. Geneva: OECD.

[40] Pacione, M. 1982. Evaluating the Quality of the Residential Environment in a Deprived Council Estate. *Geoforum*, Vol. 13, No. 1.

[41] Pacione, M. 1985a. The Geography of Multiple Deprivations in Scotland. *Applied Geography*, Vol. 15, No. 2.

[42] Pacione, M. 1985b. The Geography of the New Underclass. *Journal of the Scottish Association of Geography Teachers*, Vol. 25.

[43] Pacione, M. 1985c. The Geography of Multiple Deprivation in the Clydeside Conurbation. *Tijdschrift voor Economische en Sociale Geographie*, Vol. 86, No. 5.

[44] Pacione, M. 1986a. The Changing Pattern of Deprivation in Glasgow. *Scottish Geographical Magazine*, Vol. 102, No. 2.

[45] Pacione, M. 1986b. Quality of Life in Glasgow-An Applied Geographical Analysis. *Environment and Planning A*, Vol. 18, No. 11.

[46] Pacione, M. 1987. Multiple Deprivation and Public Policy in Scottish Cities: An Overview. *Urban Geography*, Vol. 8, No. 6.

[47] Pacione, M. 1989a. Access to Urban Services: The Case of Secondary Schools in Glasgow. *Scottish Geographical*

*Magazine*, Vol. 105, No. 1.

[48] Pacione, M. 1989b. The Urban Crisis—Poverty and Deprivation in the Scottish City. *Scottish Geographical Magazine*, Vol. 105, No. 2.

[49] Pacione, M. 1990a. What about People? —A Critical Analysis of Urban Policy in the United Kingdom. *Geography*, Vol. 75, No. 3.

[50] Pacione, M. 1990b. Urban Liveability: A Review. *Urban Geography*, Vol. 11, No. 1.

[51] Pacione, M. 1997a. Urban Restructuring and the Reproduction of Inequality in Britain's Cities. In M. Pacione (ed.), *Britain's Cities: Geographies of Division in Urban Britain*. London: Routledge.

[52] Pacione, M. 1997b. Local Exchange Trading Systems as a Response to the Globalisation of Capitalism. *Urban Studies*, Vol. 34, No. 8.

[53] Pacione, M. 1997c. The Geography of Educational Disadvantage in Glasgow. *Applied Geography*, Vol. 17, No. 3.

[54] Pacione, M. 1998. Towards a Community Economy—An Examination of Local Exchange Trading Systems in West Glasgow. *Urban Geography*, Vol. 19, No. 3.

[55] Pacione, M. 1999a. *Applied Geography: Principles and Practice*. London: Routledge.

[56] Pacione, M. 1999b. Applied Geography—In Pursuit of Useful Knowledge. *Applied Geography*, Vol. 19, No. 1.

[57] Pacione, M. 1999c. The Other Side of the Coin: Local Currency as a Response to the Globalisation of Capital. *Regional Studies*, Vol. 33, No. 1.

[58] Pacione, M. 2003a. Urban Policy. In M. Hawkesworth and M. Kogan (eds.), *Encyclopaedia of Government and Politics* 2nd edition. London: Routledge.

[59] Pacione, M. 2003b. Quality of Life Research in Urban Geography. *Urban Geography*, Vol. 24, No. 4.

[60] Pacione, M. 2004. Environments of Disadvantage—The Geography of Persistent Poverty in Glasgow. *Scottish Geographical Journal*, Vol. 120, No. 1/2.

[61] Pacione, M. 2005. Quality of Life Research in Urban Geography. In B. Berry and J. Wheeler (eds.), *Urban Geography in America, 1950-2000*. New York: Routledge.

[62] Pacione, M. 2009. *Urban Geography: A Global Perspective*. London: Routledge.

[63] Palm, R. and Brazel, A. 1992. Applications of Geographic Concepts and Methods. In R. Abler, M. Marcus and J. Olsson (eds.), *Geographies of Inner Worlds*. New Burnswick, NJ: Rutgers University Press.

[64] Peach, C. 1996. Does Britain Have Ghettos? *Transactions of the Institute of British Geographers*, Vol. 22, No. 1.

[65] Ritzer, G. 1993. *The McDonaldization of Society*. London: Sage.

[66] Ross, R. and Trachte, K. 1983. Global Cities and Global Classes. *Review*, Vol. 6, No. 3.

[67] Sassen, S. 1994. *Cities in the World Economy*. London: Pine Forge Press.

[68] Sassen, S. 1996. Cities and Commodities in the Global Economy. *American Behavioural Scientist*, Vol. 39, No. 5.

[69] Saxenian, A. 1983. The Genesis of Silicon Valley. *Built Environment*, Vol. 9, No. 1.

[70] Smith, D. 1994. *Geography and Social Justice*. Oxford: Blackwell.

[71] Smith, M. 1988. The Uses of Linked Development Policies in US Cities. In M. Parkinson, B. Foley and D. Judd

(eds.), *Regenerating the Cities*. Manchester: Manchester University Press.

[72] Swyngedouw, E. 1997. Neither Global nor Local: Globalization and the Politics of Scale. In K. Cox (ed.), *Spaces of Globalization*. New York: Guilford Press.

[73] Tao, Z. and Wong, Y. 2002. Honk Kong: From an Industrialised City to Center of Manufacturing—Related Services. *Urban Studies*, Vol. 39, No. 12.

[74] Thomas, J. 1992. *Informal Economic Activity*. Hemel Hempstead: Harvester Wheatsheaf.

[75] Thrift, N. 1989. The Geography of International Economic Disorder. In R. J. Johnston and P. J. Taylor (eds.), *A World in Crisis*. Oxford: Blackwell.

[76] Turok, I. 1992. Property-Led Urban Regeneration: Panacea or Placebo? *Environment and Planning A*, Vol. 24, No. 3.

[77] Walcott, S. 2002. Chinese Industrial and Science Parks. *Professional Geographer*, Vol. 54, No. 3.

[78] Walker, C. 2002. *Community Development Corporations and Their Changing Support Systems*. Washington D. C.: The Urban Institute.

[79] Warnes, A. 1994. Cities and Elderly People. *Urban Studies*, Vol. 31, No. 4/5.

[80] Watson, S. 1988. *Accommodating Inequality: Gender and Housing*. Sydney: Allen & Unwin.

[81] Whelan, N., Wrigley, N., Warm, D. and Cannings, E. 2002. Life in a Food Desert. *Urban Studies*, Vol. 39, No. 11.

[82] World Commission on Sustainable Development 1987. *Our Common Future*. Oxford: Oxford University Press.

[83] Wotherspoon, G. 1991. *City of the Plains*. Sydney: Hale & Iremonger.

[84] Yeh, A. 2001. Hong Kong and the Pearl River Delta. *Built Environment*, Vol. 27, No. 2.

[85] Zukin, S. 1995. *The Cultures of Cities*. Oxford: Blackwell.

# 1950年代以来日本城市地理学进展与展望

日野正辉

刘云刚　谭宇文 译校

Progress of Japanese Urban Geography after the 1950's and New Directions

Masateru HINO
(Department of Earth Science, Graduate School of Science, Tohoku University, Japan)

**Abstract** The purpose of this paper is to review the development of urban geography in Japan in the latter half of the 20th century, and to discuss the directions of Japanese urban geography towards the future. Japan had experienced remarkable urbanization from the 1950s to the 1970s. This time period was mainly characterized both by the rapid expansion of three largest metropolitan areas, especially the Tokyo metropolitan area, and by the marked growth of the regional central cities in provincial areas. Therefore, the researches on these two phenomena became active during the 1950s and the 1960s. In addition, these researches had been conducted from the perspective of functional region, in which the metropolitan areas and group of cities were recognized respectively as one system. Then, the quantitative analysis and the behavioral science approach were introduced and established in the 1970s. Subsequently, many attentions were paid to the structural change such as multinu-

---

**作者简介**

日野正辉，日本东北大学大学院理学研究科地理学院。

刘云刚、谭宇文，中山大学地理科学与规划学院。

**摘　要** 本文以10年为周期，对1950年代以来日本城市地理学的研究成果进行了逐段整理，归纳了各时期相关研究的动向及成果，并在此基础上对21世纪日本城市地理学的研究方向进行了展望。日本"二战"后1950～1970年代经历了一个城市化迅速发展的时期，尤以三大都市圈（特别是东京圈）以及地方中心城市的扩张最为引人注目。受此影响，关于大都市圈及地方中心城市的研究开始活跃。这些研究秉承功能地域论的观点，将城市作为功能分化但又相互关联的系统，其研究成果主要集中在城市空间结构和城市体系两个方面。1970年代，计量分析和行为方法开始出现；1980年代，大都市圈结构变化的研究和全球城市的研究开始兴起；1990年代，则出现了对亚洲城市化的研究以及着眼于居民日常行为的时间地理学研究；近年，日本城市人口由增加转为减少，又带来新的城市结构变化和新的城市问题。关于少子老龄化以及经济低迷背景下的城市更新再生的研究受到关注。应对这些相关课题的研究，将成为今后日本城市地理学发展的方向。

**关键词**　城市地理学；功能地域论；人口减少；日本

## 1　引言

本文的目的是回顾1950年代以来日本城市地理学的发展状况，并探讨其今后的研究方向。本文的研究对象限定在当代的城市相关研究。

本文以1950年代作为研究的起点，是因为"二战"前与"二战"后的日本城市地理学有着明显的研究观点差异，1950年代前后是一个分水岭。如果以地理学者参与城市

cleation of the metropolitan area in the 1980s. Studies on world cities by Japanese urban geographers during that time are worthy of special mention. During the next decade, both the researches on Asian urbanization after the latter half of the 1980s from viewpoints of FDI and new middle class, and the studies on social space of cities captured from residents' daily behaviors using the time-geography concept can be regarded as a new trend of urban geography in Japan. Furthermore, the problems of urban revitalization surfaced significantly under the circumstances of declining birthrates, growing elderly populations and economic recession in Japan. Contrary to urban geographical studies in Japan that focused very much on the urban expansion process during the 20th century, the research in the 21st century should rather discuss the scale-down process of cities. Moreover, presenting urban models to sustain vitalities of the cities is an important roles expected for the Japanese urban geographers. Monitoring continuously of the trends in cities and examining repeatedly of the transformations are essential to achieve this.

**Keywords** urban geography; functional region; population decline; Japan

研究作为起点的话，日本城市地理学的发端可追溯至 20 世纪初。东京帝国大学 1911 年开设地理学讲座的首任教授山崎在 1907 年发表的论文是先驱之作（木内，1951）。该时期的成果还包括探讨东京郊区变化的小田内（1918）的著作。继而，1924 年日本地理学会成立并发行学术杂志月刊《地理学评论》，其中第一卷即收录了五篇城市研究的论文。随后，1937 年的日本地理学会大会上，举办了名为"城市地理学之课题"的大型研讨会。诸如此类，从 1920 年代后期到 1930 年代，日本的城市研究开始活跃。其研究内容丰富，甚至出现了与"二战"后城市化研究类似的大城市郊区化及城市内部功能分异的研究。在部分研究中，还出现了对城市等级结构的实证研究（阿部，2003）。

从以上事实来看，对日本城市地理学研究发展史的探讨，似乎有必要包含"二战"前的研究成果。但另一方面，以"二战"前和"二战"后作为分界线来区分日本城市地理研究也有明确的理由。被称为"二战"后日本城市地理学研究起点的木内（1951）在《城市地理学研究》中有如下的论述：

> "……（"二战"前的城市地理学研究）虽部分涉及城市地域的功能分化，但尚未对其有机构成进行系统分析。而本书对城市内部地域进行划分，目的是建立各部分与整个城市的关联的解释。"

如木内所言，"二战"前的城市研究，并未将城市看做是一个功能分化但又相互关联的、整体的（或功能集合的）空间组织（空间系统），这一点在其他诸如城市区位研究及城市功能分类研究中也是同样。同理，"二战"前也出现了关于城市商圈、势力圈等的研究，但其多数也并没有触及限定各个城市商圈扩展范围的城市群等级体系。进一步说，功能地域论的观点不仅在城市地理学，在整个日本地理学研究中都没有发育起来。因此，区域的、空间的功能论

(或者说系统论）的观点被日本城市地理学研究接纳并得到普及是 1950 年代以后的事，这是一种范式的转变。笔者认为，这正是"二战"前与"二战"后城市地理学研究的差异之处。

关于"二战"后日本城市地理学的研究动向，至今已有不少优秀的综述成果。如关于 1950~1960 年代初期活跃的城市化研究，有石水（1962）、北川等（Kitagawa et al., 1976）的综述，而田边（1975）、北川（1976）和山田（1988）进一步综述了包括 1970 年代乃至 1980 年代的研究成果。其后，阿部（2003）以"20 世纪的日本城市地理学"为题，在汇总大量文献的基础上，对 20 世纪日本城市地理学的主要研究成果进行了归纳和评价，并对各研究领域的论文数量及相关研讨会主题的变迁一并进行了整理。本文参考这些既有成果，并在此基础上展开论述。

以下，本文以 10 年为周期，对 1950 年代以来的日本城市地理学研究成果进行整理，重在归纳各时期研究的新动向以及新的成果。在此基础上，对今后日本城市地理学研究的方向进行探讨。

## 2 1950 年代：城市地理学研究的新思潮

根据阿部（2003）对代表日本地理学界的两本学会会刊——《地理学评论》与《人文地理》中刊载的城市地理学论文数的统计，1945~1950 年有九篇论文，而 1951~1960 年间则有 46 篇。明显看出进入 1950 年代后，伴随着城市化推进，城市研究迅速增加。特别是 1955 年以后，日本经济从"二战"后的复兴期进入高速成长时期，三大都市圈产业投资兴旺，由此带动了迅速的人口集聚。1950 年的城市人口比重仅为 37%，1960 年已增至 63%（图 1）。在此期间，三大都市圈每年大约净增外来人口 40 万人（图 2），尤其是东京最为显著。因此，东京早在 1959 年制定的首都圈整备计划中，就已出台了

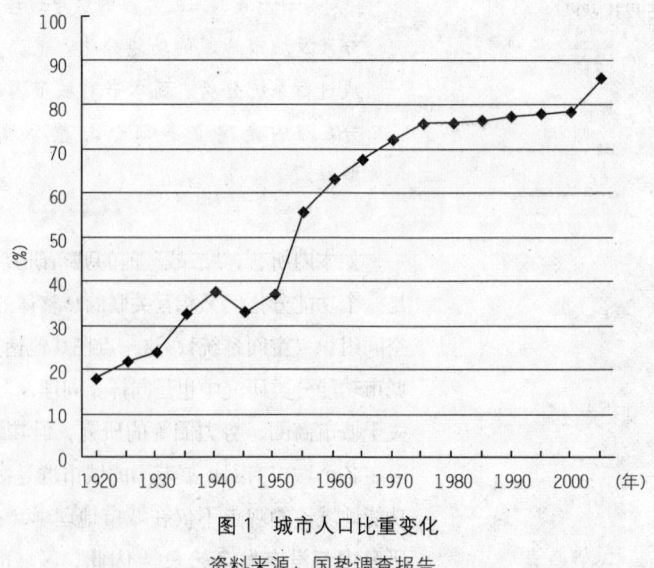

图 1　城市人口比重变化

资料来源：国势调查报告。

限制建成区内工业布局的法律，以解决人口过密问题。

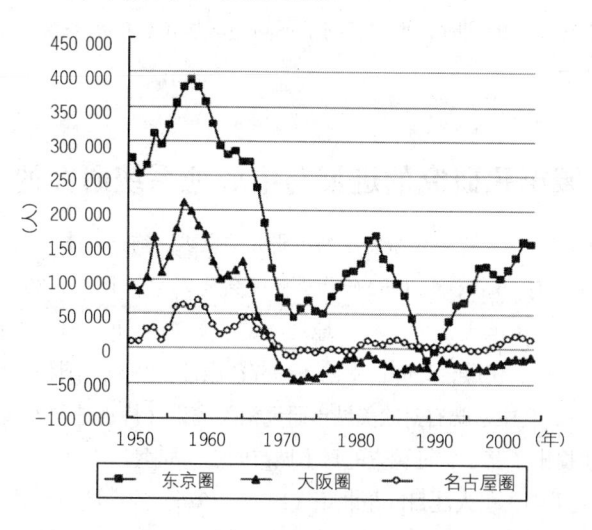

图2 三大都市圈净增外来人口变化

资料来源：居民基本情况统计。

伴随着人口向大城市集聚，一方面出现了大城市中心、副中心的商业与业务机能日益强化（清水，1954；今朝洞，1958）；另一方面在其周边的众多中小城市则因住宅开发，以及承接大城市的工业和教育机构的迁移扩散，而具有越来越明显的卫星城市职能（山鹿，1951、1959）。对于这一现象，专门从事卫星城市研究的山鹿在其著作中指出（山鹿，1967）：

"最近大城市的迅速扩张，由此带来人口和各种功能向周边扩散，已经超越了原有城市的范围，大城市与其周边已经形成了相互关联的地域。因此，当今对大城市的研究，仅着眼于建成区是不够的，还必须对其外围区域进行考察。"

关于地方城市的生活圈、商圈、势力圈的研究，在这一时期也取得了进展。小出（1953）最早通过购物次数、通勤人数、医院患者数等指标考察了长野市的生活圈现状（北川，1976）。随后，在其他地区也进行了类似的调查。此外，还出现了以中心地的功能分类和集聚程度为基准来测算中心性、判别中心聚落等级结构的研究（Watanabe, 1955），以及以移动距离说明中心地配置和居民购物地选择的理论研究（石水，1957）。但是，对克里斯泰勒中心地理论的系统介绍则要到1960年代才出现。

如此，1950年代城市地理学研究的大半已经是如木内所言，置于功能地域论的视角之下了。作为该时期的研究活动，特别值得一提的是，1958年日本地理学会成立了城市化研究委员会，该委员会对推动1960年代日本的城市化研究发挥了重要作用。尤其是，将以大都市圈的扩大为特征的20世纪后半期的城市化定义为"大都市化",得到了高度评价。另外,关于地方的城市化状况也进行了许多研究,在建立普遍的城市化概念的同时,也注意到了不同地区城市化的特殊性。这些成果在已出版的木内等(1964)中都有体现。

## 3  1960 年代:城市化研究的进展与中心地系统研究的展开

1960 年代日本城市化的发展进一步激发了城市研究的需求。前述两本学术杂志中刊载的城市地理学相关论文数,1950 年代有 46 篇,而 1960 年代大幅提高至 73 篇(阿部,2003)。以这些研究积累为基础,1960 年代中期到 1970 年代初期,城市地理学的教科书及研究著作相继刊行(山鹿,1964、1967;木内等,1964;山鹿、伊藤,1966;木内,1967;服部,1969;国松,1969;桑岛,1971;田边,1971;石水,1974)。其中,既有对欧美城市研究相关成果(特别是同心圆等大都市圈空间模型)的介绍和理解,同时也提出了基于实证调查的日本城市的空间模型。

1960 年代的研究成果中,引人注目的是北川(1962、1976)的广域中心城市的相关研究。之前对日本城市等级结构的认识,主要是划分为老六大城市(东京、大阪、名古屋、横滨、京都、神户)和地方城市两类。老六大城市是指"二战"前人口即过百万的城市,1956 年政令指定都市制度实施时,这些城市又都受到指定(东京是 1943 年已转为都制)。对于地方城市,则没有进一步的等级划分。但事实上,在地方城市中,札幌、仙台、广岛、福冈四市是带有更为广泛的区域性的,不仅人口规模庞大,"二战"后的发展也极其迅速,其经济、行政、教育等城市功能水平与其他地方城市有明显不同。

北川从以上的认识出发,将上述四城市置于老六大城市与地方城市之间,另开一类,称之为"广域中心城市",这是非常有远见的。广域中心城市在其后的城市研究中与三大都市同样瞩目,在 1969 年内阁会议上形成的第二次全国综合开发计划中也与三大都市一样同是国土网络形成的结点。在 1969 年仙台举办的日本地理学会年会上,召开了以"广域中心城市"为题的主题研讨会,报告了原四个广域中心城市加上高松和名古屋,共六城市的广域中心性的形成和动态(木内、田边,1971)。

另外,与广域中心城市研究相关,这一时期受到关注的还有"中枢管理机能说"。在东京、大阪,进入 1960 年代后已经没有了接收新建工业用地的余地,反而要对工业发展进行限制。但即使这样,两个城市的发展并未停滞,反而持续扩张。这说明,这两大城市的成长已不再是依靠工业集聚,而是依靠中央部委及大企业总部等代表的"中枢管理机能"的集聚而产生。基于这种认识,对全国主要城市的中枢管理机能集聚量的测算研究开始展开,其研究结果表明:在中枢管理机能的集聚量上,大阪与东京之间存在较大的差距;同时,四大广域中心城市的地位仅列于三大都市之后。大阪与东京之间差距较大,主要是由于大企业的总部机能主要在东京。由此判定,日本的国土格局已经从东京—大阪的两极结构转变为东京一极结构。此外,关于广域中心城市的中枢管理机能集聚,则主要是由于中央部委的地方派出机构,还有"二战"后经济高度成长期迅速增多的大企业分支机构大量向这些城市集中所致,由此带动了城市增长及中心性的增强,这些城市因此也被称为"分部经济城市"(吉田、

1972)。由此，关于企业总部、分部布局与城市等级的关联性研究不断涌现，由此也进一步引发了对承担中枢管理机能的办公用地布局的关注，促使1970年代以后对CBD以及办公用地研究的发展。

此外，1960年代有关中心地体系的研究也取得了新的进展。虽然1950年代已经出现了以地方中小城市为对象的、以中心地功能集聚为指标的城市等级划分，但对于克里斯泰勒中心地理论的系统说明著述尚未出现。进入1960年代，中心地理论的重要性才逐渐被认识，首先由经济地理学者对此理论进行了解释。进而，1969年克里斯泰勒的著作被翻译出版，进一步加深了中心地理论的理解。此外，美国贝里与加里森（Berry and Garrison, 1958）使用"阈值"（threshold）概念对中心地功能及中心地等级的定量划分研究也被介绍过来。1974年，森川对中心地研究的总体进展进行了整理。而西村（1965、1977）则通过计算中心地吸引力的均衡点，确定了中心地的势力圈，也是该时期研究的一个亮点。

## 4 1970年代：计量分析、行为方法的普及和城市体系研究

1970年代最为显著的动向是计量分析的普及。石水作为前述城市化研究委员会的成员，主要承担对城市化概念的总结及欧美研究成果的介绍，到了1970年代，他则与奥野一道成为了日本理论计量地理学的推进者（石水、奥野，1973；石水，1976）。美国1950年代产生了被称之为计量革命的地理学新动向，而日本计量分析的普及则晚了不少。

石水、奥野介绍了各种分析方法，但在城市地理学中应用最广的是因子分析和聚类分析。因子分析的运用早在1960年代已经见诸研究（服部、加贺谷、稻永，1960），但其后一段时间内却没有再出现。到了1970年代，山口（1970）参照欧美的研究成果，论述了在城市功能分类及城市居住分化的分析中主成分分析（因子分析）的有效性。此外，1970年代大型计算机和统计分析软件在全国主要大学中开始普及，也使多变量解析等统计分析变得更为容易。

在此背景下，出现了城市内部的居住分化研究（因子生态学研究：山口，1976；森川，1976），以及城市群体系的城市维数时序比较研究（日野，1977）。前者的研究成果主要是明确了日本城市居住分化的基本因素，是家庭生活周期和社会经济地位两大因子，以及由此形成的城市空间结构，主要是同心圆和扇形两种模式。后者的城市群体系维数研究，则明确了社会阶层是分散量最大、重复最多的维数，而其他维数则随城市群体系的变动而变化。

该时期研究动向的另一个特征包括消费者购物行为分析（高坂，1976）、心理地图研究（中村，1978）以及创新的扩散研究（杉浦，1982；Murayama, 2000）等，以行为方法为基础对空间过程表示关注的研究，也与计量分析同时兴起。

此外，1970年代的另一个动向是城市体系研究的兴起。而这一动向与日本地理学会在1977年设置城市体系研究组不无关系。该组是与IGU的National Settlement Systems（NSS）研究委员会对应的组织（山田，1988）。其研究成果于1982年以《日本的城市体系——地理学研究》为题出版。其中的

城市体系被分为了波恩 1975 年所描述的日常生活圈城市体系（Daily Urban System）、区域城市体系（Regional Urban System）和国家城市体系（National Urban System）三类。另外，日野（1981）单独提出了城市群体系研究的框架，其中进一步强调了探讨大企业办公用地布局与城市群体系等级结构之间关联的必要性。

## 5  1980 年代：大都市圈的结构变化与世界城市研究的开端

1970 年代在美国及英国出现了大都市人口减少与大都市圈外人口增加的逆城市化现象，大都市的内城衰退等问题日益深化。日本尽管还没到达逆城市化阶段，但 1970 年代大城市的人口吸引力已大幅降低（图 2）。另外，由于制造业向各地方分散，地方中小城市的人口流出也部分得到了抑制。

在此背景下，1980 年代出现了大都市圈空间结构的变化。之前郊区的就业、购物、教育等日常生活基本功能主要依附于中心城市。但由于郊区人口的增长，以及产业和城市功能日益向郊区转移，郊区中心地迅速形成，郊区的独立性大为增强。这一点在统计上得到了确认（富田，1988、1995；田口、成田，1986；藤井，1986；高桥、谷内，1994），另外，在通勤流、人流调查以及郊区就业结构变化等方面的研究中也得到了印证。在首都圈，由于 1980 年代东京一极集中更为严重，为了缓解这一状况，日本采取了在周边地区指定业务核心城市，分散东京都核心区业务机能集中的分散化政策，并形成了"分散型网络结构"的构想，试图从政策上推动大都市圈空间结构的多极化过程。事实上，从 1980 年代末开始，多数作为业务机能分散地的郊区城镇，已经开始允许商业用地移入布局（佐藤，2001）。

在 1980 年代的城市研究中，大阪市立大学经济研究所为大阪市建市 100 周年纪念所发行的《世界的大都市》（共 8 卷）也值得关注。被收入的城市有伦敦、纽约、曼谷、新加坡、吉隆坡、墨西哥城、上海、北京和东京、大阪。这是一个跨学科研究项目，尽管不是城市地理学的专有研究成果，但地理学者作为主要成员参与了研究。遗憾的是，此书涉猎的范围截止到 1970 年代，没有提及弗里德曼等（Friedmann and Wolff, 1982; Friedmann, 1988）提出的世界城市理论。但是，书中详细介绍了伦敦、纽约的内城问题以及墨西哥城的过度城市化现象，对 1980 年代的全球化及世界城市化现象的理解大有裨益。另外，成田（1987）介绍了伦敦、伯明翰、纽约、芝加哥等城市衰退地区的产生与再生的策略，并讨论了大阪市内地区的重建策略，其中提出了振兴本地小工业的必要性。之前的大城市产业布局政策都是主张通过工业搬迁来缓解大城市过密，而这一研究则提出了相反的观点。

此外，以田边、長谷川为核心的东北大学研究组对地方城市的城市化动态进行了整理，其成果以仙台市为对象，结集成《实验都市"仙台"》（田边、長谷川，1982）出版。虽算不上是新的研究，但仍有说明城市多角度分析的实用价值。此外，森川（1980）和林（1986）出版了中心地体系的理论著作，尽管此时中心地研究已内含于城市体系研究中，但作为 1980 年代城市地理学的成果仍备受注目。此外，如戸所（1986）的研究，通过考察建筑物各楼层的功能分化等来概括城市中心区的功能分化类型，也是饶有趣味的成果。

## 6　1990年代：对全球化与城市重建的关注

　　如前所述，1970年代计量分析普及之时，行为方法也开始抬头。而到了1990年代，除了与1970、1980年代的计量分析一体化的行为科学的分析以外，关于城市居民的性别差异、社会经济属性、居住地差异等导致的行为模式差异研究大量兴起。它们与以往以功能分化分析为主的城市空间结构研究主流不同，从居民的日常空间行为获取城市空间结构的特质是其显著特征。因此，对该类研究来说，居民的日常行为把握最为重要，研究者重视时间地理学的思考方法与行为模拟（荒井等，1996）。

　　从GIS与时间地理学的视角出发，出现了对城市居民的日常生活中城市设施的利用状况与问题进行探讨的研究（宫泽，1998）；从性别差异视角出发，也出现了对大城市独身女性的住宅选择特性进行探讨的研究（若林等，2002；由井等，2004）。此外，还出现了从企业从业人员的日常交流行为记录出发，来解释办公用地都心布局原因的研究（池泽，1994）。

　　1990年代主要的城市问题是，地方城市的中心商业区受到郊区布局的大型店铺影响，衰退程度加深而成为社会问题。与之对应，城市地理学领域中也出现了对中心商业区的店铺空置及振兴策略等的调查研究（山川，2004）。进入2000年以后，报告显示人口向都心回归，而其原因分析指出，少子老龄化的继续，以及1991年泡沫经济破灭后地价下落引起的都心公寓供给量增大是主要因素（矢部，2003）。

　　另外，对国外大都市的研究在1980年代以来也持续兴盛。特别是，基于田野调查的研究数量增加。其结果是出现了新的独立的城市模型。1995年发行的、由大阪市立大学经济研究所监修的《亚洲的大都市》（共5卷），提出了与传统的依据过度城市化理论构建的城市模型不同的新城市模型，受到广泛好评。1980年代后期以来东南亚的大城市中，由FDI引起的经济发展，使得都心部掀起了高层建筑建设热潮，伴随郊区的工业用地及居住区开发、机动化的推进及都市圈的扩大，出现了新中间层（工薪族）的扩大及都心、郊区商业地开发以惊人的速度推进。这些现象以过度城市化理论已经难以说明。小长谷（1999）将这一新的城市化形态概念化为"FDI型新中产城市"〈《亚洲大都市2（雅加达）》〉。其与"扩大大都市圈"等用语，很好地概括了在经济全球化背景之下迅速成长的东南亚大城市的特质。

　　其余的国外研究的成果还有生田（2001）、高桥等（2003）、平（2001）等基于当地调查而形成的专著。高桥等的著作跳出了以往的国家视角，在欧盟形成的背景中探讨了法国地方城市向欧洲城市的转变，其中空间组织的变化引起城市发展的巨变这一点尤为引人注意。此外，1990年代也出现了大量多年积累研究成果出版的高潮（阿部，1991；富田，1995；日野，1996；伊藤，1997；由井，1999；山下，1999）。

## 7 结语：今后的方向

以上概述的日本城市地理学进展总结如图3所示。日本社会如今已处于巨大的时代转换变革之中，城市的空间结构以及城市经济的结构变化正在进行。现在的城市结构变化的原因求解以及基于未来预测的政策探讨都显得十分必要。在这些问题上，城市地理学需要和其他相关学科一道，积极努力。

1998年由内阁会议决定通过的第五次全国综合开发计划，在其开篇对长期的社会变化做了以下四点概述（国土厅，1998）。

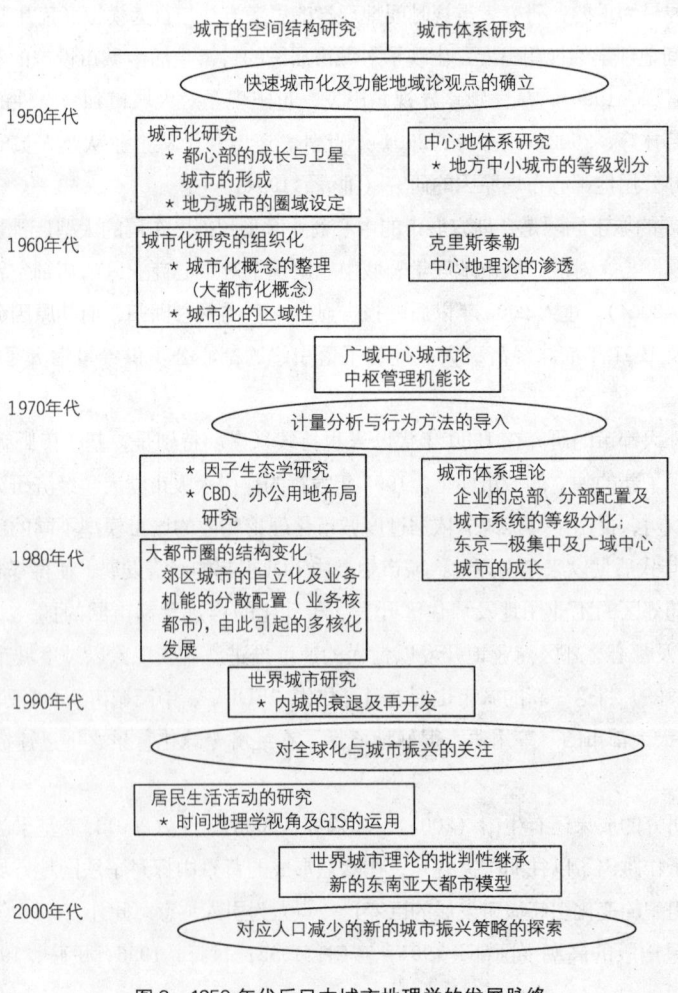

| | 城市的空间结构研究 | 城市体系研究 |
|---|---|---|
| | 快速城市化及功能地域论观点的确立 | |
| 1950年代 | 城市化研究<br>* 都心部的成长与卫星城市的形成<br>* 地方城市的圈域设定 | 中心地体系研究<br>* 地方中小城市的等级划分 |
| 1960年代 | 城市化研究的组织化<br>* 城市化概念的整理（大都市化概念）<br>* 城市化的区域性 | 克里斯泰勒中心地理论的渗透 |
| 1970年代 | | 广域中心城市论<br>中枢管理机能论 |
| | 计量分析与行为方法的导入 | |
| | * 因子生态学研究<br>* CBD、办公用地布局研究 | 城市体系理论<br>企业的总部、分部配置及城市系统的等级分化；东京一极集中及广域中心城市的成长 |
| 1980年代 | 大都市圈的结构变化<br>郊区城市的自立化及业务机能的分散配置（业务核都市），由此引起的多核化发展 | |
| 1990年代 | 世界城市研究<br>* 内城的衰退及再开发 | |
| | 对全球化与城市振兴的关注 | |
| | 居民生活活动的研究<br>* 时间地理学视角及GIS的运用 | |
| | | 世界城市理论的批判性继承<br>新的东南亚大都市模型 |
| 2000年代 | 对应人口减少的新的城市振兴策略的探索 | |

图3 1950年代后日本城市地理学的发展脉络

(1) 国民意识的大转换：国民价值观从寻求量到寻求质的丰富性转变，从整齐划一到追求选择的自由，重视自然的价值。男女的性别角色也发生了变化，在各种社会事务中，争取参与的国民主体性日益增强。

(2) 地球时代：地球环境问题中代表性的食物、资源、能源的供应问题需要在国际框架下进行处理。另外，伴随着今后企业跨国化的进一步发展，社会组织以及个人层次的国际化交流日益加强，跨越国界的交流量将得到飞跃式增长。

(3) 人口减少、老龄化：由于少子化，日本人口在21世纪初期将迎来数量上的顶点，而后进入减少的局面，同时老龄化状况也将不断加深。其结果，将使区域社会产生巨大变化。

(4) 高度信息化时代：信息、通信领域的发展超越了时间与距离限制，有助于减轻信息资源获取的区域差距、提高各项活动布局的自由度。

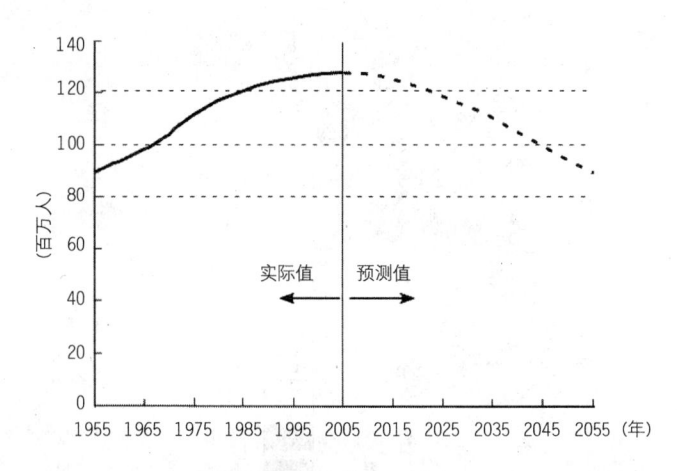

图4 日本的人口预测

资料来源：国立社会保障和人口问题研究所：《日本分市县区人口预测2000～2030》，2004年。

将上述展望与当前的状况相对照，尽管有些说法仍缺乏依据，但总体上是对日本社会变动方向的很好的概括。无论何种变化，最终都会对城市空间结构及城市体系结构产生重大的影响。特别是由少子老龄化所引起的人口减少（图4），以及由全球化的进展而导致的影响将对城市的发展方向产生直接的影响。比如在地方小城市，伴随着少子老龄化的人口减少已经开始（图5），包含城市的农村地区的活力低下成为让人担忧的问题。森川（2009）指出，在国土政策中，不仅要关注地方中心城市，从国土均衡发展的观点出发还必须对地方小城市的振兴倾注力量。另外，在地方中枢城市及县域中心城市，大企业的海外投资不断增大，同时国内分支机构日益减少，出现了地方分支减少的现象，像迄今那样的仅依靠东京为顶点的等级关系依附发展已变得不大可能。日野正辉（Hino, 2009）指出，作为今后发展可预见的城市间关联模式，地方城市自身将成为中心，与包括国外的众多其他城市之间形成水平关系网络。小長谷（2005）提出，大城市中开发的重点从郊区的新开发向优化再造转换，为了创造更多雇佣必须进行新产业开发，特别是文化和内容产业的培育应给予重视。成田（2005）对今后的大城市图景作出预测，提倡以地球城市代替过去以跨国企业为主角的世界城市图景，期待产生在共生及产业、文化、居民构成等方面拥有多样性的城市。另外，以国外城市为对象，山下（2008）开始尝试从环境负荷的视角出发评价城市的空间结构。

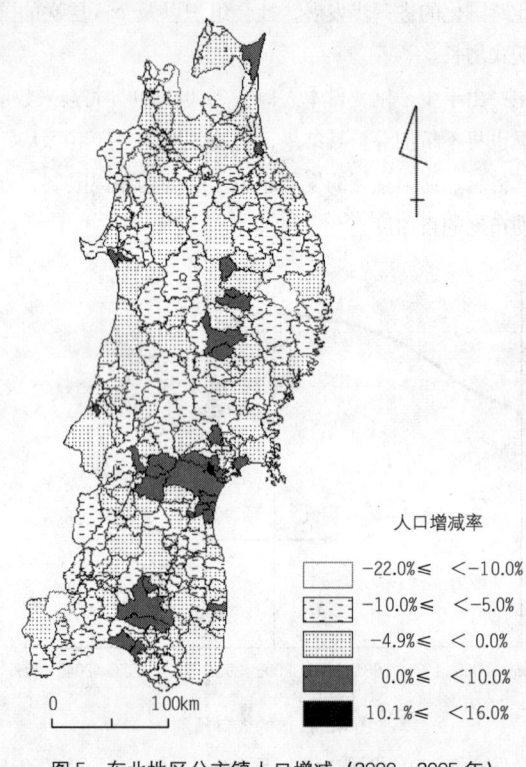

图5 东北地区分市镇人口增减（2000～2005年）
资料来源：2005年国势调查。

综上所述，日本的城市地理学从1950年代、1960年代大城市迅速扩张时的城市化研究出发，至今已经过半个世纪。如今城市正在由扩大转向缩小，需要对这一新的现象进行把握，并构想未来城市的模样。在城市缩小的过程中，会有前所未有的种种现象出现。因此，需要对这些现象和过程进行不断模拟，并不断思考变化的方向。城市地理学所擅长的田野调查，在未知的缩小社会中，也一定是发现保持活力的城市模型的有效方法。

**致谢**

国家自然科学研究基金项目（NSFC 40701041、40871066、40971092）、教育部博士点基金项目（20070558072）、国家科技基础性工作专项项目（2007FY140800）、留学回国人员科研启动基金项目联合资助。本文为2009年10月

18日中国地理学会百年庆典大会城市地理学专业委员会特邀报告论文。

## 参考文献

[1] 阿部和俊：《20世紀の日本の都市地理学》，古今書院，2003年。
[2] 阿部和俊：《日本の都市体系研究》，古今書院，地人書房，1991年。
[3] 北川建次："日本における広域中心都市の発達と意義"，《人文地理》，1962年第14期。
[4] 北川建次：《広域中心地の研究》，大明堂，1976年。
[5] 成田孝三：《成熟都市の活性化——世界都市化から地球都市へ》，ミネルヴァ書房，2005年。
[6] 成田孝三：《大都市衰退地区の再生——住民の機能の多様性と複合化をめざして-》，大明堂，1987年。
[7] 池澤裕和："仙台に立地する企業支店従業者の接触行動パターン"，《地理学評論》，1994年第67期。
[8] 大阪市立大学経済研究所監修、宮本健介、小長谷一之編：《アジアの大都市2ジャカルタ》，日本評論社，1999年。
[9] 大阪市立大学経済研究所監修、田坂敏雄編：《アジアの大都市1バンコク》，日本評論社，1998年。
[10] 大阪市立大学経済研究所編、山崎春成著：《世界の大都市3メキシコシティ》，東京大学出版会，1987年。
[11] 大阪市立大学経済研究所編：《世界の大都市1ロンドン》，東京大学出版会，1985年。
[12] 大阪市立大学経済研究所編：《世界の大都市4ニューヨーク》，東京大学出版会，1987年。
[13] 服部銈二郎：《大都市地域論》，古今書院，1969年。
[14] 服部銈二郎、加賀谷一良、稲永幸男："東京周辺における地域構造"，《地理学評論》，1960年。
[15] 富田和暁："わが国大都市圏の構造変容研究の現段階と諸問題"，《人文地理》，1988年第40期。
[16] 富田和暁：《大都市圏の構造的変容》，古今書院，1995年。
[17] 高坂宏行："消費者買物行動からみたシテ埼玉県加須市商圏の内部構造について"，《地理学評論》，1976年第45期。
[18] 高橋伸夫、手塚章、村山祐司、ジャンロベール＝ピット編：《EU統合下におけるフランスの地方中心都市》，古今書院，2003年。
[19] 高橋伸夫、谷内達：《日本の三大都市圏——その変容と将来像》，古今書院，1994年。
[20] 宮澤仁："東京都中野区における保育所へのアクセス可能性に関する時空間制約の分析"，《地理学評論》，1998年第71期。
[21] 国松久弥：《都市経済地理学》，古今書院，1969年。
[22] 国土庁編：《全国総合開発計画：21世紀の国土のグランドデザイン——地域の自立の促進と美しい国土の創造-》，大蔵省印刷局，1998年。
[23] 戸所隆：《都市空間の立体化》，古今書院，1986年。
[24] 荒井良雄、岡本耕平、神谷浩夫、川口太郎：《都市の空間と時間——生活活動の時間地理学》，古今書院，1996年。
[25] 吉田宏："広域中心都市論序説——仙台市を例として-"，《地学雑誌》，1972年第81期。
[26] 今朝洞重美："東京における繁華街地区の地理学的考察"，《地理学評論》，1958年第31期。
[27] 林上：《中心地理論研究》，大明堂，1986年。
[28] 木内信蔵：《都市地理学研究》，古今書院，1951年。
[29] 木内信蔵、田辺健一：《広域中心都市——道州制の基礎》，古今書院，1971年。

[30] 木内信蔵編：《都市・村落地理学》，朝倉書店，1967年。
[31] 平篤志：《日本系企業の海外立地展開と戦略——都市圏・地域圏スケールにおける地理学的分析》，古今書院，2005年。
[32] 清水馨八郎："大都市交通量の偏倚と都心の人口吸引力——大都市交通問題とその対策に関する一試案"，《地理学評論》，1954年第27期。
[33] 日野正輝："戦後日本における都市群システムの動向分析——都市次元の時系列比較"，《地理学評論》，1977年第50期。
[34] 日野正輝："都市群システム研究の方法と課題——特に大企業の空間構造および行動との関連において"，《人文地理》，1981年第33期。
[35] 日野正輝：《都市発展と支店立地》，古今書院，1996年。
[36] 若林芳樹、神谷浩夫、木下禮子、由井義通、矢野桂司：《シングル女性の都市空間》，大明堂，2002年。
[37] 桑島勝男：《都市の機能地域》，大明堂，1971年。
[38] 森川洋："'二層の広域圏'の'生活圏域'構想に関する考察と提言"，《人文地理》，2009年第61期。
[39] 森川洋："広島・福岡両都市における因子生態(Factorial Ecology)の比較研究"，《地理学評論》，1976年第49期。
[40] 森川洋：《中心地研究》，大明堂，1974年。
[41] 森川洋：《中心地論 I, II》，大明堂，1980年。
[42] 山川充夫：《大型店立地と商店街再構築——地方都市中心市街地の再生にむけて》，八朔社，2004年。
[43] 山口岳志："因子分析による都市の研究——アーバンシステムを中心して"，《地理学評論》，1970年第43期。
[44] 山口岳志："札幌市の社会地域分析——因子生態的研究"，東京大学教養学部人文科学科紀要，1976年第62期。
[45] 山鹿誠次、伊藤善市編：《東京周辺都市の研究》，大明堂，1966年。
[46] 山鹿誠次："衛星都市としての浦和の機能——大都市圏の拡大に伴う地方都市の変質"，《地理学評論》，1951年第24期。
[47] 山鹿誠次："東京都清瀬町の都市化——大都市周辺における病院町の成立"，《地理学評論》，1959年第29期。
[48] 山鹿誠次：《都市地理学》，大明堂，1964年。
[49] 山鹿誠次：《東京大都市圏の研究》，大明堂，1967年。
[50] 山田誠："最近の都市地理学研究"，《都市問題研究》，1988年第40～42期。
[51] 山下潤："ストックホルム大都市圏における都市構造の変化による環境負荷への影響"，《比較社会文化》，2008年第14期。
[52] 山下宗利：《東京都心部の空間利用》，古今書院，1999年。
[53] 杉浦芳夫："明治中期のわが国における電灯会社の普及課程——特に都市群体系との関連において"，《地理学評論》，1982年第55期。
[54] 生田真人：《マレーシアの都市開発——歴史的アプローチ》，古今書院，2001年。
[55] 石水照雄："会津盆地における村落から都市への外出の指向性——集落の位置関係"，《地理学評論》，1957年第30期。
[56] 石水照雄："本邦地理学界における都市化研究の現段階"，《地理学評論》，1962年第35期。
[57] 石水照雄：《計量地理学概説》，古今書院，1976年。

[58] 石水照雄：《都市の空間構造理論》，大明堂，1974年。
[59] 石水照雄、奥野隆編：《計量地理学》，共立出版，1973年。
[60] 矢部直人："1990年代後半の東京都心における人口回帰現象——港区における住民アンケート調査の分析を中心にして"，《人文地理》，2003年第55期。
[61] 藤井正："大都市圏における地域構造研究の展望"，《人文地理》，1986年第42期。
[62] 田口芳明、成田孝三編：《都市圏多核化の展開》，東京大学出版会，1986年。
[63] 田辺健一、長谷川典夫編：《実験都市"仙台"》，大明堂，1982年。
[64] 田辺健一、渡邊良雄：《都市地理学》，朝倉書店，1985年。
[65] 田辺健一："日本における都市地理学の発展——都市地理学者の研究系譜を通して"，《東北地理》，1975年第27期。
[66] 田辺健一：《都市の地域構造》，大明堂，1971年。
[67] 田辺健一編：《日本の都市システム——地理学的研究》，古今書院，1982年。
[68] 西村睦："勢力圏の設定——商圏"，《人文地理》，1965年第17期。
[69] 西村睦：《中心地と勢力圏》，大明堂，1977年。
[70] 小長谷一之：《都市経済再生のまちづくり》，古今書院，2005年。
[71] 小田内通敏：《帝都と近郊》，大倉研究所，1918年。
[72] 伊藤悟：《都市の時空間構造——都市のコスモロジ-》，古今書院，1997年。
[73] 由井義通、神谷浩夫、若林芳樹、中澤高志：《働く女性の都市空間》，古今書院，2004年。
[74] 由井義通：《地理学におけるハウジング研究》，大明堂，1999年。
[75] 中村豊："名古屋における地理的空間とメンタルマップ"，《地理学評論》，1978年第51期。
[76] 佐藤英人："東京大都市圏におけるオフィス立地の郊外化メカニズム——大宮ソニックシテを事例として-"，《人文地理》，2001年第53期。
[77] Berry, B. J. and Garrison, W. L. 1958. The Functional Bases of the Central Place Hierarchy. *Economic Geography*, Vol. 34.
[78] Bourne, L. S. 1975. *Urban Systems: Strategies for Regulation*. Clarendon Press, Oxford.
[79] Friedmann, J. and Wolff, G. 1982. World City Formation: An Agenda for Research and Action. *International Journal of Urban and Regional Research*, Vol. 6, No. 3.
[80] Friedmann, J. 1986. The World City Hypothesis. *Development and Change*, Vol. 17.
[81] Hino, M. 2009. An Alternative Direction for Maintaining the Vitality of Japanese Regional Cities in the Transition Stage. Sci. Rep. of the Tohoku Univ. Seventh Ser. (Geogr.), Vol. 56.
[82] Kitagawa, K., Kobayashi, H., Morikawa, H., Tanabe, K. and Watanabe, Y. 1976. Development of Urban Geography. In Kiuchi, S. (ed.), *Geography in Japan*.
[83] Watanabe, Y. 1955. The Central Hierarchy in Fukushima Prefecture—A Study of Rural Service Structure. Sci. Rep. of the Tohoku Univ. Seventh Ser. (Geogr.), Vol. 4.
[84] Murayama, Y. 2000. *Japanese Urban System*. Kluwer Academic Publisher, Dordrecht (Netherlands).

# 多维视角下的跨界冲突—协调研究
## ——以珠江三角洲地区为例

王爱民　徐江　陈树荣

**Multidimensional Angle of View on the Interjurisdictional Conflicts-Coordination—A Case Study of PRD Region**

WANG Aimin[1], XU Jiang[2], CHEN Shurong[3]
(1. Department of Tourism and Territorial Resources, Chongqing Technology and Business University, Chongqing 400067, China; 2. Department of Geography and Resource Management, The Chinese University of Hong Kong, Hong Kong, China; 3. Shanxi Urban & Rural Planning Design Institute, Taiyuan 030001, China)

**Abstract** After rapid development over three decades, the Pearl River Delta (PRD) Region faced rigorous challenges of interjurisdictional conflict and coordination at present. Problems, conflicts and contradictions of regional development interweaved with each other under the theme of "administrative region-interjurisdictional conflicts-regional coordination", thus stressed the importance of the stabilization, coordination and innovation mechanisms of interjurisdictional conflictions in PRD region. The solution to interjurisdictional conflicts, as well as the advance of interjurisdictional coordination and cooperation, has invoked the reform of the organization and function of multi-parties of regional government, economic units and non-governmental organizations, thereby, it was necessary to

**作者简介**
王爱民，重庆工商大学旅游与国土资源学院；
徐江，香港中文大学地理与资源管理学系；
陈树荣，山西省城乡规划设计研究院。

**摘　要**　经过30多年的高速发展，珠江三角洲地区正面临着跨界冲突与协调的严峻挑战。区域发展的种种重大问题、冲突与矛盾在"行政区—跨界冲突—区域协调"这一主题下交织与渗透，使跨界冲突的稳定、协调与创新机制变得极为重要。对跨界冲突的应对与处理，以及跨界协调与合作的推进，引出地方政府、市场经济单元和民间组织等多重行为主体在机构设置与功能改革上的挑战，迫切需要重新审视已有的制度安排与策略选择。借鉴纳恩和罗森特伯的跨界合作模型，构建适宜珠江三角洲跨界冲突—协调多维分析框架，并以不同的案例进行剖析。进一步对珠江三角洲跨界冲突—协调的现实困境进行总结，提出跨界综合协调的战略思路。

**关键词**　跨界冲突—协调；多维分析模型；珠江三角洲地区

　　随着跨界冲突的负外部性和合作的共赢性的凸现，跨界冲突—协调的研究已为学术界高度关注。弗里斯和普利姆斯（Vries and Priemus, 2003）在"西北欧大型廊道：跨空间管治"一文中指出：连接西北欧主要城市的大型廊道面临空间管治的挑战，集体行为的变革影响着这些地区的发展，而成功与否强烈地取决于部门之间、政府—私人、国家—地方的跨界协调。霍尔和佩因（Hall and Pain, 2006）对西北欧八大城市群的跨界治理从企业的角度作了深入分析。纳恩和罗森特伯（Nunn and Rosentraub, 1997）等构建了跨界合作的多维评价框架。一些学者从交通通信和基础设施的整合、社会公共机构的能力开发、政策设计、制度体系重构等方面对跨界协调建设能力进行了探讨（Iain review the existing institution and strategy approaches. Based on the model of interjurisdictional cooperation put forward by Samuel Nunn and Mark S. Rosentraub, a multidimensional model of interjurisdictional conflicts-coordination was established, and different case studies of the interjurisdictional conflicts-coordination in PRD Region are analyzed based on this model. Furthermore, the realistic dilemmas and strategic solutions of the interjurisdictional conflicts-coordination are addressed also.

**Keywords** interjurisdictional conflict-coordination; multidimensional model; PRD region

and Benito, 2003; Dai, 2003)。国内学术界围绕地方政府行为与跨界冲突、城市与区域管治、跨界协作等议题展开了深入研究, 对促进跨界冲突—协调提出了建设性的设想和安排（宁越敏等, 1998; 周振华, 2002; 张京祥等, 2005; 王爱民等, 2007; 施源、邹兵, 2004）。但总体上看, 国内跨界冲突—协调的理论指导已滞后于各地一直在创新性探索的各种实践活动; 同时, 理论的提升尤其是把各种具体的协调模式纳入到一套整合的多维分析框架中尚存不足。

## 1 跨界冲突—协调多维分析框架的构建

在保持纳恩和罗森特伯模型大的框架内容体系前提下, 结合中国实际情况, 对该模型进行了以下修正: ①将跨界冲突—协调问题的显隐程度进行了区分, 突出了隐性冲突的重要性; ②鉴于政府部门及行政化手段在中国跨界冲突—协调中的突出作用, 对跨界冲突—协调的参与主体和制度策略进行了调整, 与原模型中的显隐程度排序形成倒置与反差; ③由于中国的跨界冲突—协调仍处于起步阶段和各种模式途径的探索阶段, 有些效果还不明显, 目前还难于获得较长时段的后效评估资料, 所以原模型中跨界冲突—协调的效果分析这块内容本文暂不考虑。从而构建一个相对适合珠江三角洲城镇群跨界冲突—协调的多维分析模式。该模型包括了跨界冲突—协调的问题导向、目标导向、参与主体和制度策略四个维度（列）, 每一维度上又由若干特征要素组成（行）, 并依据某种特性的强弱按位序排列, 由此构建了一个具有矩阵结构的分析框架（图1）, 该分析框架中, 存在多样化的组合, 而特定地区的特定组合就创构了特定的跨界冲突—协调模式。

### 1.1 跨界冲突—协调的问题导向与目标导向

跨界冲突—协调的首要议题是要解决什么样的问题或达到何种目标？图1所示的跨界冲突—协调多维分析框架中,

列出了六个方面的问题和四种协调目标：依据显性或隐性差异，问题导向自下而上隐性程度逐渐减小；由于要达到的协调目标和所要解决的问题不同，达到目标所遇到的抵制程度也不相同，自下而上逐渐增大。

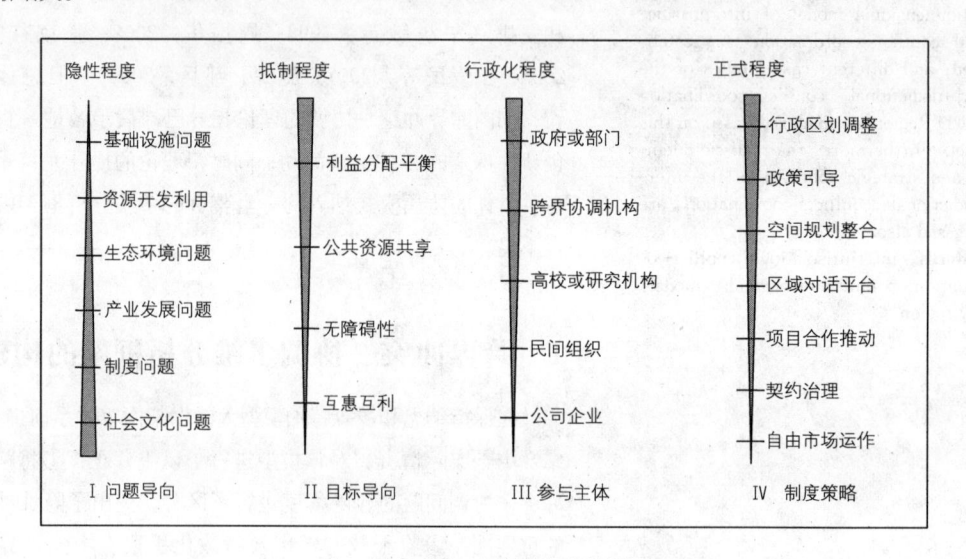

**图1 跨界冲突—协调多维分析框架**

跨界协调要取得什么样的目标？对规划者还是城市领导来说，都是摆在他们眼前的首要问题。跨界冲突—协调多维分析框架列出了跨界冲突—协调的五种目标，根据为实现这些目标或解决相应问题中所遇到的政治抵制的大小来排列。如图1中第一栏所示，自下而上分别为互惠互利、无障碍性、公共资源共享和利益分配平衡过程，由于要达到的协调目标和所要解决的问题不同，其所遇到的政治抵制也不同，是自下而上逐渐增大。

当参与合作的各方都能实现互惠互利，达到双赢或多赢局面，这种合作就可能自发产生，尤其是一些具有广泛区域影响力的基础设施项目；相对而言，一些生产要素进入的无障碍或已有设施的共享的跨界协调难度就比较大，已有的政治、经济和社会结构确定了受益者和非受益者的分配格局，受益者为维护既得利益，必然形成不同程度的抵制；最后，地区利益的直接性冲突，即利益的再分配问题，如资源从富裕地区流向贫困地区，成为所有跨界冲突—协调中最难实现的目标，既得利益者为了维护自己的利益，必然出现千方百计地阻止任何能改变这种现有利益分配格局的行为，在这种情况下，如果没有上层政府的宏观调控，仅凭各地区之间自发的协调活动难以取得实质性的进展。

## 1.2 跨界冲突—协调的参与主体与制度策略

在目标和问题导向下，跨界冲突—协调要回答的另一组问题是参与主体的类型以及采取何种适宜制度策略？利用已有或新建机构、机制或法规等制度安排和政策设计，为跨界冲突—协调活动的展开提供有效的组织支撑和制度保障，以协调不同参与主体间的利益关系、规范不同参与主体的行为，从而促进跨界冲突—协调活动的顺利进行。当前跨界冲突—协调活动中的参与主体主要有以下五类，按照行政化程度由小到大的顺序排列分别为：公司企业、民间组织、高校或研究机构、跨界协调机构以及政府或部门。

凝聚区域关系焦点的地方政府，在多元行为主体中，迅速成为影响区域协调与整合的重要因素。市场化进程和分权改革，使地方政府成为地区利益的行为主体，地方政府在地方经济的活动空间显著增强，在推动地方经济发展中表现出强大的活力。一方面，经济全球化的压力，驱动着地方政府采取加强区域合作策略，以应对来自其他地区的竞争；另一方面，受市场机制的作用和地区利益的驱动，地方政府在城市地区各种资源控制上开展了激烈竞争。而现行的行政制度的内在缺陷、与经济绩效挂靠的政绩评价模式以及社会转型和区域发展中形成的地方经济政治分化，强化了地方政府在跨行政区域之间的冲突，行政障碍性因素已成为影响城市地区协调发展的限制性因素。珠江三角洲是一种自下而上的分权型政治格局。地方自治权不断下放，地方的主动性也越来越大，这在一定程度上可以调动地方政府的积极性，从而促进地方社会经济的快速发展。但是，与此同时，这也会造成地区本位强化现象，并在"行政区经济"的背景下互相割据，形成一个个"诸侯经济"的现象，这将严重阻碍区域的可持续发展，从而影响了区域综合竞争力的提高。因此，珠江三角洲跨界冲突协调的集中表现和关键性问题是，城市政府与基层地方政府、上级政府与下级政府、地方政府与地方政府之间的冲突和博弈，这一特征显性于或隐性于现有的所有协调模式中。

设置相应的政治机构或行政机关，发挥政府的宏观调控作用，通过政府的威信和强制作用来保障跨界协调活动的顺利进行，可以说，这是在短时间内能最有效地促进跨界协调活动的一种制度安排方式，但这也是一种集权式的手段，地方自治权非常小，带来的主要问题是地方积极性的降低，地方的呼声得不到很好的反映。借鉴国外大都市地区治理的经验，针对行政区内各个区域难以统一行使跨界职能的状况，通过建立具有一定行政职能的跨界协调机构，协调地方政府间的利益关系，妥善解决跨界冲突问题，处理好基础设施建设、生态环境保护等在不同行政区之间的协调，则是一种比较常见的制度安排。可以说，区域对话机制的缺失正是珠江三角洲地区跨界协调收效甚微的主要原因之一，要达到整合资源、实现区域协调发展的目标，制度层面上就需要一个对话机制，在统一的框架下建立争端调解与促进合作的对话平台，如珠江三角洲各个城市之间建立的各种联席会议制度等。

跨界冲突—协调的制度策略与参与主体是紧密相关的，有什么样的参与主体，就对应着什么样的制度策略。如图1中的第四栏，随着参与主体中行政化程度的逐渐增大，制度策略的正式程度也逐渐增强，分别为自由市场运作、契约治理、项目合作推动、区域对话平台、空间规划整合、政策引导和行政区划调整。

首先，行政区划调整作为一项政府行为，是正式程度最高的一种跨界冲突—协调的策略选择，同时也是一个权力再调整和再分配的过程，由于涉及既得利益者的切身利益，因此，所遇到的抵制程度比较大，相应地，在制度安排上就需要上级政府的介入，并发挥其宏观的调控作用。其次，政府可以采取财政、税收、金融、土地等政策杠杆的调节作用，来有效地协调区域之间的利益冲突。第三，面对中国日益严峻的区域协调发展问题，需要国土、发改、建设等部门多部门联动，形成国土规划、区域规划、城镇体系规划在不同空间层次、不同职能部门的整合。规划作为政府干预市场的重要手段，越来越得到从中央到地方各级政府的高度重视（Xu, 2008；Xu and Yeh, 2009）。

与上面的一些策略相比，以下几种策略选择中政府的作用比较弱，正式程度也相对较低。首先，通过一些有着共同利益取向的区域性基础设施项目的建设，让合作的各方都能切实从中获利，这是一种能比较有效地解决跨界冲突的策略选择。其次，不同的区域行为主体之间可以在自愿的基础上制定契约框架，规定各自的权利和义务，并互相监督和约束，从而协调彼此之间的冲突，加强合作。第三，很多区域之间的冲突都是由于信息的不对称导致的，在知识经济社会里，信息的作用日益增强，随着互联网技术的兴起，应充分利用这一技术的优势，构建信息共享的平台，加强区域之间的交流，互通有无，不但可以有效地解决跨界冲突问题，还可以实现资源的合理配置。最后，在当前行政区经济格局下，大多跨界冲突其实就是地方政府的利益冲突，可见，地方政府恰恰是需要协调的利益主体，而市场在资源的基础性配置方面有着政府无可比拟的优势，因此，市场机制是弥补"政府失灵"的重要手段，应充分发挥市场的这一优势来实现跨界的协调与合作。

## 2 珠江三角洲地区跨界冲突—协调的案例剖析

经过多年快速发展，珠江三角洲地区目前正面临着跨界冲突及区域协调的严峻挑战，区域发展的种种重大问题、冲突和矛盾在"行政区—跨界冲突—区域协调"这一主题下交织与渗透，使跨界冲突协调机制变得极为重要。

与区域特有的地理基础、体制环境、经济发展水平以及社会习俗等因素相对应，珠江三角洲地区在跨界冲突的类型、跨界冲突—协调模式及机制上有着独有的特点。跨界冲突分为显性与隐性两类：显性跨界冲突大致可分为基础设施建设冲突、生态环境问题和跨界资源开发利用冲突等几种类型；隐性跨界冲突则存在制度冲突、文化冲突和社会排斥三种类型。这两种类型的冲突在珠江三角洲地区都是同时存在的，显性冲突是隐性冲突的外在表现，隐性冲突则是显性冲突的内在原因。尽管显性冲突更容易引人注目，而兼具本质性、隐蔽性和危害性的隐性冲突则更显其重要性。然而，长期以来，人们都把目光集中在显性冲突上，忽视了隐性冲突，这是一种本末倒置的行为。在跨界冲突—协调模式上，既存在相邻空间、非相邻空间和多维空间等地域空间模式，也存在着行政区划调整、空间规划引导、项目合作推动、契约治理协调和文化认同强化等具体运作模式。同时，在跨界冲突—协调活动中，始终贯穿着市场、政府和文化三种力量，一方面，市场失灵、政府失灵和文化冲突导致了跨界冲突的产生，这是跨界冲突的形成机制；另一方面，经济全球化以及区域经济一体化、政府宏观调控和文化认同一致却又是跨界协调的动力因素，从而形成跨界协调的动力机制。可见，正是在这两种机制的作用下，市场、政府和文化三种力量相互交织，共同构成了跨界冲突—协调机制系统（陈树荣、王爱民，2009）。

基于跨界冲突—协调的多维分析框架，以珠江三角洲地区跨界冲突—协调的五个典型案例进行剖析。

案例一：广州行政区划调整

问题与目标：新中国成立以来广州市的行政区划经过了多次的调整，影响最大的当属新世纪以来进行的两次调整。为拓展城市发展空间，从行政体制上保证海港（南沙港）和航空港（新白云国际机场）两大项目的顺利实施，2000年进行了一轮行政区划调整。然而，这只是原有行政区划的变动，并未触及老城区多年来布局极不合理的弊端。随着经济社会的快速发展，老城区发展空间有限、资源分散、产业雷同、重复建设等问题日益突出，历史遗留的行政区规模悬殊、区划设置不合理、区界管理混乱等问题导致城市管理缺位或错位的现象时有发生，广州经济开发区和南沙经济开发区行政管理体制不顺的制约效应逐渐凸显，因此，大刀阔斧的行政区划调整势在必行，这成为2005年行政区划调整的基本动因。

制度安排与策略选择：①政府主导，行政运作。国家及广东省民政部门大力支持，广州市委、市政府高度重视，市民政局主要负责具体事务，是区划调整工作主要参与主体。②政府与高校联动，专业化特征突出。由相关部门、高校及科研机构等的领导、专家组成专家组进行调研后形成区划调整方案，并进行科学论证后确定。③区划调整力度大，调整形式多样。既有撤市设区（2000年，番禺与花都），也有合并老区（2005年，撤销东山区，并入越秀区；撤销芳村区，并入荔湾区），还有设立新区（2005年，萝岗区和南沙）。④实施保密措施，社会参与有限。2005年区划调整方案从拟定到批准的时间里一直是处于不公开状态，未向同级人大申报核准，专家组成员也与广州市政府签订了保密协议，尽管是出于社会稳定的考虑，但缺乏民意支撑，是否具有代表性值得商榷。

评述：两次行政区划调整都具有以下特点：主要是为了解决现有行政格局对经济发展和基础设施建设等方面的刚性约束问题，其中既有显性问题，也有隐性问题；虽然是一个再分配的过程，无论对被撤销的区、合并的区或者新设立的区而言，基本是互惠互利的，因此，抵制较小；政府主导，行政化程度高；采取行政区划手段，策略正式程度高（图2）。

案例二：珠江三角洲发展规划

问题与目标：珠江三角洲目前已是全国城镇连绵程度最高、城镇化水平最高和经济要素最密集的地区。但区域内经济、社会和城镇发展不平衡，东西两岸、内外圈层和城乡之间存在较大差异。在发展需求与供给上也出现了结构性失衡，经济增长与资源短缺、社会需求提高与公共供给滞后、工业化及城镇化的快速推进与环境压力加大等问题，已成为珠江三角洲城镇群要解决的突出矛盾，都在很大程度上制约了珠江三角洲的可持续发展。如何实现经济、社会协调发展和人的全面发展，统筹区域、城乡发展，是珠江三角洲面临的核心问题①。

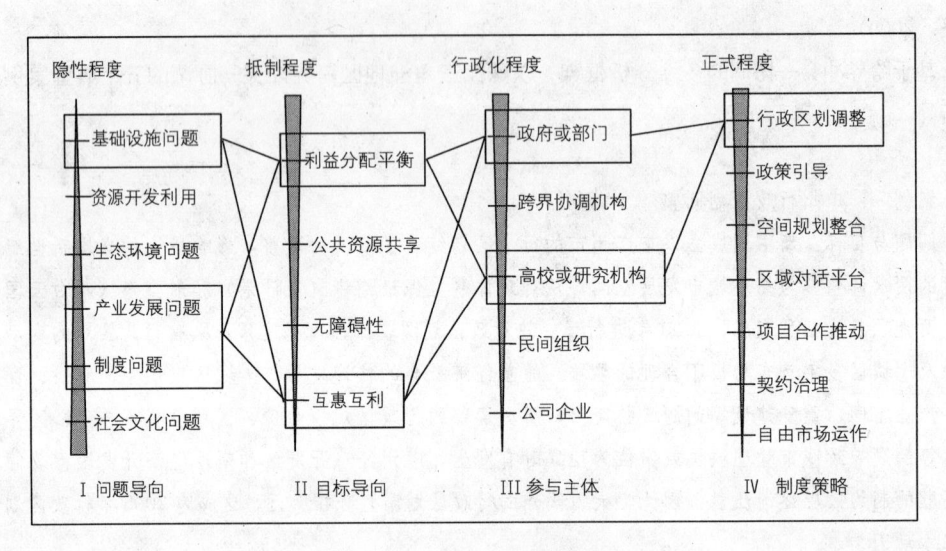

图 2　广州行政区划调整多维分析

制度安排与策略选择：①加强规划编制，增强科学指导。组织编制《珠江三角洲城镇群协调发展规划》（以下简称《规划》），通过多学科和多领域的交流与融合，为区域协调发展提供技术保障和智力支持。②设立专职机构，明确实施主体。成立珠江三角洲经济区现代化建设协调领导小组（原规划协调领导小组），并在领导小组的架构下，成立负责实施《规划》的实体性机构——珠江三角洲城镇群规划管理办公室。③制定相关法规，确立实施保障。由省人大制定并颁布实施《珠江三角洲城镇群协调发展规划实施条例》（以下简称《条例》），通过立法明确各级政府的事权划分，明确责任，建立规划协调机制，改革空间管治制度，加强重大建设项目规划管理，保障规划依法实施。④构建制度框架，奠定实施方式。《条例》提出要构建区域对话机制，即协调会议制度，包括联席会议和专题会议。⑤争取政策支持，强化实施基础。随着《珠江三角洲地区改革发展规划纲要》由国务院通过并发布，珠江三角洲区域发展规划上升为国家战略，赋予了珠江三角洲发展更大的自主权，区域一体化进程将再次加速。

评述：图3表明了规划在实现跨界冲突—协调中的重要作用，即在有关协调机构的指导下，通过建立一定区域对话机制、制定科学发展规划以及积极争取国家战略支持等，妥善解决不同行政区域在基础设施、生态环境、产业发展和制度等方面存在的诸多问题，促进公共资源的合理分配，推动管理体制进步、经济发展、环境改善和市政服务水平提高，形成互惠互利的多赢局面。总体而言，具有待解决的问题既有显性问题也有隐性问题、抵制程度中等偏下、行政化和策略正式程度较高的特点。

案例三：广珠铁路项目

问题与目标：珠江三角洲目前已形成了以广州为中心，铁路、公路、水运、民航等多种运输方式相配合，沟通广东省和全国的综合运输交通网络。然而，珠江三角洲交通网络历史上形成的南北重而东西轻的格局在改革开放后20多年内没有发生任何实质性的改变，而是变得南北更强，东西相对就更弱，这在珠江三角洲的西岸尤为突出②。为改变珠海处于没有铁路的"交通末梢"、高栏港"有港口无铁路"的尴尬境地，广珠铁路的建设将给珠海一个由原来的交通末梢一跃而成为门户节点的绝好机会，并通过与高栏港和珠海机场相连接，从而构成海陆空的立体大交通网络，这将为珠海建设成珠江三角洲的区域性副中心城市目标的实现提供最大的支持。

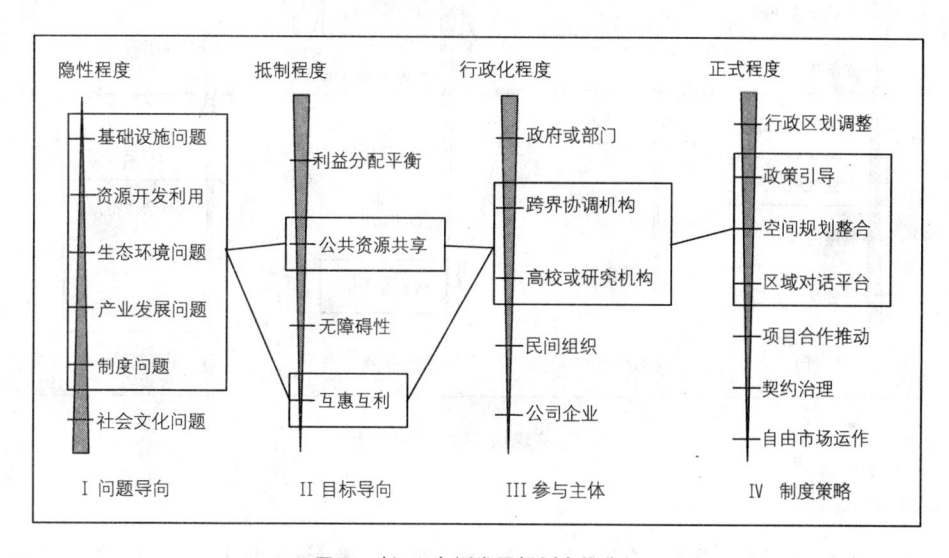

图3 珠江三角洲发展规划多维分析

制度安排与策略选择：①强化政府主导，发挥部门联动。随着由地方铁路上升到国家铁路地位的提升，在铁道部的支持下，由广东省政府牵头，发改委负责具体事务，为项目建设提供了强有力的行政支持。项目涉及的沿线各个城市，以及与国家铁路联网的问题，其施工建设、运营管理等专业性工作都需要政府职能部门管理的协作。②改进制度安排，适应环境变革。项目立项至复工的14年时间里，外部环境发生了翻天覆地的变化，其自身相关的职能机构也不断进行重组：从开工时成立的项目公司，到停工后启动的珠海市重大项目推进工作指挥部广珠铁路招商小组，以及后来成立的广珠铁路复工建设筹备组，直至广珠铁路有限责任公司挂牌成立。③探索融资改革，难挽"国进民退"。1997年开工时的广珠铁路只是地方铁路，完全靠地方筹资建设，由于资金严重不足而停工。2003年项目公司向全社会公开招商，由于铁路项目规模经济效应强、建设期长、初期投资大、投资回报收益低等原因，民间资本对此相当谨慎。随着铁路地位上升为国家铁路，资金问题得到解决，由铁道部相对控股，省、沿线地方政府共同出资，共同组建广珠铁路有限责任公司。

评述：为解决珠江三角洲交通网络史上形成的南北重而东西轻的不平衡格局和珠海"有港口无铁路"等问题，在上级政府的主导下，通过一定的契约框架，以项目合作来推动政府之间的协调，并通过自由市场的运作方式，实现基础设施这一公共资源在区域内的合理安排与分配。其特点可以归纳如下：解决的问题显性化程度较高，抵制程度中等，行政化程度高低兼有，策略正式程度中等偏下（图4）。

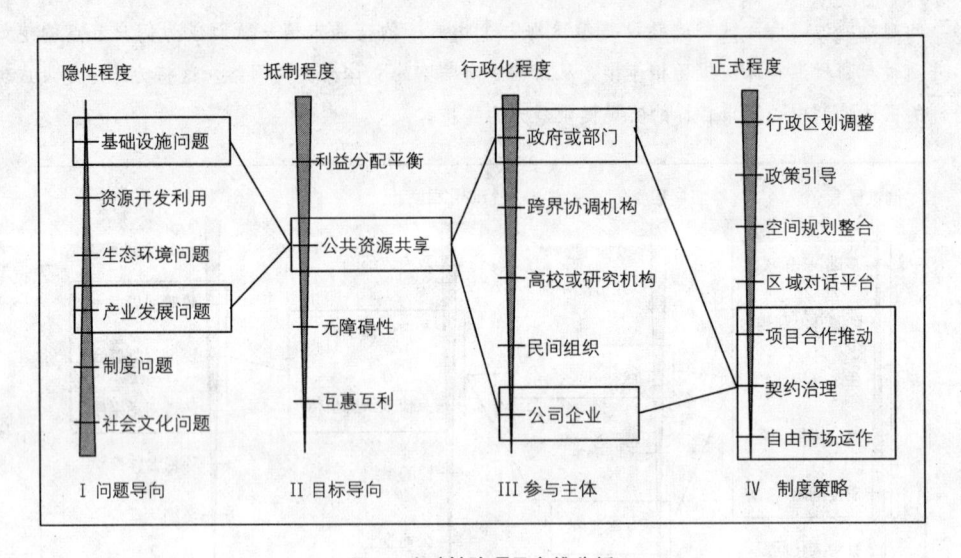

图4 广珠铁路项目多维分析

**案例四：潭江模式**

问题与目标：改革开放以来，潭江流域在经济社会快速发展、城镇规模急剧扩大的同时，也面临着水资源需求量不断提高、污水排放量逐渐增多、水质急剧恶化、河槽行洪能力降低等严峻问题，潭江治理已刻不容缓。

制度安排与策略选择：①加强组织建设，构建制度保障。江门市政府直接参与，各市也成立了相应的协调机构，如开平市的"处理潭江议案工作小组"，为潭江的有效保护提供了强大的组织支撑和制度保障。②明确保护目标，落实主体责任。江门市组织恩平、开平、台山和新会四市，先后联合签订四轮《潭江水资源保护责任书》，通过协议框架的签订来约束区域行为主体的行动，实行五市联合保护潭江水资源。③编制科学规划，进行综合防治。组织编制《潭江水质保护规划》，以环境容量管理为基础，实施流域污染物总量及容量分配，科学控制潭江水污染负荷。④组织定期检查，强化量化考核。江门市政府每年年初下达必检厂企计划，年终组织检查；各市对辖区内的水质负责，并作为考核领导政绩的一个重要内容；确定交界水质监测断面，规定水质交接标准，以防扯皮。⑤确定共同措施，实现群防联治。设立二级潭江水资源保护专用资金，探索流域水资源保护补偿机制；严格执行重大建设项目联合审批制度，有效防治沿岸工业污染源的无序发展。⑥制定地方法规，坚持依法治水。通过《保护潭江的意见》、《江门市潭江水资源保护专项资金使用管理办法》、《江门市水库水资源保护暂行规定》等的实施，以及以"潭江模式"为鉴颁发的《广东省跨市河流边界水质达标管理试行办法》，在加强依法治水的同时，也为江门、广东甚至全国流域水资源的保护提供了理论和现实依据。

评述："潭江模式"通过政府部门的制度化措施以及跨界协调机构的联合行动，建立流域水污染防治对话平台，采取契约治理和规划引导的策略，在经济快速发展的同时，加强水资源合理利用与环境保护，提高居民生活质量，实现互惠互利的多赢格局。可以看出，该模式的主要特点是：待解决的问题显性程度较高，抵制程度较小，行政化程度高，策略正式程度中等偏上（图5）。

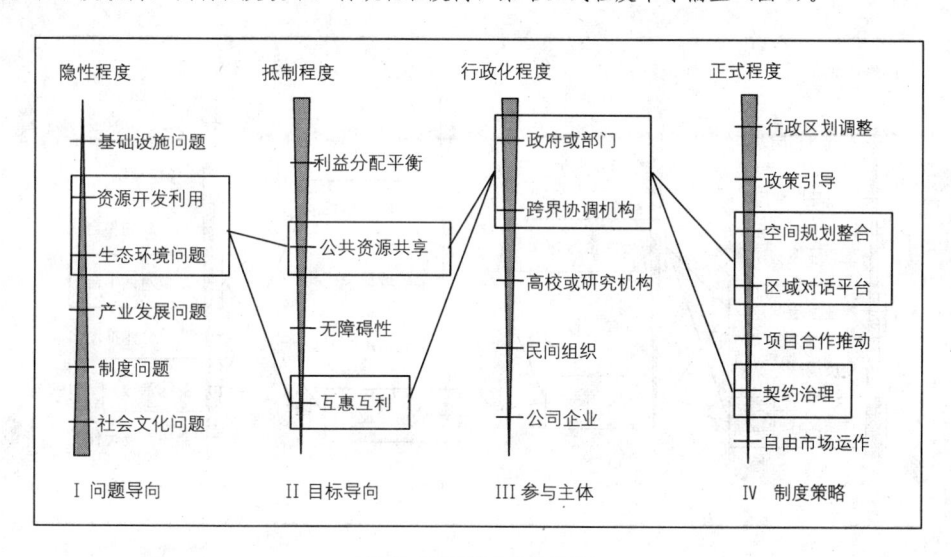

图5 潭江模式多维分析

案例五：大香山旅游圈

问题与目标：香山文化包括今天的中山、珠海、澳门在内的地域文化，是岭南文化的一个分支，具有鲜明的地域特色。当前，澳门、中山和珠海都是著名的区域性旅游中心城市，经过多年快速增长，制约区域发展的瓶颈问题逐渐凸显出来，三地都把旅游产业定位为区域支柱产业，同时，中山、珠海、澳门都面临着发展空间有限的问题，都在积极寻求旅游业新空间和新的发力点。三地历史上同根，地理上同源，文化上同祖，互补性很强，具有开展区域合作的良好基础，构建大香山旅游圈具有很高的可行性。

制度安排与策略选择：①强化组织架构，明确实施主体。建立由三市政府及旅游部门主要领导组成的中珠澳区域旅游合作联盟。②采取契约治理，构建制度保障。三地共同签订《澳门、珠海、中山旅游合作备忘录》，履行协议所规定的责任和义务，实行召集人三地轮值主席，主持召开工作会议并制定年度工作计划，经费开支实行平均负责，及时解决合作过程中遇到的问题。③建立协调机制，加强共同合作。共同召开学术研讨会，开展学术交流和研讨；组织团队开展旅游互动，促进三地旅游市场的交流和繁荣；联合编制宣传资料，宣传大香山文化和精品线路；共同开展联合促销活动，推介"中珠澳—大香山"旅游精品线路；共同进行宣传报道，增强活动的影响力，提高国内、国际知名度。

评述：大香山旅游圈的构建是为了在区域旅游产业与文化之间构建互动的机制，解决各自发展中存在的问题，通过相关协调机构，采取契约治理的方式，以期达到经济发展与文化共融的双重目标，实质是区域公共旅游资源的共享和合理配置，实现互惠互利。其特点如下：待解决问题的隐性程度较高，抵制、行政化以及策略正式程度中等偏下（图6）。

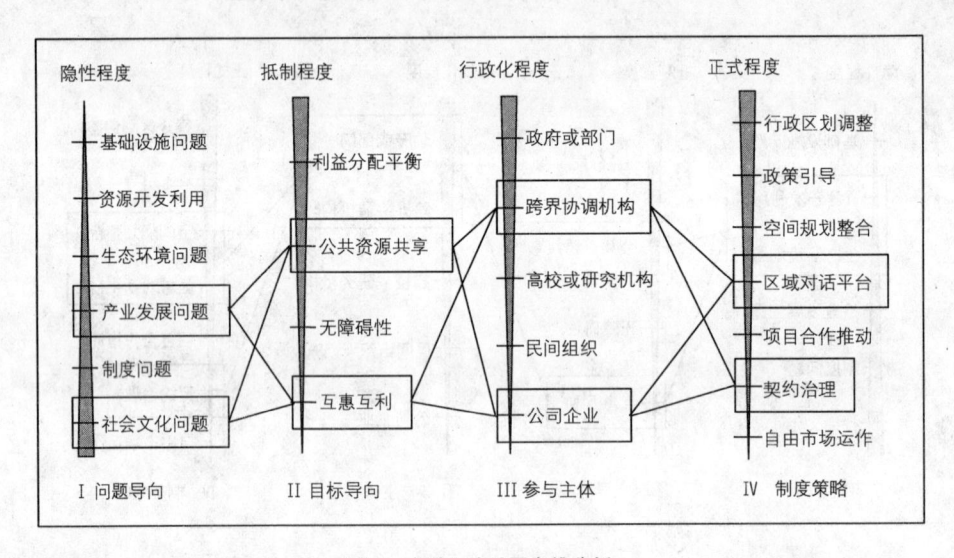

图6 大香山旅游圈多维分析

## 3 珠江三角洲地区跨界冲突—协调的现实困境与战略对策

通过上述案例的剖析，可以发现，作为中国最重要、最具发展活力和潜质的经济区之一，在快速都市化进程的背景下，珠江三角洲地区跨界冲突的协调手段虽然具有中国其他区域跨界协调活动的一般特征，但也在一定程度上表现出其特有的差异性，既存在着自身的现实困境，也有着跨界协调所具有的优势条件。

### 3.1 跨界冲突—协调的现实困境

（1）问题导向下跨界冲突—协调的被动性。目前珠江三角洲地区大部分的跨界冲突—协调活动都是以解决当前或当地问题为主要目的，而从长远或整体的角度来分析问题与解决问题则显不足，更多的只是"头痛医头、脚痛医脚"，难以从根本上解决问题。

（2）目标导向下跨界冲突—协调的有限性。几乎所有合作、协调推进较好的领域，都是具有互补性、共享性需求的公共领域，如大香山旅游圈的构建；而对一些稀缺性资源，如机场、港口、铁路、竞争性产业等，在共享效益不明显或行政力度不足时，很难取得实质性的整合举动（张京祥等，2005），如广珠铁路从停工到复工经历了十年。

（3）参与主体上政府机构主导，市场单元有限，民间非政府组织力量薄弱。上述五个案例中，行政化特征十分明显，可见，凝聚区域关系焦点的地方政府一直是跨政区协调的主导力量，地方政府仍然是跨界公共事务处理的行动轴心（王爱民等，2007）。然而，由于政府失灵的存在，决定了跨界冲突—协调中市场单元回归的必然性。此外，当前珠江三角洲民间组织发展比较缓慢，力量也很薄弱，缺乏有效的渠道和机制与企业、政府相互沟通、建立信任和加强合作，公民社会对公众和政策的影响仍然很薄弱，在跨界冲突—协调中发挥的作用仍十分有限。

（4）制度策略上以行政和财政手段为主，市场作用有待加强。政府主导程度强，市场在资源配置中作用有限，如广珠铁路融资上的"国退民进"。应该说，在目前中国市场经济体制不成熟、政府主导行政区经济的发展阶段，在一定的条件和限度内，行政和财政手段仍是实现跨界冲突—协调的一种有效手段。然而，过分强调政府的行政和财政手段，而忽视市场的积极作用，就会导致资源配置的不合理与极大浪费，甚至会导致新的冲突的产生。

### 3.2 跨界冲突—协调的战略对策

（1）跨界冲突—协调的前瞻性——从局部的被动协调到全面的主动协调。在各种冲突出现之前主动出击，深入剖析珠江三角洲这一特殊区域，挖掘出隐藏在各种跨界冲突表象下的深层次原因，努力消除导致跨界冲突的各种制度和文化因素，铲除跨界冲突滋生的各种土壤，而不至于在各种跨界冲突爆发时由于被动应付而顾此失彼。

（2）跨界冲突—协调的综合性——物质性与非物质性并重。发展不仅仅是GDP的增加和基础设施的完善，也不仅仅是环境质量的提高，而是有一个综合性和整体性的目标系统，其中，既有经济发展、提供充足市政服务和改善自然环境等物质性目标，也有诸如政治制度、社会和谐和生活质量等非物质性目标，因此，既要推进非物质公共领域的协调与合作，更要加强物质领域的整合与共享。

（3）跨界冲突—协调参与主体的均衡性——规范地方政府行为，积极发挥市场单元与民间组织的作用。对正处于转型期的地区而言，行政手段目前来说仍是一种有效手段，但随着市场经济体制的逐步建立和行政区经济的消除，政府应逐步减少干预，让市场单元在实现资源的合理配置中发挥更大的作用（施源、邹兵，2004）。特别是放权型政府模式下珠江三角洲各城市自主权都比较大，在很多情况下恰恰是需要规范的利益主体（朱文晖，2003）。此外，民间组织在弥补"政府失灵"和"市场失灵"的缺陷上有着重要的作用，要积极发挥民间组织知识专业化的强项及其强大的社会动员能力，实现政府为代表的权力组织、企业为代表的经济组织和以人民群众为主的民间组织等多重行为主体之间的利益均衡。

（4）跨界冲突—协调制度策略的合理性——正式策略与非正式策略的综合运用。在很多情况下，跨界冲突—协调的策略选择并非是单一的，而是一套综合性的"组合拳"。行政与财政手段并不是解决跨界冲突的唯一策略,而要综合运用空间规划整合、区域对话平台、项目合作推动、契约治理和自由市场运作等手段,积极发挥市场机制在跨界协调中的重要作用。

## 4 结语

珠江三角洲地区跨界冲突中显性冲突与隐性冲突同时存在,前者是后者的外在表现,后者则是前者的内在原因。在跨界冲突—协调模式上,既存在相邻空间、非相邻空间和多维空间等地域空间模式,也存在着行政区划调整、空间规划引导、项目合作推动、契约治理协调和文化认同强化等具体运作模式。同时,在跨界冲突与协调中始终贯穿着市场、政府和文化三种力量,分别构成跨界冲突的形成机制和跨界协调的动力机制,相互耦合形成跨界冲突—协调机制系统。

案例分析表明,珠江三角洲地区跨界冲突—协调存在以下几个特点:①问题导向下跨界冲突—协调的被动性;②目标导向下跨界冲突—协调的有限性;③参与主体上政府机构主导,市场单元有限,民间非政府组织力量薄弱;④制度策略上以行政和财政手段为主,市场作用有待加强。基于此,提出以下战略性思路:①跨界冲突—协调的前瞻性——从局部的被动协调到全面的主动协调;②跨界冲突—协调的综合性——物质性与非物质性并重;③跨界冲突—协调参与主体的均衡性——规范地方政府行为,积极发挥市场单元与民间组织的作用;④跨界冲突—协调制度策略的合理性——正式策略与非正式策略的综合运用。

综上所述,不同国家具有不同的制度文化背景,不同地区具有不同的跨界协调问题。西方发达国家有着悠久的跨界协调与合作历史,并已建立了完善的跨界冲突—协调长效机制,公司企业、中介和民间组织、跨界协调机构、自由市场动作、契约治理、政策引导成为跨界协调的主体和主体方式。与之相比,中国跨界冲突—协调的成熟度仍不够,传统的辖区、向心型行政管理的方式和思维方式根深蒂固,地方利益在与区域协作效益博弈中的驱动力依然强大,政府、企业、民间组织等多重行为主体协调合力的培育还需时日。目前,中国政体的改革多指向于政体内部要素与功能上,把跨界的公共管理、环境保育、资源优化配置调控、区域经济合作"内化"到政府的结构与功能之中,建立跨界协调体制已成为各级政府创新与改革的一个方向。

**致谢**

本文受广东省自然科学研究基金项目(GSFC 04009786)和香港研究资助局优配研究金项目(编号:CUHK752407)资助。

**注释**

① 珠江三角洲城镇群协调发展规划工作组:《珠江三角洲城镇群协调发展规划(2004~2020)》,2004年。
② 中国城市规划设计研究院、中山市规划研究中心:《中山市城市空间发展概念规划整合》,2004年。

## 参考文献

[1] Dai, Xiudian 2003. A New Mode of Governance? Transnationalisation of European Regions and Cities in the Information Age. *Telematics and Informatics*, Vol. 20, No. 3.

[2] Hall, P. and K. Pain (eds.) 2006. *The Polycentric Metropolis: Learning from Mega-City Regions in Europe*. London: Earthscan.

[3] Iain, D. and G. Benito 2003. Regions, City-Regions, Identity and Institution Building: Contemporary Experiences of the Scalar Turn in Italy and England. *Journal of Urban Affairs*, Vol. 25, No. 2.

[4] Nunn, S. and M. S. Rosentraub 1997. Dimensions of Interjurisdictional Cooperation. *Journal of the American Planning Association*, Vol. 63, No. 2.

[5] Vries, J. De and H. Priemus 2003. Megacorridors in North-west Europe: Issues for Transnational Spatial Governance. *Journal of Transport Geography*, Vol. 11, No. 3.

[6] Xu, Jiang 2008. Governing City-Regions in China: Theoretical Issues and Perspectives for Regional Strategic Planning. *Town Planning Review*, Vol. 79, No. 2-3.

[7] Xu, Jiang and Anthony Yeh 2009. Decoding Urban Land Governance: State Reconstruction in Contemporary Chinese Cities. *Urban Studies*, Vol. 46, No. 3.

[8] 陈树荣、王爱民："隐性跨界冲突及其协调机制研究——以珠江三角洲地区为例"，《现代城市研究》，2009年第4期。

[9] 宁越敏、施倩、查志强："长江三角洲都市连绵区形成机制与跨区域规划研究"，《城市规划》，1998年第1期。

[10] 施源、邹兵："体制创新：珠江三角洲区域协调发展的出路"，《城市规划》，2004年第5期。

[11] 王爱民、马学广、陈树荣："行政边界地带跨政区协调体系构建"，《地理与地理信息科学》，2007年第5期。

[12] 张京祥、李建波、芮富宏："竞争型区域管治：机制、特征与模式——以长江三角洲地区为例"，《长江流域资源与环境》，2005年第5期。

[13] 周振华："论长江三角洲走向'共赢'的区域经济整合"，《社会科学》，2002年第6期。

[14] 朱文晖：《走向竞合：珠三角与长三角经济发展比较》，清华大学出版社，2003年。

# 非机动交通研究和当代规划动机

安·福西斯 凯文·J. 克里扎克 丹尼尔·A. 罗瑞格伍兹[①]
余丹丹 关 婷 王春丽 袁晓辉 译校

**Non-motorised Travel Research and Contemporary Planning Initiatives**

Ann FORSYTH[1], Kevin J. KRIZEK[2], Daniel A. RODRÍGUEZ[3]
(1. Department of City and Regional Planning, 106 West Sibley, Cornell University, Ithaca, NY 14850, USA; 2. Department of Planning and Design, University of Colorado, Denver, Campus Box 126, POB 173364, Denver, CO 80217-3364, USA; 3. Department of City and Regional Planning, CB 3140, University of North Carolina, Chapel Hill, NC 27599-3140, USA)

**Abstract** This article identifies the increasing research and relevant policies on non-motorised travel (NMT) and total population, put forward evidence gaps, discusses planning implications, and helps set an agenda for future research. Firstly, it explains why walking and/or cycling are prominence as one of urban planning issues; Secondly, it distinguishes the differences between walking and cycling; and at last identifies research opportunities based on current knowledge and outlines the positioning of non-motorised travel in the future.

**Keywords** non-motorised; walking and cycling

**作者简介**
安·福西斯，美国康奈尔大学城市与区域规划系；
凯文·J. 克里扎克，美国科罗拉多大学规划与设计系；
丹尼尔·A. 罗瑞格伍兹，美国北卡罗来纳大学城市与区域规划系。
余丹丹、王春丽、袁晓辉，清华大学建筑学院；
关婷，浙江大学建筑工程学院。

**摘 要** 本文指出了越来越多在总人口方面与非机动交通（NMT）相关的研究与政策，提出了证据中的不足，讨论了规划问题，并为未来的研究确定了一项议程。首先，解释了步行和骑自行车出行在城市规划问题中比较突出的原因；其次，区别了步行和骑自行车两种出行模式的不同；最后，明确以现有的知识为基础的研究机会，并概述未来对 NMT 研究的定位问题。

**关键词** 非机动；步行和骑自行车

## 1 引言

由于交通拥堵、不可再生资源的消耗、全球变暖的威胁、肥胖者增多和生活水平下降这些问题对全球范围内的各个国家与组织的困扰，汽车被认定为造成这些问题的罪魁祸首。从公共卫生到建筑、从社会学到土木工程等学科都在重新评价人们的出行方式，这些评价的地域范围包括中心城区和郊区。有关评价的讨论已日益转向非机动交通（non-motorised transport, NMT），尤其是步行和骑自行车。讨论认为 NMT 可以作为一种解决以上问题的手段。

尽管 NMT 被吹捧得全是优点，但是对它们决定因素的研究和二次效益的预测都是未知的。什么样的环境和个体因素刺激了这两种出行模式的使用频率不断增加？它们相似还是不同？到什么程度？在什么条件下？什么样的政策可以有利于促进步行和自行车出行模式的增加？哪些方面的研究还尚属空白？总之，对 NMT 产生的热情需要证据来证明，在何种程度上不同的政策可以成功地诱导步行和骑自行车两种出行模式的增加并产生对社区的其他好处。

## 2 步行和骑自行车议题的兴起与突出

随着不同种类机动车的广泛应用，对 NMT 的研究和关注也蓬勃发展（表1）。一些专业和学科（如交通工程）长期以来一直对这项研究有着浓厚的兴趣，其他学科（如公共卫生）也开始密切关注于此。一些专家认为 NMT 是问题的制造者，如机动车之间的安全冲突；另一些人，如环保卫士和公共卫生官员，则认为 NMT 是一种解决问题的方法，他们还认为 NMT 代表了一种为城市街道注入活力的方式。对很多人来说，NMT 是一种达到目标的方式，一些目标得不到或只获得了比较少的研究支持。这些目标包括减少汽车使用和不可再生资源的消耗，以提升社会凝聚力和人民的健康水平。

表1 专业人士/学科对 NMT 的兴趣点

| 团队 | 关注点 | 突出的解决方法 | 主要参考文献 |
| --- | --- | --- | --- |
| 交通工程 | 致力于提高车流量，当达到安全水准时，记录车速、延迟时间和服务水平。伴随着行人与骑车者和小汽车争夺同样的交通空间，这种混合的交通模式通常被认为是难以理解和不安全的（尽管人们在不断关注行人与骑车者在竞争同一条干道的现象） | 为不同的交通模式提供独立设施 | (Forester, 1982、2001)、(Pucher, 2001) |
| 城市规划 | 认为这是一种解决拥堵和提高宜居性的方法。不断强化的城市发展举措和当地政府政策的意识可能会支持或者阻碍 NMT 的发展。随着对自行车的研究兴趣日益浓厚，自行车比行人和危险紧急疏散情况下没有车的人需要更多的特定基础设施 | 紧凑城市形式，将出发地和目的地紧密联系在一起，形成"完美的街道"，但是有时需要为不同的交通模式提供独立的设施 | 在欧洲和澳大利亚作为一种规划目标特别流行，见英国政策评论（Williams, 1999）和荷兰政策评论（Schwanen et al., 2004） |
| 城市设计 | 对街道生活感兴趣。在人的尺度上，在街上行走的人们是创造公共空间活力的主要因素。很少考虑骑自行车的人 | 通过对街道的关注来创造生命力与活力。美学也是主要的关注对象 | (Lynch, 1962)、(Appleyard and Lintell, 1972)、(Alexander et al., 1977)、(Appleyard, 1981)、(Lynch, 1981)、(Gehl, 1987)、(Whyte, 1988)、(Jacobs, 1993)、(Southworth and Ben-Joseph, 1997) |

续表

| 团队 | 关注点 | 突出的解决方法 | 主要参考文献 |
| --- | --- | --- | --- |
| 环境研究与倡导 | 关注环境影响和当前城市区域与流行交通模式的可持续发展 | NMT通过减少不可再生资源的消耗、碳排放以及不能渗透的地表覆盖和提高空气质量来实现城市的可持续发展 | (Campbell, 1996)、(Newman and Kenworthy, 1999)、(Beatley, 2000)、(Berke et al., 2006)、(Wolch, 2007) |
| 公共健康 | 对健康生活模式下（主要是身体运动和健康食品的摄入）的环境承载力和环境潜力感兴趣，来达到关注健康的目的。有时候也关注与健康相关的出行，尤其是针对那些没有小汽车的人们 | 从混合的交通模式到独立的基础设施设计，也包括教育、规划以及市场活动，为步行和骑自行车提供建成环境的支持 | (Handy et al., 2002)、(Frank et al., 2003)、(Frumkin et al., 2004) |

另外，除了表1中被描述的那些团队之外，包括景观建筑师、公园与游憩区规划师、教育家、活动家、当地政界和决策者在内的其他团队也拥护NMT。例如，为了骑自行车出行，小路的拥护者以提升街巷网络为目标。消遣是拥护者最初的目的，而从交通部门得到优先发展的基金和满足低收入者的需求则成为拥护者关注的重点。拥护者和其他邻近团队对交通减速措施和其他可以提高宜居性的街道设计，例如完整的或共用的街道，有着浓厚的兴趣。他们认为NMT是这种倡议的成功范例中的核心构成部分。

我们确定提升NMT的四个主要动机是：交通拥堵、环境保护、健康、宜居性。这些是当前专业人士和活动家对NMT关注的焦点，也说明了这一主题正获得越来越多的关注。下面将讨论深层次的动因、概述其与NMT之间的关系、NMT的作用及其局限性，以有效或全面地讨论政策范围内的问题。

## 2.1 交通拥堵

多数情况下，大部分市民和商业人士都会认为城市交通拥堵存在问题。虽然交通拥堵被光鲜地标榜为城市活力和效率的体现（Taylor, 2002），但是对生产效率的缺失以及有害物质的排放与影响的关注都是极为重要的。从伦敦到拉各斯，市民都悲叹交通容量、小汽车与卡车带来的噪音及其对环境的影响（经检测在环境保护规定之下）。花在交通拥堵上的时间都是极为浪费的；在美国得克萨斯州交通运输研究所的年度机动车报告中，这种浪费都被认为是一个标记指标（Schrank and Lomax, 2006）。在亚洲或者印度很多城市高速增加的机动车拥有量（Dimitrio, 2006; Gakenheimer, 1999; Pucher et al., 2007; Sperling and Clausen, 2002）是伴随着大规模综合密集型机械化机动车生产利润的提升而出现的，这些机动车的大量涌现与普及所导致的交通拥堵是NMT研究的最初动因。

与汽车相比，人们最初更支持 NMT 的理由就是对于空间问题的考虑。一辆正常大小的拥有一个乘客（司机）的小汽车静止时，平均占用 107 平方英尺的空间（假设一辆汽车 16.5 英尺长、6.5 英尺宽）。一辆静止的自行车需要 15 平方英尺（5 英尺×3 英尺）的空间。弗鲁因（Fruin, 1971）认为一位静止的步行者需要 3.2 平方英尺（1.64 英尺×2 英尺）的空间。当处于运动状态时，这些尺度会变大；当速度提高时，这些尺度会戏剧性地变得更大（例如，运动中的小汽车需要制动距离等）。为运动中的小汽车提供有限空间需要最大的空间尺度。把太多的汽车放到太小的空间中就会导致交通拥堵。所以步行和骑自行车出行模式，在既定的空间中可以容纳更多的出行者，相较汽车这将减少大范围的拥堵。

考虑到汽车，几项科技和价格政策有助于减少汽车拥堵的忧虑。人们可以使用更小的汽车，或像在巴格达和墨西哥市那样，利用政策限制高峰时间段小汽车的使用；像伦敦或新加坡那样，智能的交通系统可以容纳更多的小汽车，也可以向出行者提供更及时的信息，或者征收费用以减缓拥堵。然而，对于短距离的交通，也可以通过把出行由汽车转向步行和骑自行车的方式，来减缓汽车拥堵。

由于汽车便于长距离出行，所以被广泛应用；在美国，平均每次出行的距离是 10 英里（Hu, 2005）。随着出发地和目的地之间距离的不断增加，城市发展的普遍模式都需要机动交通模式。长距离出行往往与工作的目的相关，一般都发生在一天之中特定的几个小时之内（上午和下午高峰时刻），所以必须依赖有限的道路设施。短距离的出行，例如购物和上学，多依赖邻近的街道，拥堵量较少。

通过提高密度和混合土地使用来减少出发地与目的地的距离，有助于鼓励 NMT（Apogee Research, 1998; Ewing et al., 2003a）。然而，以土地为基础的策略在减少汽车使用和拥堵方面的效力受到怀疑（Downs, 1999）。按照经验，密度的大幅度提高会减小出行距离（Giuliano, 1995; Ewing et al., 2003a; Schimek, 1996），然而其他人则认为出行距离（Levinson and Kumar, 1997）和 VMTs（交通英里）可能会随着密度的增加而增加（Rodríguez et al., 2006b）。因此，相对于可以减少拥堵的短距离出行交通模式，长距离出行的交通模式应该得到更多的关注。公共汽车和轨道交通自然是最优选择，但是自行车交通在通往购物市场时也是很有竞争力的选择。增进非小汽车交通模式的便捷性，应该是一个比较有前景的策略，可以让远距离运输从汽车转向公共交通运输模式，与此同时也减少了汽车交通有害的影响。在以上条件下，从 NMT 被视为其他交通模式的促成者来看，它在缓解拥堵方面的贡献显然是最有前景的。

主导交通方式的转变可以减缓拥堵的断言，是以过去正常驾车出行的人们会转向 NMT 为前提的。在当今美国所有出行比例中，机动车出行占 89%，步行占 8%，骑自行车出行占 0.8%（Hu, 2005）。假设将 NMT 出行比例戏剧性地增长 1 倍，就意味着将近 20% 的出行将是步行和骑自行车。显而易见，从这个变化中我们可以从停车空间需求上发现其最大的区别（再次阐述，自行车需要很少的停车空间，步行者几乎不需要停留空间），而且很可能不能从交通拥堵减少上看出区别。所以，倡导将 NMT 作为一种缓解拥堵的方法的人面临着严峻的挑战，考虑到变化的巨大，他们需要不断地更新研究。

## 2.2 环境保护

当拥堵造成生产成本的提高和一些日常的令人忧虑的问题时，多种环境问题也从过度机械化中衍生出来。大部分机动车都依赖化石燃料。它们带来巨大的代价：当地空气污染、对全球气候变暖的影响以及诱发地缘政治冲突。当电动小汽车、混合燃气汽车和依赖生物燃气的机动车都在增加时，它们依旧在使用碳基能源。不管怎样，亚洲和其他发展中国家城市中的机械化产生的环境效应都揭示了使用汽车产生的影响将是 NMT 研究与政策修订的一个动因。

回归非机动车交通模式的建议可以防止不断新增的环境问题。洛氏（Lowe，1989）的一篇经典文章中强调了自行车在减少与交通相关的服务方面的优势。NMT 是环境方面的有益交通模式的缩影，这样的观点在纽曼和肯沃西（Newman and Kenworthy，1989、1992）的城市规划文献中被广泛涉及，它将全球范围内 30 个城市的能源利用和密度联系起来。类似的观点也曾在其他文献中被证实（Banister et al.，1997；Rickaby，1987）。这项研究突出了城市形式（即密度）和自然资源消耗之间的关系，由此揭示了 NMT 在环境保护方面的作用[②]。很多人认为这样高密度的城市应该是可持续城市或绿色城市（Beatley，2000）。

高密度、低能耗、NMT 支持的城市并不是绿色城市的惟一形象。追溯到 19 世纪郊区的发展和埃比尼泽·霍华德的作品，一些人就已经提出了广为流传的低密度、高绿化覆盖率的观点。这也包括了其他有利于环境和社会的举措。如水渗透和接近自然（Calthorpe，1993；Calthorpe and Fulton，2001；Hall and Ward，1998）。这在一些城市发展圈以及一些类似景观建筑的专业中都是比较受欢迎的观点（Arendt，1994、1999）。按照多中心的、紧缩的"花园城市"的观点，步行和骑自行车是一种不用换乘就可以满足类似购物与消遣等日常需求的出行模式。为了联系节点，足够的运输方式是有必要的。

然而，城市结构本身看起来不足以改变个体行为来达到可持续城市的目标。要达到这种环境可持续发展状态需要一系列的变化，包含从城市形式到定价和文化期待等内容。特定城市的立体空间结构，包含有城市范围内的各种关系。生产和消费节点现在有着全球范围内的联系，这需要货物运输和依赖于化石燃料的长距离运输，而且这种运输不可能被 NMT 模式所替代。这些城市内部和外部之间的联系提出了关于可持续发展的城市的可行性与复杂性方面的问题。

## 2.3 健康

在过去六年中对 NMT 发展的主要推动力来自于公共卫生领域，它在解决身体活动的减少和肥胖、心血管病和糖尿病等并发症的增加这两个方面付出了努力。一个人的体重是一个函数，等于从食物中获取的能量减去在身体活动中消耗的能量。体重的上升可能由于能量摄入（食物）的增加，或者能量消耗（身体活动）的减少，也有可能是两者的综合。然而体重是影响诸如冠心病和糖尿病之类的一系列疾病的一个因素，身体活动则是与以上疾病和其他健康问题独立相关的

(Spanier and Marshall, 2006; Warburton et al., 2006)。一些人认为 NMT 使用的增加可以在抵抗人们久坐的行为习惯方面发挥一个主要作用。NMT 的两种方式有赖于人们的促进,将有助于引导人们保持能量平衡。

近来开始的一个与健康相关的研究,其主要假设是实用目的(上下班和惯常的步行)的步行减少,是导致体重增加的罪魁祸首(Ewing et al., 2003b)。由于骑自行车者相对步行者较少,所以骑自行车交通不被认为是重要的。如果这是真实的,能够发挥作用的政策导向将是非常清晰明了的。然而,缺乏可信赖的关于身体活动——普遍说来就是步行和骑自行车(上下班出勤除外)的长期资料,就很难审核这个假设。

然而,大量的研究已经表明步行在高密度、混合使用、相互连接的道路系统和行人导向的设计形式中占据较高的比例(Cervero and Kockelman, 1997; Frank and Pivo, 1994; Handy, 2005; Saelens et al., 2003; Steiner, 1994; Transportation Research Board, 2005)。这项研究的焦点是比较直接的一对一的方法,使得建成环境更适合步行。相反地,城市规划者指出使机动车出行变得比较昂贵和困难可能也是一种使交通模式转向非机动车交通模式的有效方法,当然这是一种间接的方法。其他的研究发现造成停车困难或者不接近小汽车可以增加步行交通或者适度的身体活动(Dombois et al., 2007; Forsyth et al., 2007; Rodríguez et al., 2006a)。此外,有证据显示一些环境同样也支持以消遣为目的的步行,但是它们与支持步行出行的环境不同(Forsyth et al., 2007; Giles-Corti et al., 2005; Lee and Moudon, 2006; Rodríguez et al., 2006a)。少量的研究已经验证了是否不同种类的人们(例如健康的人、有孩子的人以及不同种族的人)在特定的范围内比在其他区域行走的多,但是结果是复杂的,需要进行更多的研究(Forsyth et al., 2009)。辨识不同的环境在作为不同类型步行的支持者或阻碍者时产生的作用有哪些不同,是研究的前提。

不断升级的争论是多高比例的步行可以对环境有所贡献,或对那些选择使用 NMT 的人提供支持,因此环境影响被个人偏好即个人选择所放大(Krizek, 2003a、2003b; Cao et al., 2006; Handy et al., 2002)。在某种程度上,根据环境偏好进行分类恰恰是规划者想要实现的,尤其是在支持步行的环境比较缺乏的区域。然而,把基于观察到的步行行为的居住分异的影响同环境自身的影响分离开来,依然是重要的。如果发现在特定的领域人们步行的较多是由于他们的个人偏好和个人选择,而且已经有足够的环境支持来满足他们的需要,那么创造更多的环境支持是起不到任何作用的。

除了步行,更多模棱两可的发现来自于与身体活动相关的评价研究[③]。一个原因是:户外步行占据了 15%~20% 的身体活动(Forsyth et al., 2007)。另一个原因是:无论步行的支持存在或不存在,个体可以选择在其他场所进行身体活动来代替这一场所(Krizek et al., 2004; Rodríguez et al., 2006a)。

## 2.4 宜居性

拥挤、交通堵塞、汽车消耗、空气污染、丑陋的高速公路和裸露的停车场,这些花费了人们大量的时间和金钱，造成人们日常生活不愉快，降低了人们在城市生活的愉悦感。而在郊区环境中，很多人都抱怨为了一些简单的差事就必须使用小汽车。父母需要在处理社会活动的同时安排时间接送孩子，这已被他们看做一种负担。面对面交流的缺乏和随之而来的社会资本的减少被描述为非机动车交通缺失的一个障碍（Duany et al.，2000）。

相反，在几乎所有的城市规划倡导中，"成功"的故事都发生在一种"可步行"区域，区域中有整齐排列着的商店，也许还有一个五金器具店、室外咖啡屋、图书馆或邮局以及房屋和人群的有趣交织。其中不全是高收入阶层区，还有低收入的工人阶层区。城市规划者通过规划有着更便捷出入口的新交通站点来提供雇佣机会，并以此为荣。公共建设工程的官员迅速将目标锁定于新的自行车通道，用以连接曾经相互隔离的两个区域。景观建筑师喜欢为毗邻步行区的新公共绿地带来更多的美感。而这些所带来的效果是否能够直面拥堵、环境保护和公共卫生等问题呢？似乎没有。相反，他们反而宣称可以直接或间接地提高城市生活的整体感受。

有人认为步行和骑自行车以及以这些模式为目的的城市设计，能够帮助提高城市区域的宜居性，而且很多居民愿意为这些设施花钱（Krizek，2006）。如果社会资产被作为一个难懂的概念来定义和衡量并已经在社会科学文献中衰退的话（Portes，1998），宜居性将更难以琢磨（Hortulanus，2000）。紧凑的、可步行的、可骑自行车出行的城市形态可以让城市居民不需要机动车就能处理好自己的日常琐事。这意味着那些不驾车的人——主要指儿童、老人还有低收入者，能够与汽车驾驶者拥有更加平等的地位。原先需要投入到道路和交通的资金就能够用于住房、教育、健康和娱乐领域。身体活动可以通过日常活动获得，为那些不喜欢将时间花费在健身房的人节约行程（Calthorpe，1993；Duany et al.，2000）。总之，这样的城市形态提升了城市居民的生活品质。

虽然考虑到定义与衡量的不确定性，宜居性仍是对 NMT 最有力的政策支持点（Levinson and Krizek，2008），它也是对投资者和决策者的直接吸引力。

# 3 将步行和骑自行车分开考虑的重要性

依照惯例，步行和骑自行车往往被放在一起考虑。上面的叙述暗示了这两种模式的主要动机拥有相似之处，而且其他理由也促使我们这么理解。步行和骑自行车一共只占了美国全部出行的不到 10%。此外，它们还具有很多相似点，如下所述。

（1）能量来源：两种模式都是人力动力且有益于环境。大多数发达国家的人们摄入的热量足以提供这样的能量，而且可以帮助他们控制潜在的体重增加。这种能量来源可以节省资金（例如和健身俱乐部的会员相比）。

（2）暴露于环境的状况：两种模式相较于运输或小汽车出行更需要人们直接接触环境。由于人们需要有合适的衣服或保护物，雨天和寒冷天气都会对这样的旅途出行造成妨碍。

（3）规章制度：步行者和骑自行车者都是规章约束的对象，但通常都不需要领牌照。这意味着参与者的年龄跨度要比机动车驾驶员大得多。

（4）目的：步行者和骑自行车者使用这种模式可能都是为了交通运输（去工作、出差或者工作中）或为了娱乐（如运动、放松）。一些人兼有这两个出行目的。当这个章节集中关注于运输用途时，常常很难区分这些目的。

（5）运送货物的负担：两种模式在运送大体积和较沉的货物时都存在局限性。当这些问题在某种程度上被提出来时，临时的使用者可能会担心被耽搁。

（6）边缘化：两种模式都被看做边缘模式，一直到最近在交通统计中都很少提及，而且在交通规划中也很少强调。

（7）社会影响：由于两种模式都是非封闭的，它很可能在与其他的骑自行车者和行人的社会来往中相互影响（Oregon Department of Transportation, 1995）。

认识到这些相似点是非常重要的。从整体角度考虑这些模式能够帮助建立一个更有效的案例，以将其融入到规划中，包括增加资助的重要层面。大量的可行性 NMT 研究和迄今为止的政策关注点都将两种模式结合起来考虑。这样结合考虑的方式能够增加以 NMT 为中心的话题所带来的综合效益。地方与区域规划者、卫生机构、支持者团队以及许多研究者都将围绕 NMT 这个感兴趣的话题联合起来。NMT 不再单纯作为工程师、设计师和规划师的追求目标，它已经转变成为用以资助 NMT 项目和评估的政府额外非盈利性基金。

然而，无论从实践的视角还是研究的视角，综合起来考虑都会造成麻烦。以规划为目的，步行和骑自行车需要不同的基础设施；以研究为目的，步行者和骑自行车者的行为是根本不同的，且需要不同的规划反馈。很有可能未来的研究会将步行与骑自行车独立考虑，接下来我们将详细叙述这样做的主要原因。

很少有例外，不论是什么模式下的出行，都以步行作为开始和结束。当和其他出行方式相结合时，步行常常是较短的，往往不过是几个街区的距离（作为他们自己的行程）。步行者对距离非常敏感并且会尽可能地减少这样的行程，即使它们原本不是那样设计的。最重要的是，那些可能影响步行者作为出行选择的因素很可能不同于骑自行车出行的。例如，沿途的吸引力（如有趣的外观、多样化的建筑、空白高墙的消失），各种各样的路径选择，步行者的安全以及在可步行距离范围内目的地的数量（如工作地点或临近商铺），都会影响个体的步行意愿（Forsyth et al., 2008; Hess et al., 1999; Humpel et al., 2004）。直到最近，有关步行环境的文献一直被城市设计师（Gehl, 1987; Jacobs, 1993）和少量的技术手册（Zegeer, 1995）所主导。

相反的是，与步行相比，骑自行车出行以更高的速度穿过更长的距离，因而需要更长的通道（例如较宽的人行道以及街上和街旁的自行车道）。对于很多本地的道路，自行车都是街道合法的交通工具；至少在美国，大批的自行车行驶都是随意的。然而，大多数出行者都选择步行，自行车出行拥有一个相对较小的市场。自行车装备在不使用时必须被存放起来。此外，不是所有的人都拥有或有权使用一辆自行车。美国大部分地区的夏季时间，超过 1/4 的美国民众都使用自行车，但是若非仅为消遣娱乐，极少的人整年骑自行车出行（Bureau of Transportation Statistics，2003）。车道上的骑自行车者也存在特殊的安全隐患，例如应付靠近的高速驶过的小汽车。按照一些设施设计手册，有关骑自行车出行的文献已经更好地融入到交通综合规划中（Forester，1994；Hudson，1982）。表2详细描述了这些不同出行模式的不同点。

表2  步行出行与自行车出行的不同点

| 项目 | 步行出行的特点 | 骑自行车出行的特点 | 不同点 |
| --- | --- | --- | --- |
| 参与者 | 排除有运动障碍的人之后的几乎每一个人 | 有至少三种不同类型的骑自行车者[1]：A（高级的）；B（初级的）；C（儿童） | 骑自行车需要更多的特定环境，依赖于参与者或出行目的；他们也需要较强的身体素质（如平衡）[2] |
| 活动范围 | 本地范围内的步行，大多数情况达到1英里距离。平均出行距离是1.2英里，大约47%~60%的步行出行距离低于0.5英里。娱乐与工作的出行距离要更长些 | 本地与区域内的骑自行车出行。平均出行距离约4英里，57%的骑自行车出行距离少于2英里 | 骑自行车出行距离更长 |
| 速度 | 取决于出行目的，但范围大约从1英里/小时（懒散状态下）到高活动强度下的4~5英里/小时左右的最高速度 | 通常从8英里/小时~20英里/小时 | 骑自行车出行更快 |
| 基础设施 | 基础设施的安全使用需要包括人行道和更受行人青睐的小径，尤其对于儿童来讲 | 尽管存在安全问题，但能和小汽车共享道路；小巷和小径是可选择的；需要目的地的基础设施（停车、淋浴室） | 骑自行车在目的地需要更多的基础设施（如停车） |
| 基础设施规划的职责 | 本地土地利用规划师和交通规划师都在考虑细分的布局和城市设计 | 工程师和交通规划师负责路上的基础设施；公园与休憩规划师负责路旁的基础设施 | 分责不同，使得协调出现困难 |
| 出行目的 | 交通运输（包括连接其他方式，如停车、运输）及以娱乐为目的的出行 | 在美国，大量骑自行车出行与运动、健康、娱乐相关；骑自行车出行在很多其他文化环境中扮演着一个更重要角色 | 自行车出行主要被看做一种娱乐活动；至少在美国占主导地位 |
| 安全考虑 | 犯罪（真实的与潜在的）；交叉口交通安全与无人行道的街道安全 | 交通安全，尤其是在狭窄的街道和道路的交叉口 | 行人倾向于更加关注避开高犯罪率的地段；骑自行车者的安全首先考虑由汽车交通带来的隐患 |

续表

| 项目 | 步行出行的特点 | 骑自行车出行的特点 | 不同点 |
|---|---|---|---|
| 主要障碍 | 距离或潜在距离；远离犯罪或车辆的安全 | 距离、交通安全、设备花费 | |
| 和机动车交通的交接处 | 主要在交叉路口，还有一些没有人行道的场所 | 自行车常常在现有的道路空间中被看作多余的使人分心的东西；冲突也发生在其轨迹与街道相交的位置 | 骑自行车常被理解为与汽车驾驶员争夺有限的道路空间 |
| 与运输的交接口 | 集中在对步行者来说可达性好、有吸引力的公交车站或轻轨站点周围地段 | 需要自行车架或其他能存放自行车的设备；需要在运输站点有停车场所 | 骑自行车更多地考虑成本问题 |

注：(1) A 级出行者常被认为是在大多数拥挤状态下仍能应付自如地骑自行车者；B 级是相对缺少经验的不常出行的成人或青年人，有一些人会提高技能以达到更高等级；C 级是少年儿童或其他由监护人帮助的骑行者。
(2) (Oregon Department of Transportation, 1995: 36)。

资料来源：(Oregon Department of Transportation, 1995)、(Forester, 1994)、(Zegeer, 1995)、(US Department of Transportation, 2002)、(Bureau of Transportation Statistics, 2003)。

当直接比较步行和骑自行车出行时，两种模式的不同点多于它们的相似点。这些差异强调了两点。首先，它们意味着任何试图完全理解行人和骑自行车者的行为的人都需要建立完全不同的概念模型，这两种行为差异很大。正如以下所讨论的，在两种模式中，出行者仍然需要依据出行目的选择合适的行为模式。第二，在未来的规划实施中，致力于步行和骑自行车更深入的研究也需要在不同的主题下进行，两种模式在基础设施需求与环境支持方面差异也非常大。NMT 中步行与骑自行车出行的不同对于未来进行步行和自行车研究是有帮助的。

# 4 需要进一步研究的特殊议题

关于 NMT 的现有文献是很广泛的；根据所选定的主题，它具有非常显著的特点。比起 25 年前，甚至 5 年前，我们了解到了更多关于步行和骑自行车的研究。然而，像许多研究主题一样，渐增的知识令我们产生更多的问题。

经过一系列对于步行和骑自行车的研究，我们需要重新审视许多基本假设，提出一些更本质的问题。现在的优势在于能够基于一个比先前更深入、更具体的水平提出问题，并提供更深入、更可用的知识。

在最后一部分我们致力于研究重要的和未解决的问题，来帮助建立进入下一阶段 NMT 研究的框架。我们将 NMT 置于多种学科和议题之上——以及它可能产生的影响——整体置于与城市规划和交通相关的研究背景下,像图1所描述的那样,接下来的讨论强调了以下几方面的必要性:①处理理论基础和概念模型;②证明不同的测量和方法;③更好地理解具体的行为模式;④为政策精心策划准备更多准确的信息。

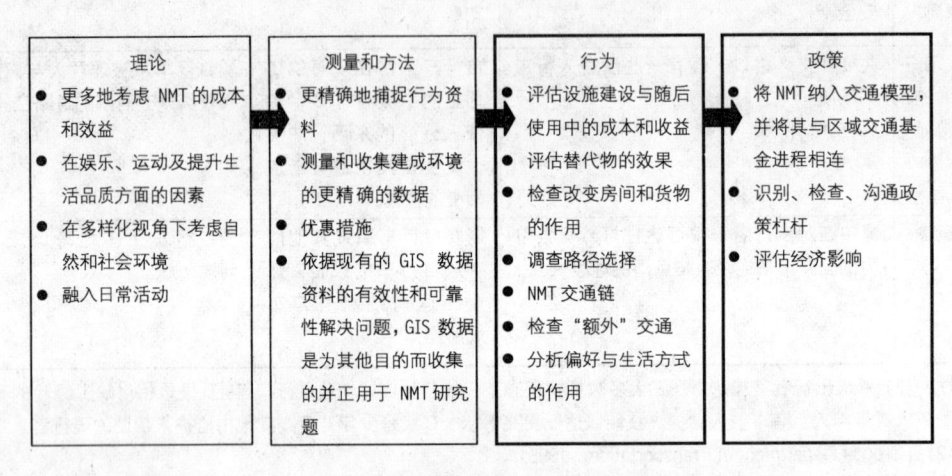

| 理论 | 测量和方法 | 行为 | 政策 |
|---|---|---|---|
| ● 更多地考虑 NMT 的成本和效益<br>● 在娱乐、运动及提升生活品质方面的因素<br>● 在多样化视角下考虑自然和社会环境<br>● 融入日常活动 | ● 更精确地捕捉行为资料<br>● 测量和收集建成环境的更精确的数据<br>● 优惠措施<br>● 依据现有的 GIS 数据资料的有效性和可靠性解决问题,GIS 数据是为其他目的而收集的并正用于 NMT 研究题 | ● 评估设施建设与随后使用中的成本和收益<br>● 评估替代物的效果<br>● 检查改变房间和货物的作用<br>● 调查路径选择<br>● NMT 交通链<br>● 检查"额外"交通<br>● 分析偏好与生活方式的作用 | ● 将 NMT 纳入交通模型,并将其与区域交通基金进程相连<br>● 识别、检查、沟通政策杠杆<br>● 评估经济影响 |

图 1 非机动车交通研究未来需求概览

## 4.1 理论

行为科学与社会科学提供了几种理论来建模并预测人类的决策制定。几乎所有理论的目标都是帮助解释一些结果(行为)是输入(变量)的函数,以指出它们之间的关系。然而,主要的缺陷是现有的 NMT 研究是以一些相对普遍的理论为指导的。例如建成环境的常规尺度常常和骑自行车和步行相关联,甚至和 NMT 类型的不同出行目的相关联。由于步行或骑自行车出行的不同目的常常受不同因素影响,这存在一定的问题。一种以娱乐为目的的骑自行车出行应被理论化,它可以被步行出行的一系列建成环境特征所促进,二者需要不同类型的理论。由于以下不同的理论都与 NMT 使用的预测相关,因此我们讨论了它们的价值。

经济学家发展了功利的概念,其假设人们做决策是为了增加他们的个人利益。人们更青睐有更高实用性的对象——其难以察觉的特性源于可供选择的对象属性。在预测出行选择时(主要是比较汽车和其他运输方式),人们普遍采用的还是最实用的框架结构,这反映了哪些内容可以被称作普遍交通支出。

另外,社会学习理论提出"通过观察他人,一个人形成了新行为是如何表现的想法,然后他将这些编码信息作为自己行为的向导"(Bandura, 1977)。这个理论揭示了个体行为结果的产生,以及作为对同样行为的回馈,个体会期待在未来发生类似的结果(Transyscorportation, 2007)。计划行为理论(Ajzen, 1988、1991)以一种全然不同的方法,关注解释行为时不同类型的信仰的作用。行为信念("会怎样")认为对这些结果的评价加重了人们对可能产生结果的理解。规范性信念("别人会怎么想")认为遵守这些指定对象的动机加重了人们对于指定对象的反馈。控制信念("什么会促进或抑制这种行为")指出,使用者关心一系列要么起促进要么起抑制作用的因素,这些因素通过被感受到的力量来衡量。

然而,每一个定向研究的理论都很少关注自然环境(相对于社会环境)的作用(King and Stokols, 2002)。相反,更多近期的模型被用于包括公共卫生领域在内的自然活动研究,且为研究NMT提供了有用的概念框架(Northridge et al., 2003; Sallis and Owen, 1997)。例如,生态架构研究指出因子在多个层次上影响个体行为。在解释个体行为时,它区分了个体、社会环境以及自然环境因素之间的不同。个体因素包括态度、喜好、信仰以及个人对于自己行为表现能力的自信心(一个在公共卫生领域被称为"自我效能"的概念)。社会环境因素包括社区文化准则,表现为居民的集体行为。自然环境因素主要包括土地利用方式的类型、城市设计特点和交通基础设施。根据这个模型,NMT可能被一些因素所影响。这些因素包括对NMT的个体偏好、社区文化价值对NMT的看法以及基础设施和土地利用方式对NMT的支持程度。它更加深入地讲述了一个社区背景,这个社区背景提到了从微观尺度(如在家里)、到中观尺度(如邻近地区)(King and Stokols, 2002)、再到宏观尺度(如区域与更大的范围)的不同层次的自然环境。这个社会生态模型能帮助研究者辨别一些因素。相较于个人因素(如更可能受教育计划影响而不是改变)而言,这些因素更容易被不同程度的政策(如建成环境和停车政策的自然特点)更改。

纵观这些反映了步行和骑自行车相似点和不同点的理论和模型方法,我们发现需要更多的包含多元化行为和动机的复杂、综合模型。由于研究依赖于社会生态模型,引进整体性费用(金钱的或非金钱的)非常重要,它可以作为引导个体行为的选择特性。不可避免地,这也引入了一个可替代的概念——由于一个既定行为的感知成本被认为太高(太低),其他行为可能被选择。在实践中,骑自行车条件的提高可能会吸引先前的步行者,这种可能性的解释促进了现实主义行为和理论的健全。

对于交通规划,理论进步需要融入更多微妙的心理学与行为学方面的问题,来解释以娱乐和休闲为目的的两种NMT模式之间的关系。很多看起来涉及运输的步行者或骑自行车出行同时也包含了娱乐或运动的成分。由于效益计算可能包含运动或娱乐的效益——甚至包括为了出行而出行的效益(Mokhtarian, 2001; Mokhtarian and Salomon, 2001),这意味着计算一次出行的成本和效益变得更加复杂。人们想要到户外并信步享受外边的世界是一种被城市设计作品当作基础的观点。同样,像工作出行这样周期性的出行选择和体育运动看上去和惯常的行为没什么太大区别(Aarts et al., 1997a; Aarts et al., 1997b; Matthies et al., 2002)。个人在做每一次选择时并不都是依据最大化的实际效用来决定的,惯常行为依赖于有限的意识、受限的认知能力以及欠缺的控制力。然而,习惯常受环境因素的影响(Staats et al., 2004),因此一般而言,环境改变会导致人们对行为变化变得更加敏感,尤其对NMT而言。于是那些用以解释习惯形成的事件和转折点的行为理论也能丰富今后NMT研究的内容。

总体而言,发展以下理论是有可能的,包括指出NMT的成本与收益;找出娱乐、运动以及提升生活品质的动力因素；在多种尺度上考虑自然与社会环境，如从家里到地区范围；还有纳入习惯性活动等方面。同样的概念模型没必要应用于每一个研究；不同的调查需要不同的模型。然而，可悲的是，大多数研究所基于的概念模型都缺乏对多种因素的全面考虑，更不用说各种因素之间的相互影响了。

很多因素都推进了 NMT 的使用。然而，到目前为止，大多数数据研究建立在不充足的理论基础之上，它很难充分捕捉到重要的可变因素。有时，这是由于数据缺乏；有时，是出于理论问题。更复杂和坚实的理论是发展更详细的 NMT 行为模型的第一步，然后才能更好地理解指导政策。

## 4.2 测量与方法

一旦强大的理论被定义和应用，下一步就是收集数据去测试和分析这些理论。NMT 研究缺少数据的情况已经持续很多年了（Bureau of Transportation Statistics，2000；Krizek，2005）。幸运的是，城市规划在与公共健康领域合作的过程中在两个方面为规划和交通增进了综合性——测量和分析（Forsyth et al.，2006；Moudon and Lee，2003）。不同类型的 NMT 需要不同的协定标准、测量机制和分析方法。所有的改进都被设想出来了。协定标准总结了实施研究的步骤，从取样框架到数据采集和分析。它们需要被细化并清楚地记录。对研究者来说，清楚记录的协定标准能使调研得以重复利用，共享数据库，有助于实践的标准化。对从业者来说，协定标准可以在项目管理和人事交接中创造效率。

在十年一度的人口普查和全国家庭出行调查（NHTS）中，NMT 数据被定期采集，涉及单位的路程和到学校的路径。大都市规划组织机构采集区域交通数据去校正用于长期交通规划的预测模型。这些数据逐渐包括了 NMT。为了完善规划信息，一些地方收集行人、自行车的数量或在特定的地点对两者的数量都进行了统计（Schneider et al.，2005）。对于如何收集行为数据，在很大程度上存在连贯性缺乏的问题。同样地，像游记和回顾性调查等流行的测量方法所测量的正确性和可靠性也都严重缺乏。试验数据采集方法很有用，但是不够。更好地理解数据采集方法的计量心理学对于了解数据的质量和其含义至关重要（Streiner and Norman，2003）。

建成环境数据比 NMT 数据更缺乏连贯性；每个城市的土地使用类别各不相同；商业数据库极端"污秽"和不完整；关于行人基础设施和令人愉快的设施，如人行道和行道树的数据几乎没有，更不用说建筑质量了（Forsyth et al.，2006）。目前已创造出针对步行者环境的新环境审计和新的计算机环境评估技术，以协助这些数据的采集（Clifton et al.，2007；Day et al.，2006；Forsyth et al.，2006）。

除了现有数据采集工具的测量功能外，新的工具和技术也能提供完善的和取代现有工具的机会。NMT 下一代测量工具将包括新发明、改进的数据评估和综合的方法：

（1）定位装置，比如全球卫星定位系统（GPS）装置和支持 GPS 的手机，它们能提供步行和骑自行车活动发生的环境，并将有可能最终取代日记和旅行调查。

（2）个人数字助理和短信息，能够快速报告信息。

（3）红外线光束和运动探测器不仅可以统计用户的数量，而且可以监督用户的行为，特别是在追踪中使用。

（4）更精密的加速计能以更高的准确性测量身体活动。

（5）更严格地比较现有的 GIS 空间数据和商业数据库，以评估数据的可靠性，如人行道的完整性或商户位置。

（6）更严格地测试 GIS 软件的专有程序，以产生缓冲区和其他测量；更精细的工具，例如使调查与 7 天或更长时间的游记相结合（Axhausen et al., 2002）。

上述仪器和测量策略的使用仍处于萌芽阶段。需要进一步的研究以验证它们能在何种程度上获取其想要获取的行为，以及获取的信息如何应用到分析中。许多新的小工具收集了大量很难处理的数据。处理数据涉及一些可能产生错误的假设。而对于分析存在一个重要的需求：研究结果对数据压缩和整合的技术的敏感程度。

## 4.3 行为

许多土地利用—交通模型和范例都是基于一些已经提出几年或者几十年的假设，它们几乎很少经过核实或测试。有关 NMT 的最明显的例子就是：平均来说，人们愿意行走的距离是 1/4 英里——一项可靠性可以追溯到 1980 年代的研究结果（Untermann, 1984）。它们几乎很少被测试，而且经常应用于相对特定环境中的特定人口。比如说，已证实的步行距离因运输服务类型的不同而各不相同（Ker and Ginn, 2003; Transit Cooperative Research Program, 1995）。况且这些准则也常常需要说明个体的特征，包括社会经济、文化和偏好。

为了找到有关 NMT 的健全的政策，一些具体行为需要进一步研究。主要议题和问题包括：

（1）一旦建成，人们就会来吗？
（2）替代性——人们会少开车而多运动吗？
（3）改变房间和货物——障碍是什么？
（4）路线的选择——去哪里？
（5）链式交通和与其他运输方式——方式于何时改变？
（6）额外的交通和行人——如何衡量开心度？
（7）个人偏好和生活方式的作用——建成环境有影响吗？对谁有影响？
（8）行为在哪里发生？

### 4.3.1 一旦建成，人们就会来吗？

对于大部分对 NMT 感兴趣的实践者和研究者来说，这都是一个主要问题。虽然存在异议，但经验证据表明在这样的环境和非机动交通之间存在一贯的联系，而且可以做更多的工作以揭示因果关系（Addy et al., 2004; Duncan et al., 2005; Garrard et al., 2008; Krizek and Johnson, 2006; Merom et al., 2003; Owen et al., 2004; Rodríguez and Joo, 2004; Tilahun et al., 2007; Wardman et al.,

2007; Wendel-Vos et al., 2004)。类似的实验, 测验前和测验后的研究设计, 包括治疗组和对照组, 将必然对解决因果关系的问题大有帮助。一些研究者从方法论的角度使用统计模型旨在解决自我选择的问题, 如使用工具变量 (Wooldridge, 2003)、偏好评分匹配 (Oakes and Kaufman, 2006; Rosenbaum, 2002) 以及选择性模型 (Heckman, 1979)。从实用干预的角度来看, 不同城市环境下对 NMT 的投资可能会产生不同的结果。敏锐地对待各种情况下得到的经验教训, 并从个案中进行总结是必要的。

更好地理解特殊设施或起辅助作用的基础设施的情况将作为反馈, 可以改进测量工具。目前还不清楚的是, 人们为了特定的目的可以步行或者骑自行车走多远。研究人员现在正在利用 GIS 在家庭、学校、工作场所和路径周围创造个性化的缓冲区。那些与目的地相关的研究对人们愿意步行或者骑自行车的距离进行假设。那些与普通环境——街道模式、密度、基础设施——相关的研究对 NMT 活动的典型范围进行假设。它们是正确的吗?

### 4.3.2 替代性——人们会少开车而多运动吗?

最近对 NMT 研究的推动是其能够提高体育锻炼活动的水平。这一争论分很多方面, 以下两方面尤其突出。第一个将 NMT——和可能的体育锻炼活动——与周围的建成环境联系起来。最近研究表明, 越是住在中心城市的居民, 其步行越是出于实用目的; 然而, 住在郊区的人则更多地把步行当作消遣活动。人们改变体育活动位置的可能性是对于一项研究的可能解释, 研究表明在一些案例中, 环境的改变并不一定产生整体更高层次的体育运动 (Evenson et al., 2005; Forsyth et al., 2007、2008; Rodríguez et al., 2006a)。骑自行车与城市形态的关系则更加无关紧要 (Krizek and Johnson, 2006; Moudon et al., 2005)。

审视产生替代的可能性需要了解 NMT 行为发生的环境。这样的行为多数可能集中在人们大部分时间所在的地方, 对成人来说是家庭和工作的社区, 儿童则是家庭和学校。当产生 NMT 行为的环境能被更好地理解时 (例如从家到学校、学校到零售店、家到学校步行), 更加精确的测量就可能产生更好的拟合统计模型和与预测因素相关的更加清晰的见解。此外, 更多的时间是花在建筑物里的——这如何涉及户外环境呢? 结果将决定一些干预是否有效, 如工作中的政策变化, 家庭或工作场所环境的干预, 鼓励步行去学校的方案变化。

了解替代的重要性的一个相关视角来自于研究 NMT 的动机, 如拥堵和污染的减少。由此提出了一个重要的问题: NMT 至少能做些什么以及 NMT 怎样才能使人们不再使用汽车 (Greenwald, 2003; Handy and Clifton, 2001; Khattak and Rodríguez, 2005; Krizek et al., 2007; Shay et al., 2006)? 不幸的是, 文献中只有一些关于 NMT 的最初认识, 如 NMT 出行的目的地, 它们的使用频率, 影响决策的因素, 谁更可能用 NMT 代替汽车出行, 还有距离和天气的作用。

### 4.3.3 改变房间和货物——障碍是什么?

NMT 的障碍源于运输货物的需求, 尤其是骑自行车要改变装束。背包、背篓甚至是手推车都提供了一种解决方案。大部分人, 至少在美国, 要么没有这种随身设备, 要么不太感兴趣。此外, 许多物品体积太大。负责接送孩子的父母还有其他的挑战。那些没有机会改变场所位置的人声称是这些缺陷限制了他们使用 NMT。更好地理解这些因素在 NMT 有限使用中所扮演的重要角色，规划者可以从中受益。

### 4.3.4 路线的选择——去哪里？

尽管已经根据交通出行的次数和与其他交通模式相比，选择步行的倾向性测试过建成环境和步行之间的关系，但是在行人和骑自行车者所选择的路线方面的研究却十分有限。虽然人们有时候抄近路，走那些非正规的人行通道，但是他们并不总是选择始发地和目的地之间最短的路线，而更可能选择带来其他利益的线路，如增加安全性或多样性（Duncan and Mummery, 2007；Elgethun et al., 2007）。同样地，自行车通勤者有时走更远的距离——有时只是为了骑车本身，其他时间会选择更有趣或者景色优美的路径（Tilahun et al., 2007）。通过路径选择的研究，人们可以更好地阐释社会和环境因素对于吸引行人与骑自行车者的作用，以及他们放弃一些路径的原因。

实际和备选路径的数据有限是理解路线选择的一个主要障碍。以上所述的测量革新是迈出的一步（Rodríguez et al., 2005）。由于路径的数量是无限的，辨识那些没有被选择的可行路线就变得更加困难（Hoogendoorn and Bovy, 2004；Ramming, 2002）。尽管只是初期的应用，但是从运筹学和统计学中借鉴的技巧可以帮助辨识一些可行路线（Bekhor et al., 2006；Bovy and Hoogendoorn-Lanser, 2005；Frejinger and Blerlaire, 2007）。

另一个障碍是缺乏关于步行者和骑自行车者的足够的网络信息。正式和非正式的路径都会在 NMT 中使用。对步行者来说，路径使用的可行性可能区别于骑自行车者，但是在交通规划实践中盛行的机动车为核心的道路网络将两者的路径都忽视了。这为实践和研究带来了问题。那些不在共识网络之内的设施获得维护和改进基金的可能性很小。对于研究来说，由于网络有限，理解 NMT 使用者的行为变得更加复杂了。

### 4.3.5 链式交通和与其他交通方式的联合

人们一天能到达很多个目的地。链式交通是一种更好地统计到达多个目的地的交通的机制——按照单一顺序将每一小段路程连接起来，通常被称为周期（或交通片段），比如说，起点和终点都在家里。除了连接驾车行驶之间的短途步行之外，一个周期还可能涉及交通模式的改变。这种行为没有很好地被理解；在一段路途中使用两种模式也没有很好地理解（Federal Highway Administration, 1994）。两种模式之一很可能是步行或者骑自行车。

虽然调查中询问了各种交通模式的使用，NMT 仍有可能存在计数缺漏，尤其是涉及步行的时候（骑自行车更容易让人记住）。此外，要步行多远的距离才能带来交通模式的改变——离公交站几米，还是穿过购物商场停车场的 200 米？一些问题是有实际意义的，包括知道步行和骑自行车发生在何处，能够辨识需要哪些改进，以及了解 NMT 使用的决定性因素。即使人们不一定通过步行或者骑自行车光顾家庭附近的机构，他们也可能在其他地方这样做，这主要因为这些 NMT 是与其他行程相联系的（Krizek, 2003c）。

这些经常被讨论却很少被理解的联合运输行为的例子包括（但不限于）：知道中转站和其吸引不同类型步行者的能力；通过在公交车上引进自行车，扩大中转站的服务范围，在购物中心步行；走相对较远的路穿越停车场，或从廉价的停车位处走出。

#### 4.3.6 额外的交通和行人——到达最近的目的地？

与路径选择相关的问题是目的地选择的问题。额外的交通是交通规划的一个术语，是指由于人们不选择光顾最近机构而产生的额外交通（Hamilton, 1982）。研究结果显示，差不多一半的通勤交通都是额外的（Buliung and Kanaroglou, 2002; Giuliano and Small, 1993; Horner and Murray, 2002; Rodríguez, 2004）。这与交通规划中一个不言而喻的原则相违背：在一定程度上，由于人们会选择较以前更近的目的地，因此将起源地和目的地更紧密地设置在一起将缩短交通距离。如果人们不选择最近的机构，那么为吸引 NMT 制定的基于土地的战略效力将降低。

#### 4.3.7 个人偏好和生活方式的作用——建成环境是否有影响？对谁有影响？

骑自行车的人特别关注个人偏好的问题。有些人喜欢骑自行车，有些人不喜欢。骑自行车的人占总人口的比例因国家而异——反映着价格、文化规范、基础设施以及社会支持——然而在一个地方愿意从开汽车转变为骑自行车的人可能很少。但是有多少呢？有证据显示在欧洲的几个城市骑自行车的人有所增加。为什么？这是需要进一步研究的主题。

此外，某些群体的（潜在）步行者可能对于改变出行方式更加敏感，尤其是住在有足够环境支持的地方的人。这是社会营销背后的原则。比如说，当一个大雇主——比如学校要提高校园停车的价格，对价格敏感的学生很可能就会停到更远的地方或者乘坐公共交通，这都会带来更多的步行。对类似状况的普遍性需要更多的了解——即使这样的价格变化可以增加 NMT，但是在足够多的人口中他们是否能从整体上带来改变？

#### 4.3.8 行为在哪里发生——是关于家庭、工作、学校，还是商业领域的政策？

不仅需要有效的测量工具，理解行为发生的背景环境也很重要。这些行为很可能集中在个人花费其绝大部分时间的地方，对于成年人来说是家庭和工作场所，对于孩子们来说则是家庭和学校。了解活动在哪里集中、不在哪里集中是将体育锻炼行为场景化和理清建筑环境与那些行为之间关系的第一步。

### 4.4 政策和实践

最终，我们转向政策和实践问题，它们在逸闻中被提及的次数与在研究中被提及的次数差不多。越来越多的证据表明，NMT 的基础工作可以着眼于一些边缘问题，其中包括：

（1）将 NMT 纳入交通模型和区域资助进程。

（2）更加仔细地为群众制定政策信息——证据是给谁看的？

（3）表现出更广泛的利益和结果，包括经济因素。

### 4.4.1 将 NMT 纳入运输—土地利用模型和区域资助进程

目前有关人行道和自行车网络的可用信息是有限的，在交通规划和模拟过程中，这些信息可以说明 NMT 被更广泛地边缘化了。有关交通规划的文献和应用包括的很多案例都记录了计算城市区域可达性的方法，以及这些方法在何种程度上局限于机动车模式和少量的目的地活动。这些方法使 NMT 进一步边缘化并扩大到区域模型，被美国大都市规划机构在远期交通规划中所使用。尽管研究者和倡导者自 1990 年代早期就已支持发展联合运输模式（Replogle，1995），但除了个别案例，这些努力并未取得成果。

将 NMT 纳入区域交通模型的困难一部分源于它与机动交通在尺度上不同。由于重点关注机动交通，大都市规划机构强调区域交通类型，有时以不记录当地行人的交通为代价。有些人可能认为地方权力机构，如城镇或自治区，应该为 NMT 负责，因为大多数在本质上不具有区域性质。然而，对于 NMT 来说，这将不利于争取美国联邦交通资金，因为大都市规划机构在区域层面管理着这些资金。

### 4.4.2 政策杠杆和观众——证据是给谁看的？

显而易见，不同的政策环境需要不同的信息。拿两个自行车利用率相对较高的环境来说明——荷兰和中国。前者认为应进一步提倡骑自行车，所以近年来在一些情况下，政策决策将自行车优先于汽车考虑；而在后者的案例中，毫不夸张地说，中国的快速机动化正在将自行车赶出马路。单脚滑行车和汽车在空间大战中获胜。很明显，在两个案例之间，需要交流的相应信息和研究差异很大。这说明了决策者需要的信息在很大程度上取决于环境，其趋势和轨道提供了可能产生警报的背景。

将 NMT 扩展到包括健康、环境和发展问题也意味着 NMT 研究的受众会更加复杂，人数也会更多。

### 4.4.3 扩大收益和成果

政策官员和倡导者经常搜寻信息量化 NMT 的间接收益。比如说，美国 SAFETEA-LU 立法 1807 章的立法要求发展统计信息，以检测增强后的 NMT 产生的结果能达到何种程度：减少交通拥堵和能源消耗，提升的健康和更清洁的环境。测量这些成果中的任何一项都可能是一项挑战。对于 NMT 研究来说，尽管体育锻炼活动是一种强有力的也是新出现的研究动机，但是很可能将来的 NMT 研究将扩大范围，包括更加广泛的公共卫生成果。在社区层面，一些人提出 NMT 有助于增强社区凝聚力（Brown et al.，2008），应进一步研究。

迄今为止的一个核心问题是：数据、模型和对这些间接收益后续的理解是如此的薄弱，以至于产生的任何估计都可能仅略好于猜测。大多数 NMT 的研究一直围绕着东拼西凑的地方、区域规划和基础研究的努力。在联邦政府层面，资料搜集比较薄弱，充其量关注到工作场所或学校的交通（美国人口普查）或者区域交通（NHTS）。然而大部分政策和研究应用都需要在地理上分散的 NMT 数据。为了模式化，NMT 社会需要在设施和 NMT 之间建立更强的联系，不管出于什么目的，同时也需要公认的转换标准，来将这种使用转化成间接利益，如整体能源的节约、减少污染或增加体育锻炼。

## 5 结论

NMT 正在规划研究和实践界复兴。这也吸引了以前与 NMT 不相关学科和专业的兴趣，如环保和健康专业人员。这种重视和伙伴关系是令人振奋并且期待已久的。与此同时，代表 NMT 提出的广泛的目标表明了跨学科研究的重要作用。

我们为 NMT 确定了四个主要的动机和意图：①舒缓交通拥堵；②环境保护；③宜居性；④健康。迄今为止的研究在主题的覆盖面、数据的收集和进行的分析方面并不均衡。因此，重要的是，更多地了解 NMT 以将政策干预集中在可以带来重要成果的地方，而不是靠逸闻证据支撑的充满希望的和宏大的政策主张。结合我们自己的观点严格审查已有资料显示，用来支持很多主张的经验证据是不足的。四个动机中宜居性很难界定，却是最有吸引力的理由。但是与其强调 NMT 是解决这四个问题的一种可行性手段，还不如呼吁更多的研究，以帮助阐明 NMT 在何种程度上，以及如何有助于了解其动机。

我们请大家注意步行和骑自行车的区别，尤其当他们涉及参与者、交通参数（范围，速度）、基础设施需求、交通目的、安全因素、主要障碍、汽车和交通的分界点。全面了解步行者和骑自行车者的行为可以保证不同的概念模型。规划实践也需要把两种模型分开来，因为它们对基础设施的要求有很多不同。

为了给有前景的研究方法提供结构，我们将四个需要研究的领域分类并评论，这些研究与问询式的科学方法相类似：理论、计量和方法、行为以及政策。总的来说，我们发现许多有关 NMT 的行为并未被充分理解。这是因为重要的可变因素由于缺少数据或理论问题而很少引起注意。类似的限制适用于这种行为的潜在决定因素。我们建议完善理论、数据收集和分析，以产生更有效和更有针对性的政策处方。

我们提供的观点对下一阶段的 NMT 研究提出了更高的要求。更加健全的和可靠的分析是非常需要的。在每项研究中都遵循本文中提出的所有处方是不需要也是不可能的；聪明和仔细的研究人员会相应地界定他们的研究。我们的目标是协助指导和界定这些研究。因此我们帮助 NMT 的研究者和受益者，以便其更清楚引入 NMT 的效果所面临的挑战，也期待着对新一代 NMT 研究的学习。

**致谢**

本文受国家自然科学研究基金项目（NSFC 40971092）、北京大学—林肯研究院城市发展与土地政策研究中心资助项目（GCL20090601）资助。

**注释**

① 作者按阿拉伯字母顺序排列，贡献相同。

② 提及纽曼和肯沃西的著作激起了很多城市与后续发生的问题这一点很重要。粗略地看一下报表就很清楚：同样密度的城市的能源利用结构差异非常大，同时可以非常清楚地知道有很多因素从城市形式——政策、定价、文化中分离出来。

③ 研究包括与建设一套设施相关的预处理设计（Evenson et al., 2005; Merom et al., 2003）。其他人寻找全面的身体活动或者统计使用一种代表性的设计方法的步行已经产生的综合效果，主要的发现在步行出行方面而不是身体活动的重要影响（Forsyth et al., 2007; Frank et al., 2005; Jago et al., 2006a; Jago et al., 2006b; King et al., 2005; Rodríguez et al., 2006a; Rodríguez et al., 2006b; Rutt and Coleman, 2005）。

## 参考文献

[1] Aarts, H., Paulussen, T. and Schaalma, H. 1997a. Physical Exercise Habit: On the Conceptualization and Formation of Habitual Health Behaviours. *Health Education Research*, Vol. 12, No. 3.

[2] Aarts, H., Verplanken, B. and Van Knippenberg, A. 1997b. Habit and Information Use in Travel Mode Choices. *Acta Psychologica*, Vol. 96, No. 1.

[3] Addy, C. L., Wilson, D. K., Kirtland, K. A., Ainsworth, B. E., Sharpe, P. and Kimsey, D. 2004. Associations of Perceived Social and Physical Environmental Supports with Physical Activity and Walking Behavior. *American Journal of Public Health*, Vol. 94, No. 3.

[4] Ajzen, I. 1988. *Attitudes, Personality and Behaviour*. Milton Keynes, UK: Open University Press.

[5] Ajzen, I. 1991. The Theory of Planned Behavior. *Organizational Behavior and Human Decision Processes*, Vol. 50.

[6] Alexander, C., Ishakawa, S. and Silversteen, M. 1977. *A Pattern Language*. New York: Oxford University Press.

[7] Apogee Research 1998. *The Effects of Urban Form on Travel and Emissions: A Review and Synthesis of the Literature Draft Report*. Washington, D. C.: Environmental Protection Agency.

[8] Appleyard, D. 1981. *Livable Streets*. Berkeley, CA: University of California Press.

[9] Appleyard, D. and Lintell, M. 1972, March. The Environmental Quality of City Streets: The Residents' Viewpoint. *Journal of the American Institute of Planners*, Vol. 38, No. 2.

[10] Arendt, R. 1994. *Rural by Design*. Chicago, IL: Planners Press.

[11] Arendt, R. 1999. *Growing Greener: Putting Conservation into Local Plans and Ordinances*. Washington, D. C.: Island Press.

[12] Axhausen, K. W., Zimmermann, A., Schönfelder, S., Rindsfuser, G. and Haupt, T. 2002. Observing the Rhythms of Daily Life: A Six-Week Travel Diary. *Transportation*, Vol. 29, No. 2.

[13] Bandura, A. 1977. *Social Learning Theory*. New York: General Learning Press.

[14] Banister, D., Watson, S. and Wood, C. 1997. Sustainable Cities: Transport, Energy, and Urban Form. *Environment and Planning B*, Vol. 24, No. 1.

[15] Beatley, T. 2000. *Green Urbanism: Learning from European Cities*. Washington, DC: Island Press.

[16] Bekhor, S., Ben-Akiva, M. E. and Ramming, M. S. 2006. Evaluation of Choice Set Generation Algorithms for Route Choice Models. *Annals of Operations Research*, Vol. 144, No. 1.

[17] Berke, P., Godschalk, D., Kaiser, E. and Rodríguez, D. A. 2006. *Urban Land Use Planning*. Urbana-Champaign, IL: University of Illinois Press.

[18] Bovy, P. H. L. and Hoogendoorn-Lanser, S. 2005. Modeling Route Choice Behaviour in Multi-Modal Transport Networks. *Transportation*, Vol. 32, No. 4.

[19] Brown, A. L., Khattak, A. J. and Rodríguez, D. A. 2008. Neighborhood Types, Travel and Body Mass: A Study of New Urbanist and Suburban Neighborhoods. *Urban Studies*, Vol. 45, No. 4.

[20] Buliung, R. and Kanaroglou, P. S. 2002. Commute Minimization in the Greater Toronto Area: Applying a Modified Excess Commute. *Journal of Transport Geography*, Vol. 10, No. 3.

[21] Bureau of Transportation Statistics 2000. *Bicycle and Pedestrian Data: Sources, Needs, and Gaps*. Washington, D. C.: US Department of Transportation.

[22] Bureau of Transportation Statistics 2003. *Household Survey Results*. Washington, D. C.: Department Of Transportation. Online at http://www.bts.gov/pdc/user/products/src/products.xml?p=682 Accessed 25 February 2009.

[23] Calthorpe, P. 1993. *The Next American Metropolis: Ecology, Community and the American Dream*. New York: Princeton Architectural Press.

[24] Calthorpe, P. and Fulton, W. 2001. *The Regional City: Planning for the End of Sprawl*. Washington, D. C.: Island Press.

[25] Campbell, S. 1996. Green Cities, Growing Cities, Just Cities? Urban Planning and the Contradictions of Sustainable Development. *Journal of the American Planning Association*, Vol. 62, No. 3.

[26] Cao, X., Handy, S. L. and Mokhtarian, P. L. 2006. The Influences of the Built Environment and Residential Self-Selection on Pedestrian Behavior: Evidence from Austin, TX. *Transportation*, Vol. 33, No. 1.

[27] Cervero, R. and Kockelman, K. 1997. Travel Demand and the 3ds: Density, Diversity, and Design. *Transportation Research Part D*, Vol. 2, No. 3.

[28] Clifton, K., Livi, A. and Rodríguez, D. A. 2007. The Development and Testing of an Audit for the Pedestrian Environment. *Landscape and Urban Planning*, Vol. 80, No. 1-2.

[29] Day, K., Boarnet, M., Alfonzo, M. and Forsyth, A. 2006. The Irvine Minnesota Inventory to Measure Built Environments: Development. *American Journal of Preventive Medicine*, Vol. 30, No. 2.

[30] Dimitriou, H. T. 2006. Towards a Generic Sustainable Urban Transport Strategy for Middle-Sized Cities in Asia: Lessons from Ningbo, Kanpur and Solo. *Habitat International*, Vol. 30, No. 4.

[31] Dombois, O. T., Braun-Fahrlander, C. and Martin-Diener, E. 2007. Comparison of Adult Physical Activity Levels in Three Swiss Alpine Communities with Varying Access to Motorized Transportation. *Health and Place*, Vol. 13, No. 3.

[32] Downs, A. 1999. Some Realities about Sprawl and Urban Decline. *Housing Policy Debate*, Vol. 10, No. 4.

[33] Duany, A., Plater-Zyberk, E. and Speck, J. 2000. *Suburban Nation: The Rise of Sprawl and the Decline of the American Dream*. New York, NY: North Point Press.

[34] Duncan, M. J. and Mummery, W. K. 2007. GIS or GPS? A Comparison of Two Methods for Assessing Route Taken During Active Transport. *American Journal of Preventive Medicine*, Vol. 33, No. 1.

[35] Duncan, M. J., Spence, J. C. and Mummery, W. K. 2005. Perceived Environment and Physical Activity: A Meta-Analysis of Selected Environmental Characteristics. *International Journal of Behavioral Nutrition and Physical Activity*, Vol. 2, No. 11.

[36] Elgethun, K., Yost, M. G., Fitzpatrick, C. T., Nyerges, T. L. and Fenske, R. A. 2007. Comparison of Global Positioning System GPS Tracking and Parent-Report Diaries to Characterize Children's Time-Location Patterns. *Journal of Exposure Science and Environmental Epidemiology*, Vol. 17, No. 2.

[37] Evenson, K. R., Herring, A. H. and Huston, S. L. 2005. Evaluating Change in Physical Activity with the Building of a Multi-Use Trail. *American Journal of Preventive Medicine*, Vol. 28, No. 2s2.

[38] Ewing, R., Pendall, R. and Chen, D. 2003a. Measuring Sprawl and Its Transportation Impacts. *Transportation Research Record*, No. 1831.

[39] Ewing, R., Schmid, T. L., Killingsworth, R., Zlot, A. I. and Raudenbush, S. 2003b. Relationship between Urban Sprawl and Physical Activity, Obesity and Morbidity. *American Journal of Preventive Medicine*, Vol. 18, No. 1.

[40] Federal Highway Administration 1994. *The National Bicycling and Walking Study*. Washington, D. C.: Federal Highway Administration.

[41] Forester, J. 1982. The Effect of Bikelane System Design upon Cyclists' Traffic Errors [Online]. www. johnforester. com Accessed 21 May 2004.

[42] Forester, J. 1994. *Bicycle Transportation: A Handbook for Cycling Transportation Engineers*. Cambridge, MA: MIT Press.

[43] Forester, J. 2001. The Bikeway Controversy. *Transportation Quarterly*, Vol. 55, No. 2.

[44] Forsyth, A., Schmitz, K. H., Oakes, J. M., Zimmerman, J. and Koepp, J. 2006. Standards for Environmental Measurement Using GIS: Toward a Protocol for Protocols. *Journal of Physical Activity and Health*, Vol. 3, Suppl. 1.

[45] Forsyth, A., Oakes, J. M., Schmitz, K. H. and Hearst, M. 2007. Does Residential Density Increase Walking and Other Physical Activity. *Urban Studies*, Vol. 44, No. 4.

[46] Forsyth, A., Hearst, M., Oakes, J. M. and Schmitz, K. H. 2008. Design and Destinations: Factors Influencing Walking and Total Physical Activity. *Urban Studies*, Vol. 45, No. 9.

[47] Forsyth, A., Oakes, J. M., Lee, B. and Schmitz, K. H. 2009. The Built Environment, Walking, and Physical Activity: Is the Environment More Important to Some People than Others? *Transportation Research Part D*, Vol. 14, No. 1.

[48] Frank, L. D. and Pivo, G. 1994. Impacts of Mixed Use on Utilization of Three Modes of Travel: Single-Occupant Vehicle, Transitand Walking. *Transportation Research Record*, No. 1466.

[49] Frank, L. D., Schmid, T. L., Sallis, J. F. and Chapman, J. 2005. Linking Objectively Measured Physical Activity with Objectively Measured Urban Form—Finding from SMARTRAQ. *American Journal of Preventive Medicine*, Vol. 28, No. 2s2.

[50] Frank, L. D., Engelke, P. O. and Schmid, T. L. 2003. *Health and Community Design*. Washington, D. C.: Island Press.

[51] Frejinger, E. and Blerlaire, M. 2007. Capturing Correlation with Sub Networks in Route Choice Models. *Transportation Research Part B-Methodological*, Vol. 41, No. 3.

[52] Fruin, J. J. 1971. *Pedestrian Planning and Design*. New York: Metropolitan Association of Urban Designers and Environmental Planners.

[53] Frumkin, H., Frank, L. D. and Jackson, R. 2004. *Urban Sprawl and Public Health*. Washington, D. C.: Island Press.

[54] Gakenheimer, R. 1999. Urban Mobility in the Developing World. *Transportation Research Part A*, Vol. 33, No. 7-8.

[55] Garrard, J., Rose, G. and Lo, S. K. 2008. Promoting Transportation Cycling for Women: The Role of Bicycle Infrastructure. *Preventive Medicine*, Vol. 46, No. 1.

[56] Gehl, J. 1987. *Life between Buildings: Using Public Space*. New York: Van Nostrand Reinhold.

[57] Giles-Corti, B., Broomhall, M., Knuiman, M., Collins, C., Douglas, K., Ng, K. et al. 2005. Increasing Walking: How Important Is Distance to, Attractiveness, and Size of Public Open Space? *American Journal of Preventive Medicine*, Vol. 28, No. 2.

[58] Giuliano, G. 1995. The Weakening Transportation-Land Use Connection. *Access*, No. 6.

[59] Giuliano, G. and Small, K. A. 1993. Is the Journey to Work Explained by Urban Structure? *Urban Studies*, Vol. 30, No. 9.

[60] Greenwald, M. J. 2003. The Road Less Traveled: New Urbanist Inducements to Travel Mode Substitution for Non Work Trips. *Journal of Planning Education and Research*, Vol. 23, No. 1.

[61] Hall, P. G. and Ward, C. 1998. *Sociable Cities: The Legacy of Ebenezer Howard*. Chichester, UK: Wiley.

[62] Hamilton, B. 1982. Wasteful Commuting. *Journal of Political Economy*, Vol. 90, No. 5.

[63] Handy, S. 2005. DRAFT: Critical Assessment of the Literature on the Relationships among Transportation, Land Use, and Physical Activity. Resource paper for TRB Special Report 282, January [Online]. http://trb.org/downloads/sr282papers/sr282Handy.pdf Accessed 4 March 2009.

[64] Handy, S. and Clifton, K. J. 2001. Local Shopping As a Strategy for Reducing Automobile Travel. *Transportation*, Vol. 28, No. 4.

[65] Handy, S., Boarnet, M., Ewing, R. and Killingsworth, R. 2002. How the Built Environment Affects Physical Activity: Views from Urban Planning. *American Journal of Preventive Medicine*, Vol. 23, No. 2s.

[66] Heckman, J. 1979. Sample Selection Bias as a Specification Error. *Econometrical*, Vol. 47, No. 1.

[67] Hess, P. M., Moudon, A. V., Snyder, M. C. and Stanilov, K. 1999. Neighborhood Site Design and Pedestrian Travel. *Transportation Research Record*, No. 1674.

[68] Hoogendoorn, S. P. and Bovy, P. H. L. 2004. Pedestrian Route-Choice and Activity Scheduling Theory and Models. *Transportation Research Part B*, Vol. 38, No. 2.

[69] Horner, M. W. and Murray, A. 2002. Excess Commuting and the Modifiable Areal Unit Problem. *Urban Studies*,

Vol. 39, No. 1.

[70] Hortulanus, R. P. 2000. The Development of Urban Neighbourhoods and the Benefit of Indication Systems. *Social Indicators Research*, Vol. 50, No. 2.

[71] Hu, P. S. 2005. *Summary of Travel Trends: 2001 National Household Travel Survey*, ORNL/TM- (2004/297), ORNL. Washington, D. C.: US Department of Transportation; Federal Highway Administration.

[72] Hudson, M. 1982. *Bicycle Planning: Policy and Practice*. London: Architectural Press.

[73] Humpel, N., Owen, N., Leslie, E., Marshall, A. L., Bauman, A. and Sallis, J. F. 2004. Associations of Location and Perceived Environmental Attributes with Walking in Neighborhoods. *American Journal of Health Promotion*, Vol. 18, No. 3.

[74] Jacobs, A. 1993. *Great Streets*. Cambridge, MA: MIT Press, Cambridge.

[75] Jago, R. T., Baranowski, T. and Baranowski, J. 2006a. Observed, GIS, and Self-Reported Environmental Features and Adolescent Physical Activity. *American Journal of Health Promotion*, Vol. 20, No. 6.

[76] Jago, R. T., Baranowski, T. and Harris, M. 2006b. Relationships between GIS Environmental Features and Adolescent Male Physical Activity: GIS Coding Differences. *Journal of Physical Activity and Health*, Vol. 3, No. 2.

[77] Ker, I. and Ginn, S. 2003. Myths and Realities in Walkable Catchments: The Case of Walking and Transit [Online]. Road & Transport Research, June. http://findarticles.com/p/articles/mi _ qa3927/is _ 200306/ai _ n9255068 Accessed 4 March 2009.

[78] Khattak, A. and Rodríguez, D. 2005. Travel Behavior in Neo-Traditional Developments: A Case Study from the USA. *Transportation Research A*, Vol. 39, No. 6.

[79] King, A. C. and Stokols, D. 2002. Theoretical Approaches to the Promotion of Physical Activity: Forging a Trans-Disciplinary Paradigm. *American Journal of Preventive Medicine*, Vol. 23, No. 2.

[80] King, W. C., Belle, S., Brach, J. S., Simkin-Silverman, L. R., Soska, T. and Kriska, A. M. 2005. Objective Measures of Neighborhood Environment and Physical Activity in Older Women. *American Journal of Preventive Medicine*, Vol. 28, No. 5.

[81] Krizek, K. J. 2003a. The Complex Role of Urban Design and Theoretical Models of Physical Activity. *Progressive Planning: The Magazine of Planners Network*, No. 157.

[82] Krizek, K. J. 2003b. Neighborhood Services, Trip Purpose and Tour-Based Travel. *Transportation*, Vol. 30, No. 4.

[83] Krizek, K. J. 2003c. Residential Relocation and Changes in Urban Travel: Does Neighborhood-Scale Urban Form Matter? *Journal of the American Planning Association*, Vol. 69, No. 3.

[84] Krizek, K. J. 2005. Estimating the Economic Benefits of Bicycling and Bicycle Facilities: An Interpretive Review and Proposed Methods. In P. Coto-Millan and V. Inglada (eds.), *Essays on Transportation Economics*. London: Springer Publishing.

[85] Krizek, K. J. 2006. Two Approaches to Valuing Some of Bicycle Facilities' Presumed Benefits. *Journal of the American Planning Association*, Vol. 72, No. 3.

[86] Krizek, K. J., Birnbaum, A. S. and Levinson, D. M. 2004. A Schematic for Focusing on Youth in Investigations of

Community Design and Physical Activity. *American Journal of Health Promotion*, Vol. 19, No. 1.

[87] Krizek, K. J. and Johnson, P. J. 2006. Proximity to Trails and Retail: Effects on Urban Cycling and Walking. *Journal of the American Planning Association*, Vol. 72, No. 1.

[88] Krizek, K. J., Barnes, G., Wilson, R., Johns, R. and Mcginnis, L. 2007. *Nonmotorized Transportation Pilot Program Evaluation Study*. Federal Highway Administration. Minneapolis, MN: Center for Transportation Studies, University of Minnesota.

[89] Lee, C. and Moudon, A. V. 2006. Correlates of Walking for Transportation or Recreation Purposes. *Journal of Physical Activity and Health*, Vol. 3, Suppl. 1.

[90] Levinson, D. and Krizek, K. J. 2008. *Place and Plexus*. New York: Routledge.

[91] Levinson, D. and Kumar, A. 1997. Density and the Journey to Work. *Growth and Change*, Vol. 28, No. 2.

[92] Lowe, M. D. 1989. The Bicycle: Vehicle for a Small Planet. *World Watch Paper*, No. 90.

[93] Lynch, K. 1962. *Site Planning*. Cambridge, MA: MIT Press.

[94] Lynch, K. 1981. *Good City Form*. Cambridge, MA: MIT Press.

[95] Matthies, E., Kuhn, S. and Klockner, C. A. 2002. Travel Mode Choice of Women: The Result of Limitation, Ecological Norm, or Weak Habit? *Environment and Behavior*, Vol. 34, No. 2.

[96] Merom, D., Bauman, A., Vita, P. and Close, G. 2003. An Environmental Intervention to Promote Walking and Cycling—The Impact of a Newly Constructed Rail Trail in Western Sydney. *Preventive Medicine*, Vol. 36, No. 2.

[97] Mokhtarian, P. L. 2001. Understanding the Demand for Travel: It's not Purely "derived". *Innovation: The European Journal of Social Science Research*, Vol. 14, No. 4.

[98] Mokhtarian, P. L. and Salomon, I. 2001. How Derived Is the Demand for Travel? Some Conceptual and Measurement Considerations. *Transportation Research Part A*, Vol. 35, No. 8.

[99] Moudon, A. V. and Lee, C. 2003. Walking and Bicycling: An Evaluation of Environmental Audit Instruments. *American Journal of Health Promotion*, Vol. 18, No. 1.

[100] Moudon, A. V., Lee, C., Cheadle, A. D., Collier, C. W., Johnson, D., Schmid, T. L. et al. 2005. Cycling and the Built Environment: A US Perspective. *Transportation Research Part D*, Vol. 10, No. 3.

[101] Newman, P. and Kenworthy, J. R. 1989. Gasoline Consumption and Cities: A Comparison of US Cities with a Global Survey. *Journal of the American Planning Association*, Vol. 55, No. 1.

[102] Newman, P. and Kenworthy, J. R. 1992. *Cities and Automobile Dependence*. Aldershot, UK: Avebury Technical.

[103] Newman, P. and Kenworthy, J. R. 1999. *Sustainability and Cities: Overcoming Automobile Dependence*. Washington, DC: Island Press.

[104] Northridge, M. E., Sclar, E. and Biswas, P. 2003. Sorting Out the Connections between the Built Environment and Health: A Conceptual Framework for Navigating Pathways and Planning Healthy Cities. *Journal of Urban Health*, Vol. 80, No. 4.

[105] Oakes, J. M. and Kaufman, J. S. 2006. *Methods in Social Epidemiology*. San Francisco, CA: Jossey-Bass.

[106] Oregon Department of Transportation 1995. *Oregon Bicycle and Pedestrian Plan*. Salem, OR: Department of Transportation.

[107] Owen, N., Humpel, N., Leslie, E., Bauman, A. and Sallis, J. F. 2004. Understanding Environmental Influences on Walking: Review and Research Agenda. *American Journal of Preventive Medicine*, Vol. 27, No. 1.

[108] Portes, A. 1998. Social Capital: Its Origins and Applications in Modern Sociology. *Annual Review of Sociology*, Vol. 24, No. 1.

[109] Pucher, J. 2001. Cycling Safety on Bikeways vs. Roads. *Transportation Quarterly*, Vol. 55, No. 4.

[110] Pucher, J., Peng, Z., Mittal, N., Zhu, Y. and Korattyswaroopam, N. 2007. Urban Transport Trends and Policies in China and India: Impacts of Rapid Economic Growth. *Transport Reviews*, Vol. 27, No. 4.

[111] Ramming, M. S. 2002. *Network Knowledge and Route Choice*. Cambridge, MA: Department of Civil and Environmental Engineering, MIT.

[112] Replogle, M. 1995. *Integrating Pedestrian and Bicycle Factors into Regional Transportation Planning Models: Summary of the State-of-the-Art and Suggested Steps Forward*. Washington, DC: Environmental Defense Fund.

[113] Rickaby, P. 1987. Six Settlement Patterns Compared. *Environment and Planning B*, Vol. 14, No. 2.

[114] Rodríguez, D. 2004. Spatial Choices and Excess Commuting: A Case Study of Bank Tellers in Bogotá, Colombia. *Journal of Transport Geography*, Vol. 12, No. 1.

[115] Rodríguez, D. and Joo, J. 2004. The Relationship between Non-Motorised Mode Choice and the Local Physical Environment. *Transportation Research*, Part D, Vol. 9, No. 2.

[116] Rodríguez, D., Brown, A. R. and Torped, P. J. 2005. Portable Global Positioning Units to Complement Accelerometry-Based Physical Activity Monitors. *Medicine and Science in Sports and Exercise*, Vol. 37, No. 11.

[117] Rodríguez, D., Khattak, A. J. and Evenson, K. R. 2006a. Can New Urbanism Encourage Physical Activity? Comparing a New Urbanist Neighborhood with Conventional Suburbs. *Journal of the American Planning Association*, Vol. 72, No. 1.

[118] Rodríguez, D., Targa, F. and Aytur, S. 2006b. Transportation Implications of Urban Containment Policies: A Study of the Largest 25 US Metropolitan Areas. *Urban Studies*, Vol. 43, No. 10.

[119] Rosenbaum, P. R. 2002. *Observational Studies*. New York: Springer.

[120] Rutt, C. D. and Coleman, K. J. 2005. Examining the Relationships among Built Environment, Physical Activity, and Body Mass Index BMI in El Paso, TX. *Preventive Medicine*, Vol. 40, No. 6.

[121] Saelens, B. E., Sallis, J. F. and Frank, L. D. 2003. Environmental Correlates of Walking and Cycling: Findings from the Transportation, Urban Design and Planning Literatures. *Annals of Behavioral Medicine*, Vol. 25, No. 2.

[122] Sallis, J. F. and Owen, N. 1997. Ecological Models. In K. Glanz, F. M. Lewis and B. K. Rimer (eds.), *Health Behavior and Health Education: Theory Research and Practice*. San Francisco, CA: Jossey-Bass.

[123] Schimek, P. 1996. Household Motor Vehicle Ownership and Use: How Much Does Residential Density Matter? *Transportation Research Record*, No. 1552.

[124] Schneider, R., Patton, R., Toole, J. and Raborn, C. 2005. *Pedestrian and Bicycle Data Collection in United*

States Communities. Washington, D. C. : PBIC and Toole Design.

[125] Schrank, D. L. and Lomax, T. J. 2006. *The 2006 Urban Mobility Report*. College Station, TX: Texas Transportation Institute, Texas A&M University.

[126] Schwanen, T., Dijst, M. and Dieleman, F. M. 2004. Policies for Urban Form and Their Impact on Travel: The Netherlands Experience. *Urban Studies*, Vol. 41, No. 3.

[127] Williams, K. 1999. Urban Intensification Policies in England: Problems and Contradictions. *Land Use Policy*, Vol. 16, No. 3.

[128] Shay, E., Fan, Y., Rodríguez, D. A. and Khattak, A. J. 2006. Drive or Walk? Utilitarian Trips within a Neo-Traditional Neighborhood. *Transportation Research Record*, No. 1985.

[129] Southworth, M. and Ben-Joseph, E. 1997. *Streets and the Shaping of Towns and Cities*. New York: McGraw Hill.

[130] Spanier, P. A. and Marshall, S. J. 2006. Tackling the Obesity Pandemic: A Call for Sedentary Behavior Research. *Canadian Journal of Public Health*, Vol. 97, No. 3.

[131] Sperling, D. and Clausen, E. 2002. The Developing World's Motorization Challenge. *Issues in Science and Technology*, Vol. 19, No. 1.

[132] Staats, H., Harland, P. and Wilke, H. A. M. 2004. Effecting Durable Change: A Team Approach to Improve Environmental Behavior in the Household. *Environment and Behavior*, Vol. 36, No. 3.

[133] Steiner, R. L. 1994. Residential Density and Travel Patterns: Review of the Literature. *Transportation Research Record*, No. 1466.

[134] Streiner, D. L. and Norman, G. R. 2003. *Health Measurement Scales*. Oxford, UK: Oxford University Press.

[135] Taylor, B. 2002. Rethinking Traffic Congestion. *Access*, Fall.

[136] Tilahun, N., Levinson, D. M. and Krizek, K. J. 2007. Trails, Lanes or traffic: The Value of Different Bicycle Facilities Using an Adaptive Stated Preference Survey. *Transportation Research*, Part A, Vol. 41, No. 4.

[137] Transit Cooperative Research Program 1995. An Evaluation of the Relationships between Transit and Urban Form. In *Research Results Digest*, 7 June, Washington, DC.

[138] Transportation Research Board 2005. *Does the Built Environment Influence Physical Activity? Examining the Evidence*. Washington, DC: Transportation Research Board.

[139] Transyscorportation 2007. *Understanding How Individuals Make Travel and Location Decisions: Implications for Public Transportation Report H-31*. Washington, D. C. : Transit Cooperative High-way Research Program.

[140] Untermann, R. K. 1984. *Accommodating the Pedestrian*. New York: Van Nostrand Reinhold.

[141] US Department of Transportation 2002a. The Potential Impacts of Climate Changeon Transportation. Federal research partnership workshop. Summary and discussion papers, 1-2 October [Online]. Washington, D. C. : US DOT Center for Climate Change and Environmental Forecasting. http: //climate. dot. gov/documents/workshop1002/workshop. pdf Accessed 4 March 2009.

[142] US Department of Transportation 2002b. *National Survey of Pedestrian and Bicyclist Attitudes and Behaviors*. Washington, D. C. : National Highway Traffic Safety Administration and the Bureau of Transportation Statistics.

[143] Warburton, D. E., Nichol, C. W. and Bredin, S. 2006. Health Benefits of Physical Activity: The Evidence. *Canadian Medical Association Journal*, Vol. 174, No. 6.

[144] Wardman, M., Tight, M. and Page, M. 2007. Factors Influencing the Propensity to Cycle to Work. *Transportation Research Part A*, Vol. 41, No. 4.

[145] Wendel-Vos, G. S. W., Schuit, A. J., De Niet, R., Boshuizen, H. C., Saris, W. H. M. and Kromhout, D. 2004. Factors of the Physical Environment Associated with Walking and Bicycling. *Medicine and Science in Sports and Exercise*, Vol. 34, No. 4.

[146] Whyte, W. 1988. *City: Rediscovering the Center*. New York: Doubleday.

[147] Wolch, J. 2007. Green Urban Worlds. *Annals of the Association of American Geographers*, Vol. 97, No. 2.

[148] Wooldridge, J. M. 2003. *Introductory Econometrics 2nd edition*. Mason, OH: Thompson-Southwestern.

[149] Zegeer, C. V. 1995. *Design and Safety of Pedestrian Facilities*. Washington, D. C.: Institute of Transportation Engineers.

**Editor's Comments**
John Friedmann is a prolific and influential American planning theorist who is also well known in China. The paper was originally published by the *Journal of the American Planning Association* in 1993. It epitomizes Friedmann's understandings and visions of planning theories and practices at that time. A series of concepts such as normative, innovative, trans-active, based on social learning processes, have been used and are still being carried out in planning practices in Europe and America. Facing a changing context of economy and governance, Chinese planners, researchers and professionals should find this paper of practical and theoretical relevance.

**编者按** 约翰·弗里德曼是中国规划界较熟悉的北美规划理论家。这篇文章原发表于1993年《美国规划学会期刊》。文章体现了那个时代作者对规划的理解和展望。文中提出的规划要针对具体问题、创新、交互性的、基于社会学习等理念，在当代欧美规划实践中都得到了体现或者正在实践。在不断变化的经济和社会环境下，希望文章对中国的规划学术研究有一定的启发。

# 走向非欧几里得规划模型[①]

约翰·弗里德曼

易晓峰 译

**Toward A Non-Euclidian Mode of Planning**

John FRIEDMANN
(Centre for Human Settlements, School of Community and Regional Planning, The University of British Columbia, 225-1933 West Mall, Vancouver, British Columbia V6T 1Z2, Canada)

**Abstract** This article rethinks the engineering model of planning and argues that

**作者简介**
约翰·弗里德曼，加拿大英属哥伦比亚大学城市与区域规划学院。
易晓峰，广州市城市规划勘测设计研究院。

**摘 要** 本文反思了规划的工程模型，认为该模型将被新的、更合适的规划模型——非欧几里得规划模型所替代。本文认为非欧几里得规划模型具有规范、创新、政治、互动和基于社会学习五个特征。

**关键词** 非欧几里得规划模型；工程规划模型

如今我们生活在一个难以预见的时代。或许每个时代的人都会认为时代和空间是不可预见的，而且从某个意义上说这种看法是很有根据的。但最近几十年完全摧毁了我们200年来对欧几里得世界（Euclidian world）秩序的理解和假设。规划的欧几里得工程模型（engineering model）因其科学的特征，历来被认为是优于其他决策模式的。但是，

this model will be replaced by a new and more appropriate model, the non-Euclidian mode of planning. A non-Euclidian planning model has five characteristics. It would be normative, innovative, political, transactive, and based on social learning.

**Keywords** non-Euclidian mode of planning; engineering model of planning

如今却被认为不再有效,并将被抛弃。我们正在进入一个时空地理(space-time geographies)发生巨大变化的非欧几里得世界(non-Euclidian world)。基于这样的认识,我们必须思考一个新的、更合适的模型。

## 1 规划的反思

通常概念的规划是欧几里得模型的。这个模型未来将被摒弃。要解决不管是不是欧几里得模型造成的困境,我们必须重新独立定义规划的含义,并把规划与它最初灵感的来源——工程科学分开。

规划的定义应包括知识和行动的联系,毕竟规划是在公共领域寻求某种形式的知识与行动的专业实践。这个定义把规划与其他工程学科区分开(尽管规划也跟工程学一样是试图寻找既定目标的方法并通过蓝图表达一个阶段的行动)。这个定义,使得我们认为规划是一个为别人而干的行为。考虑一个非欧几里得模型还应考虑哪些知识与规划相关?哪些人的行为是需要考虑的?

在开始探索这个未知领域之前,我们首先需要认识到现在时空的变化甚至被破坏的程度。什么是与非欧几里得模式规划相应的时空观?规划的时间应该是真实的时间(real time)而不是想象的未来时间。规划师应该更多置身于具体事务中,而不只是按照传统规划模式游离于规划的具体行动之外。从这个角度看,规划不再是准备诸如分析、规划方案等文件的工作,而是将规划知识和实践直接联系的工作。非欧几里得规划模型的核心在于规划师应该是有责任心的、有思想的城市专业人士,而不是从不出面、炮制不署名文件的官僚。实时的面对面交流就是这个新的规划模型。

这里并不是想说对未来1年、5年甚至50年进行想象或从事策划、模拟或任何其他假设性的研究工作都是无用的。人们的想象并不会局限于现在实际问题的解决。对于未来,人们的想法会不断飞跃式地改变。虽然非欧几里得模型规划的重点在规划实时操作的过程，但是对未来的设想还是应在未来的规划工作中发挥重要作用，毕竟只有在时光不断流逝并且未来仍不能确定的情况下人们才会想起规划师的用处。

在空间规划中，我们想向国家甚至国际空间寻求自己区域或地方的发展空间。这导致了规划的"分散化"(decentered)观点。这里我并不是想说覆盖整个国家或几个国家的规划是完全无用的。规划是在各层次公共决策中制定的，但在新的规划模型中，哪个空间是规划的重点？我的观点是区域和地方层次，原因如下。

首先，我们必须比过去更加积极地参与区域和地方的变化。规划的问题和条件不是一成不变的，但以场所的特征为指导。换句话说，正如古话常说的，问题的解决事实上跟问题一样复杂。公共领域的事务没有简单的解决办法。

其次，越来越多有组织的市民社会加入了公共决策过程。尽管这是个新现象，但是它已经成为城市或区域越来越显著的现象。这意味着对于某个空间来说，除了国家和首都以外已经形成了一整套的参与者。与更高的层次不同，区域、城市、社区成了市民参与最可能发生的场所。

第三，区域和地方是人们日常生活的空间。大众很难说能对国家和国际空间产生什么影响，因而国家和国际空间应该是合作行动与更高层次官僚机构更关心的。但是大众可以影响他们日常工作、生活的空间。因而这个日常空间对于他们来说非常重要。

"分散化"的规划具有吸引力的原因还有：更广泛的风险分担、社会试验的潜在可能以及民主的复兴。当然，国家和国际条件会约束地方与区域的行动，同时地方层次的进展也需要更高层次的结构性变化。在更高层次的管治中，政治和规划都不会被摒弃，因为它们的作用的确都很重要。但是不管时代变化与否，更高层次的条件仅仅构成了日常规划实践的框架，绝大多数规划师还是应该把注意力放在区域、城市和社区。

在实时和地方空间的范围内，非欧几里得规划模型应具有规范(normative)、创新(innovative)、政治(political)、互动(transactive)和基于社会学习(based on social learning)五个特征。在阐述这五个特征之前，我们有必要对比一下新模型和旧（欧几里得或工程的）规划模型。新模型是合乎规范的，而旧模型对于规划要达成的外部目标和目的的主要规范上表现了不置可否的中立态度；新模型是创新的（将新的东西带入世界是这个模型行为的定义），而旧模型则集中在预算中资源的配置、土地利用图纸、公共设施的布局；新模型探讨规划师在执行策略时要有政治思考，而旧模型只是严格坚持表面上中立的市政服务条例以及没有政治思考的行为；新模型是互动授权的规划方式(a trans-active empowering planning style)，而旧的中心模型权力则在碰撞和分歧中逐渐削减；最后，新模型是基于社会学习的，而旧模型完全是文件导向的行为(a document-oriented activity)，很接近公共检查(public scrutiny)，却没有学习的潜力。

## 2 规划应是规范的

规划为谁服务？可能有人会说，规划师有义务为向他们付钱的人服务。但是这样的回答并不能指导规划的职业行为。

教师教书、律师打官司、医生治病，那么规划师干什么？每个职业都是一个明确的服务。但是规划却很难规范定义，因为规划师活跃在观点和利益激烈碰撞的公共领域。这样的话，就不可能给每一个规划师一套明确的行为准则。众所周知，不管是守旧的还是进步的规划师，要么服务于某个特殊的利益集团，要么服务于公众利益。但是，我想试图从人文主义的视角来谈论自己的价值观。20 世纪末，如下的价值观受到了重视：包含一切的民主理想；给弱势群体话语权；在保护文化多样性的同时让弱势群体融入经济社会生活的主流；质量的增长优于数量的增长（包括可持续性）的说法；性别平等以及对自然的尊重。从这个角度看，规划成了政治的左派。毫无疑问，有些人会怀疑。但从另一个方面看，"历史进程是不可避免的"这样的话再也站不住脚，现实世界的危机和特殊价值观（它们需要民主、包容、多样、生活质量、可持续、权力的公平、环境的多方呼吁）不断提醒规划师要做些什么。

## 3  规划应是创新的

创新的规划寻求对社会、自然和环境问题（引起了公共领域的政治良心）的创新解决方法。创新的规划最终并不追求视角的全面，而是从未来发展出发，关心符合身边的制度和过程变化。创新的规划关注资源的流动而不是中央配置。它强调规划的实时而不是想象中的未来。最重要的是，它应具有企业家（entrepreneurial）的特质。它将很好适应包含各种利益力量的"分散化"的规划体系。因此，创新规划需要谈判和斡旋的高超技巧与让步的艺术。规划要具备私人部门的企业家精神，时刻准备去冒险，而不是仅仅考虑公众形象。

## 4  规划应是政治的

在实时的非欧几里得规划中，知识和行动紧密联系成为一个整体，而不是像有些人想象的那样分离。因此规划过程的执行成为重要的方面，执行必须设计策略以克服在立法和平和的实践中对变化的抗拒。

正如人类通常经历的，新事物总是被抗拒的，并不是因为"新"，而是新事物将替代一些已有的事物。一部分福利经济学家曾乐观地假设，某些变化是受欢迎的，因为它们会使一些人过得更好，而没有人的处境会变坏。事实上这个假设是完全不可能的。一些人会对创新感觉很糟，并不都是因为钱的问题。

当规划主办人明确了自己的意图时，他们就必须考虑到反对的意见。因此，只要他们准备开始做，哪怕只是部分地，他们就要从一开始就考虑执行的策略。没有执行紧迫的规划设计始终是空洞的，因此执行时必须将权力看做规划的重要因素。换句话来说，有战略地执行规划就是有政治考虑地执行规划。

## 5 规划应是互动的

在现代规划中，专家和经验知识是寻求解决问题答案过程中特别重要的。规划师往往拥有第一种知识，但是第二种知识（也是经常不被重视的、不系统的知识）却往往会引导人们找到潜在的解决方法。因此，最理想的是将这两种知识结合起来找出解决方法。但事实上，在相互学习的过程中，两种知识的联系存在很多问题。

因为经验知识并不是显性文化（codified）的，通过交谈它才逐渐变得明白。规划师和大众面对面的互动是解决所发现问题的基础。

互动规划的特殊使之非常适合需要区域和地方层面多样性解决方法的"分散化"规划。当问题需要界定时，互动规划从一开始就将大众融入规划过程中。它是一种有自己特点的参与模式。但是，参与最重要的是需要时间，此外还需要规划师和市民有互相倾听的能力与分享问题界定及解决的能力。

互动规划在20人以下的小团队中可以运作得很好，但是更多人的社区却不行。因为社区代表只代表他/她自己（并不被他人授权发言），所以互动规划不能找到所谓民主的答案。它还有其他局限，例如，互动规划将把比解决某个问题的专家知识多很多的细节和特殊知识带入规划。除此，它强化了公共的反应，而往往使那些更具有建设性的方法被公众盲目地抗拒。但是，互动规划试图将大众的能力带入积极的实践。如果一个地区的实践成功了，那么规划将有助于创造这个地区的集体一致性（collective solidarity）。

## 6 规划应是基于社会学习的

在瞬息万变的时代，做出预见是很困难的，它需要谨慎地行事，从错误中不断吸取经验，不断让新的信息指导行动，必要时迅速执行正确的行动（当然长期的工作仍必须做，例如铁路公共交通系统必须从持续发展的角度进行设计）。但是按这个规则，大规模的项目被排除在外，小规模和弹性的解决方法往往是合适的答案。例如，小规模的发电厂具有技术和经济的可能性。越来越多的弹性的解决方案而不是固定的轨道系统成为交通规划的最爱，如合乘系统（share ride systems）、廉价出租车（jitney cabs）和穿梭巴士服务等。

社会学习规划模型希望有个开放的过程。这个过程包括两个特征，即批评性的反馈和强大的制度保证。开放需要民主过程。它更喜欢开放而不是封闭的会议，它将邀请批评和评论，其中媒体和评价研究将产生作用。公共领域的规划必须是负责任的。在不开放并保密情况下，错误将被积累，长时期的错误积累甚至会酿成大祸。

社会学习系统需要一个不怕承认错误、自信的领导，其同样需要在错误发生时不寻求短期已利的政治文化。但是，它最重要的是意识到社会学习的广阔含义。当行动没有满足预计而遭到了失败，我们就需要考虑包括战略的实施、现实的角色形象甚至是行动最终体现的价值观等问题。战略、形象和价值观应是规划主办人考虑的重点。

## 7 新规划职业

旧规划模型根植于19世纪对科学和工程的理解,未来不是死亡就是被大刀阔斧地改进。尽管它还在应用,但是将越来越远离公共生活。尽管它还在被很多大学教授介绍给学生,但是它对于学生来说已经没有太多价值。

在非欧几里得规划中,规划师将承担我们所说的规划过程中的核心行动,规划师将是一个负责任的职业。这预示着规划师将在他们的能力范围内、寻求价值观相关的变化中发挥新的、更为主动的作用。规划师还要承担企业家的作用,必须有公共责任心,因为他们掌握着对公共需求非常开放的过程。

非欧几里得规划是分散化的,寻求区域和地方的利益。它鼓励大众发挥积极的作用,让普通百姓的经验知识得到应用,促进规划专家和大众的互相学习。当专业和实践知识结合时,规划最终成为社区参与者和规划师之间的跨目标的互动。

非欧几里得规划将知识和行动实时地联系起来,并融入战略变化的过程中。规划主办人成为公共领域重要的资源分配者(mobilizer),促使公共和私人力量的融合并最终得到解决难题的创造性的方案。规划的意图将是规范的。虽然规划师仍有自由选择的权利,但是公共领域的行动将被证明是可以促进世界的繁荣和多样性的。

**注释**

① 在过去的20多年内,我已经在自己的一些文章中讨论了这个模型的某些因素。本文是第一次将这些因素放在一起来针对仍然统治着很多规划理论家的理性决策模型。下面的文献对读者理解本文也是有用的:*Retracking America: A Theory of Trans-active Planning* (Doubleday and Anchor, 1973); *The Good Society* (MIT Press, 1982); *Planning in the Public Domain: From Knowledge to Action* (Princeton University Press, 1987); *Empowerment: The Politics of Alternative Development* (Basil Blackwell, 1992)。

# 北京城市空间发展分析模型

龙　瀛　毛其智　沈振江　杜立群

**Beijing Urban Spatial Development Model**

LONG Ying[1], MAO Qizhi[1], SHEN Zhenjiang[2], DU Liqun[3]

(1. School of Architecture, Tsinghua University, Beijing 100084, China; 2. School of Environment Design, Kanazawa University, Kanazawa 920-1192, Japan; 3. Beijing Institute of City Planning, Beijing 100045, China)

**Abstract** Now it is urgent to identify the future urban form for Beijing, which faces challenges of rapid growth in urban development. In this article, we develop Beijing Urban Spatial Development Model (BUDEM in short) to support urban planning and corresponding policies evaluation. BUDEM is the spatial-temporal dynamic model for simulating urban growth in Beijing metropolitan area, based on cellular automata (CA) approach. In the paper, concept model of BUDEM is introduced, which is established basing on prevalent urban growth theories. The method integrating Logistic regression and MonoLoop is used to retrieve weights in the transition rule by MCE. After model sensibility analysis, we apply BUDEM into three aspects of urban planning practices：1. Identifying urban growth mechanism in various historical phases since 1986; 2. Identifying urban growth policies needed for the implementation of desired urban form (BEI-

**作者简介**
龙瀛、毛其智，清华大学建筑学院；
沈振江，日本金泽大学环境设计学院；
杜立群，北京市城市规划设计研究院。

**摘　要**　北京近年来城市扩张的速度较快，城镇建设用地从 1976 年的 495 km² 增长到 2006 年的 1 324 km²，为了应对城市的空间发展，自新中国成立以来北京市已编制了五版市域城市总体规划，为了对总体规划进行实施评价，给出目前的规划城市空间布局实现所需的配套政策，并对远景的城市增长进行预测，自主开发了基于元胞自动机 (CA) 的北京城市空间发展分析模型 (BUDEM)，用于对北京的城市空间发展进行综合分析及预测。文中对基于 CA 的城市空间增长模拟的相关研究进展进行概述，基于北京城市增长模拟的基本逻辑建立了 BUDEM 模型，提出了基于 Logistic 回归和 MonoLoop 集成的方法获取 CA 的状态转换规则。在对 1976～2006 年各个阶段城市增长进行分析的基础上，重点将模型应用于两个方面：①给出了实现指定的城市空间形态，即 2020 年北京规划空间布局方案，所需要的保障政策；②作为城市空间政策模拟的平台，对 2049 年北京的城市空间形态进行了不同约束条件下的情景分析。

**关键词**　元胞自动机 (CA)；政策模拟；约束条件；城市规划；城市增长；北京

## 1　引言

　　受整体的宏观经济以及奥运经济的影响，北京近年来的城镇空间扩展速度较快，为了对后奥运 (2009 年)、总体规划期末 (2020 年) 和新中国成立 100 周年 (2049 年) 等未来不同阶段的城市空间布局进行判断与预警，进而为下一阶段开展新一轮的城市总体规划提供支持，同时考虑到目前国际上主要的大城市都已经有自身的城市模拟模型，

JING2020), namely planned urban form; 3. Simulating urban growth scenarios of 2049 (BEIJING2049) basing on the urban form and parameter set of BEIJING2020.

**Keywords** cellular automata (CA); policy simulation; constrained condition; urban planning; urban growth; Beijing

而北京在这一领域仍为空白,因此开发了北京城市空间发展分析模型(Beijing Urban Spatial Development Model, BUDEM),该模型是基于元胞自动机(cellular automata, CA)和个体系统模拟(agent based modelling, ABM)的用于模拟北京城市空间增长、具体规划方案制定以及区位选择的时空动态的城市模型,目前本模型已经完成了第一阶段,即城市增长历史分析及城市增长模拟。

城市模型主要经历了形态结构模型、静态模型、动态模型三个发展阶段,传统的基于微分方程的动态或准动态动力学城市模型,往往仅从宏观的空间尺度出发,研究对象也往往是对城市居住区、商业区等的机械划分及其相互作用或区位选择,无法反映造成城市动态性、自组织性和突变性等城市微观结构和理性人个体行为。作为离散动力学的一种研究方法,基于自组织理论的CA不同于系统动力学模型,它不是由严格定义的物理方程或函数确定,而是用一系列模型构造的规则构成。凡是满足这些规则的模型都可以算做是 CA 模型。因此CA是一类模型的总称,或者说是一个方法框架。其特点是时间、空间、状态都离散,每个变量只取有限多个状态,且其状态改变的规则在时间和空间上都是局部的。CA的构建没有固定数学公式,元胞变种多,行为复杂。作为复杂性科学的重要研究工具,近年来基于CA进行了诸多城市空间增长方面的模拟研究,一些城市开展了这方面的实践,如美国辛辛那提(White and Engelen, 1997)、美国旧金山湾和华盛顿—巴尔的摩地区(Clark and Gaydos, 1998)、美国布法罗市(Xie, 1994)、中国广州(Wu, 1998、2002; Wu and Webster, 1998)、中国珠江三角洲(Li and Yeh, 1998、2000、2002、2004; Yeh and Li, 2001、2002、2006)、中国北方 13 省(He et al., 2006)、北京(He et al., 2008)。

将 CA 应用于城市空间增长的模拟,鉴于城市增长的复杂性(既有自然的约束,又有人类的扰动),需要在仅考虑邻域影响①的简单 CA (pure CA) 模型的基础上，考虑其他影响城市增长的因素。广义地讲，包括邻域影响在内的转换规则可以统称为约束条件。部分学者开始关注在 CA 城市模型中引入约束条件来控制模拟过程（Engelen et al., 1997; Clark and Gaydos, 1998; Wu, 1998; Ward and Murray, 1999; Ward et al., 2000; Li and Yeh, 2000; White et al., 2004; Alkheder and Shan, 2005; Guan et al., 2005; Zhao and Murayama, 2007）。

约束性 CA 城市模型的约束条件总体上可以分为近邻约束条件、宏观社会经济约束条件、空间性约束条件和制度性约束条件四种。近邻约束条件是指周边的城市开发对自身的影响，即 CA 中的邻域影响，这一约束条件是约束性 CA 城市模型的最为复杂的一个约束条件，可以使城市增长过程产生"涌现"（emergence）现象，该约束条件自身在时间上不同阶段都在进行非线性变化，因此很难用微分方程来进行描述，其影响程度的定量识别（或与其他空间变量作用的对比）也没有文献报道；宏观社会经济约束条件是指宏观经济、人口发展等城市发展的宏观因素，用于控制模拟的城市开发总量，其作用相比侧重于在空间上发生约束作用的近邻、空间性和规划控制约束条件，空间特性不明显，一般用于控制城市增长的速度，即 CA 在每一个循环中所转变的元胞数量；空间约束条件是指区位因素，如与人口密集区、道路等的可达性；制度性约束条件是指政府针对城市开发所制定的城市规划、区划、重点开发区、自然保护政策等。这些约束条件，在时间上和空间上都较为复杂，其中时间上，约束条件本身的空间分布（如邻域作用的空间分布、道路网分布）以及约束条件所产生的作用可能随时间而不同；而在空间上，约束条件的空间分布没有明显规律，不同区域的约束条件所产生的作用也往往不相同（空间分异）。其中，空间约束条件和规划控制约束条件鉴于其在空间上一般都具有固定的形态，二者在数学上起相似的作用，不像近邻约束条件在不同的模拟步骤的形态都进行非线性的变化，二者的时空复杂性也相对近邻约束条件要弱很多，因此这两类约束条件的出现，一定程度上削弱了近邻影响，但却增大了其他约束条件作用下的近邻约束条件的复杂性，因为其非线性的过程受到了扰动。

对于已有的 CA 城市模型的约束条件，考虑全部这四种约束条件的较少，对于邻域的影响（特别是历史阶段）往往是通过主观赋值的方式确定的，失之于科学性，不能对历史过程中邻域的作用进行定量识别（Wu and Webster, 1998）。特别地，对于制度性约束条件，在应用中考虑得较少：第一，对于制度性约束条件在城市的历史发展阶段所起到的作用并没有进行识别，致使在模拟的过程中，这类约束条件的参数设置过于主观；第二，制度性约束条件设置得过于简单，使得对规划政策的模拟不够深入。

在笔者自主开发的 BUDEM 模型中，状态转换规则充分考虑了约束条件的时空复杂性，集成了宏观社会经济约束条件、邻域约束条件、空间性约束条件和制度性约束条件，采用 MonoLoop 方法对邻域作用的复杂影响进行识别，并考虑了城市规划、限建区规划等制度性约束条件，利用 Logistic 回归的方法对制度性约束在历史城市增长中所起到的客观作用进行了识别。利用 BUDEM 模型，可以基于对历史阶段的分析识别模型参数，给出实现规划空间布局的政策参数，并可以模拟不同约束条件作用下的城市增长情景,进而给出反映不同规划政策控制力度的城市空间形态。

本文在第二部分介绍 BUDEM 模型建立的方法;第三部分介绍基于 Logistic 回归和 MonoLoop 的模型参数识别的方法与结果;作为 BUDEM 模型的应用,第四部分给出实现新版总体规划空间布局的政策参数;第五部分以控制北京市域的城市空间增长为目的,讨论如何设置规划控制的规划情景,最后进行了总结并提出了相应的后续研究的考虑。

## 2 BUDEM 模型

### 2.1 模拟逻辑

中国的城市增长过程中既有自上而下的政府行为,又有自下而上的基层自发开发(Long et al., 2008)。对于前者,根据宏观社会经济条件,政府制定宏观发展目标(存量及增量土地供应计划、近期建设规划、年度实施计划等),政府也参与部分一级开发;开发商持有指定的开发项目,由政府根据客观的土地综合评价(自然地形、规划控制等),寻找适宜的开发地区(有竞争的过程,即基层行政单位或区域的竞标)。对于后者,即自下而上发展,基层土地使用权持有者具有自发的开发行为(如农地开发、城镇中心附近、公路附近等的开发),这种行为也受到制度性约束(城市规划、生态保护政策等)和自然约束(坡度、灾害等)的影响;基层开发行为反馈至政府,调整规划或发展目标(影响社会经济条件,形成完整的反馈)。

参考中国城市增长的现实特点,即既受到宏观层面上政府的控制,也有微观层面的自发增长。本模型的模拟思路总体上分为两个步骤(图1):首先在宏观上由政府(或开发商)根据宏观社会经济条件确定每一阶段的待开发土地的总量(社会经济因素作为外生变量引入模型);之后在微观上采用 CA 的方法考虑各种约束条件,模拟城市增长,基于模拟结果进行拟开发总量的空间分配(Allocation),给出与开发总量相对应的土地的空间分布。

### 2.2 CA 概念模型

经典的城市土地利用模型显示,土地开发受区位和地理条件影响,阿郎索(Alonso,1964)在其单中心城市区位理论中指出,距离城市中心的距离是影响城市土地利用的主要因素,随着距离的增大,可达性和交通成本升高,最优的用地类型也随之改变;道萨迪斯(Doxiadis)创建的人类聚居学指出,人类聚居的区位主要受到三种力的吸引,即现有城市中心、交通干道、自然景观(吴良镛,2001)。这两个文献都对城市空间增长的驱动因素进行了阐述,而 Hedonic 模型(Hedonic Price Model,享乐价格模型/方法)则对其给出了更为清晰的框架。Hedonic 模型认为商品由很多不同的属性构成,其价格由所有属性带来的效用决定,由于各个属性的数量和组合方式的不同,商品价格产生差异(Lancaster,1966),例如巴特勒(Butler,1982)认为影响住宅价格的因素有三类:区位、建筑结构和邻里环境。住宅价格反映的是消费者对住宅属性的偏好之和,而城市的开发同样如此,也是开发商对地块的相关属性的偏好之和,因此参考 Hedonic 模型的理论框架,同时考虑数据的可获得性,选择下列影响城市增长的要素作为 CA 模型的空间变量[②]:

(1) 区位变量(空间约束):与各级城镇中心的最短距离(天安门 $d\_tam$、边缘集团 $d\_edge$、重点新城 $d\_vcity$、新城 $d\_city$、重点镇 $d\_vtown$、一般镇 $d\_town$)、与河流的最短距离 $d\_river$、与道路的最短距离 $d\_road$、与镇行政边界的最短距离 $d\_bdtown$、京津冀区域吸引力 $f\_rgn$;

(2) 邻里变量(邻域约束):邻域内的开发强度 $neighbor$(即邻域内不包括自身的城镇建设用地面积与邻域内的不包括自身的土地面积之商);

(3) 政府变量(制度性约束)[③]:城市规划 $planning$、土地等级 $landresource$[④]、禁止建设区 $con\_f$、限制建设区 $con\_r$。

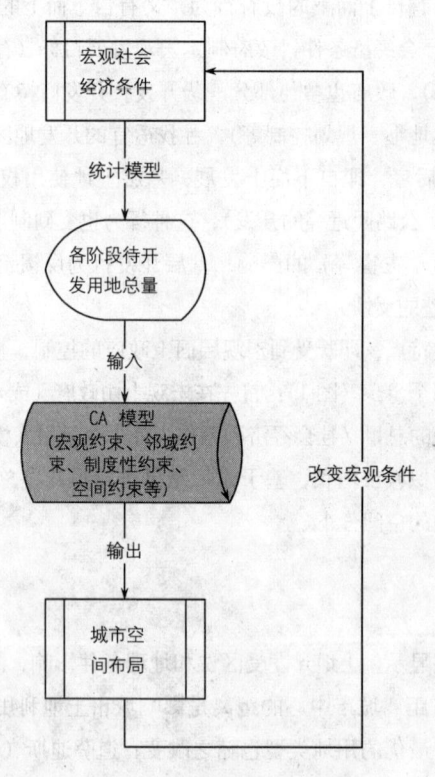

图 1 BUDEM 模型的模拟逻辑

BUDEM 模型建立的基本假设是:①城市是一复杂适应系统,可采用自下而上的方法进行城市空间增长的模拟;②城市增长的驱动力分为促进增长因素和限制增长因素两类,同时也可分为市场驱动和政府引导两类,并且这些因素的影响随距离衰减;③历史的规律适用于预测同样趋势的未来;

④可在基准空间增长情景（即延续历史发展趋势）的基础上，根据发展模式的不同生成不同的其他情景。

根据以上逻辑框架，基于 CA 建立 BUDEM 模型，其基本要素如下：

(1) 元胞空间（lattices）：北京市域，16 410 km²（可根据需要调整模拟范围）；

(2) 元胞（cells）：500 m×500 m，65 628 个[5]；

(3) 状态变量（cell states）：V=1（城镇建设用地），V=0（非城镇建设用地）[6]；

(4) 转换规则（transition rules）：多属性分析（multi-criteria evaluation，MCE）；

(5) 邻域（neighborhoods）：摩尔邻域（Moore 邻域，3×3 矩形、8 个邻近元胞）；

(6) 离散时间（discrete time）：1 Iteration = 1 Month。

BUDEM 的概念模型如公式 1 所示，总体上元胞的状态受宏观社会经济约束、空间约束、制度性约束和邻域约束影响。现阶段 BUDEM 只模拟非城镇建设用地向城镇建设用地的转变，逆向过程不模拟，也不考虑城市再开发过程。

$$
\begin{aligned}
V_{i,j}^{t+1} &= f\{V_{i,j}^t, Global, Local\} \\
&= \{V_{i,j}^t, LOCATION, GOVERNMENT, NEIGHBOR\} \\
&= f \begin{cases} V_{i,j}^t, \\ d\_tam_{i,j}, d\_vcity_{i,j}, d\_city_{i,j}, d\_vtown_{i,j}, d\_town_{i,j}, \\ d\_river_{i,j}, r\_road_{i,j}, d\_bdtown_{i,j}, f\_rgn_{i,j}, \\ planning_{i,j}, con\_f_{i,j}, landresource_{i,j}, \\ neighbor_{i,j}^t \end{cases}
\end{aligned}
$$

公式 1

式中：

$V_{i,j}^t$：$t$ 时刻的 $ij$ 位置的元胞状态

$V_{i,j}^{t+1}$：$t+1$ 时刻的 $ij$ 位置的元胞状态

$f$：元胞的状态转换函数（转换规则）

BUDEM 作为一种基于规则的模型（Rule-based Modelling，RBM），是通过对宏观参数、各个空间变量的权重系数和空间变量本身进行调整实现城市增长模拟的，其中宏观参数用于控制城市空间增长速度（即为宏观社会经济约束），权重系数的大小表示相应政策的作用（或实施）的强度/显著性，如限制、鼓励等，而参数自身的空间分布表示空间发展政策的作用范围，即规划方案/实例（Scenario）。BUDEM 包括的空间变量及其对应的政策如表 1 所示。

表1 BUDEM模型的空间变量一览

| Type | Name | Value | Description | Policy | Data[②] |
|---|---|---|---|---|---|
| LOCATION（空间约束） | d_tam | ≥0 | 与天安门的距离 | 中心地区发展政策 | LOCATION |
|  | d_vcity | ≥0 | 与重点新城的距离 | 重点新城发展政策 | LOCATION |
|  | d_city | ≥0 | 与新城的距离 | 新城发展政策 | LOCATION |
|  | d_vtown | ≥0 | 与重点镇的距离 | 重点镇发展政策 | LOCATION |
|  | d_town | ≥0 | 与一般镇的距离 | 一般镇发展政策 | LOCATION |
|  | d_river | ≥0 | 与河流的距离 | 滨水开发政策 | LOCATION |
|  | d_road | ≥0 | 与道路的距离 | 沿路发展政策 | LOCATION |
|  | d_bdtown | ≥0 | 与乡镇边界的距离 | 行政界线影响政策 | BOUNDARY |
|  | f_rgn | 0~1 | 京津冀区域的吸引力 | 区域影响政策 | LOCATION |
| GOVERNMENT（制度性约束） | planning | 0 1 | 城市总体规划用地类型 | 城市规划政策 | PLANNING |
|  | con_f | 0 1 | 是否为禁止建设区 | 生态保护及风险避让政策 | CONSTRAIN |
|  | landresource | 1 2 3 4 5 6 7 8 | 针对农业用地适宜性的土地等级 | 优质农田保护政策 | LANDRESOURCE |
| NEIGHBOR（邻域约束） | neighbor | 0~1 | 邻域内的城市建设元胞数目/8 | 紧凑发展政策 | LANDi * |

\* LANDi 为 CA 循环过程中生成的城镇建设用地分布数据，其中城镇建设用地为1，其余为0。

## 2.3 状态转换规则

状态转换规则是 CA 研究的热点和核心之一，其获取方法有多种：多准则判断（MCE）、灰度、主成分分析（PCA）、人工神经网络（ANN）、遗传算法（GA）、Fisher 判别、非线性核学习机、蚁群算法和支持向量机等（黎夏等，2007），本研究采用 MCE 作为元胞状态转移规则的具体形式。

兰迪斯（Landis，1994、1995；Landis and Zhang，1998a、1998b）所开发的用于模拟城市发展形态的 CUF 和 CUF-2（California Urban Future Model），是 MCE 方法在城市增长方面的典型应用，但其基本研究单元为矢量的 DLU（developing landuse unit，开发土地单元，类似于规划支持系统"What if"中的 Uniform Analysis Zone（UAZ）的概念〉，并没有基于 CA 的方法。基于 CA 模拟城市增长方

面，吴缚龙（Wu，2002）和黎夏等（2007）提出了 $P_t^t = P_g \times con\ (s_{ij}^t = suitable) \times \Omega_{i,j}^t$ 形式的状态转换规则，其中，$P_g$ 为基于 MCE 方法的城市增长适宜性（或全局概率，global probability），乘以局部的邻域作用 $\Omega$、环境约束 con 后得到最终的耦合概率（joint probability）。吴缚龙（Wu，1998）、吴缚龙和韦伯斯特（Wu and Webster，1998）基于 MCE 方法，采用 AHP 方法对各空间变量进行专家打分，进而获得状态转换规则，吴缚龙（Wu，2002）基于 Logistic 回归（简称 LR）通过对历史数据进行分析获得 MCE 中的空间变量的权重系数。吴缚龙的方法的不足之处在于，基于 AHP 方法获取的权重系数具有不可重复性，同时很难通过这一方法反映历史的发展趋势；而在其 Logistic 回归的过程中，因为邻域作用在不同的循环中处于不断变化之中，很难在回归中考虑，同时回归中没有考虑环境约束，只是在回归之后将通过回归获得的概率乘以这两项作用，环境约束和邻域在其状态转移规则中的参数设定会失之于主观，不能完全反映某一历史阶段的城市空间增长的真实机制。

而克拉克和盖多斯（Clark and Gaydos，1998）提出了通过利用计算机自动计算不同参数组合（nested loops）产生的模拟结果，将其与观察值进行对比，计算其匹配度，选择产生最优匹配度的参数集作为模型的参数进行模拟。克拉克考虑了五个参数（每个参数分别有 6、6、6、5、7 个取值），进而生成共 7 560 个参数组，共运算 252 个小时识别最优参数组，谢一春等（Xie et al.，2005）也采用了类似的方法应用于基于 CA 对苏州的城市增长进行模拟。采用这种方法，如果参数增加，则运算时间将大幅增长，BUDEM 共 13 个参数（权重变量），如果每个参数有 6 个选择，运算时间过大，不可接受。

本研究对吴缚龙、克拉克和盖多斯二者的方法进行综合并作一定改进，结合二者的优点，将除邻域作用 neighbor 变量外的其余 12 个空间变量代入 Logistic 回归方程中，利用历史数据获取因变量，回归得到回归系数即权重系数 $w_{1\sim12}$，在此基础上利用单一参数循环方式（MonoLoop），选取点对点匹配度（goodness-of-fit，GOF）最大的系数作为识别的 neighbor 的权重系数 $wN^*$，一方面利用历史数据可以获得更为真实全面的城市增长规律，一方面大大降低了模型运算的时间。另外，最终确定的状态转换规则如公式 2 所示[③]，首先根据宏观条件，确定不同阶段的元胞转换数目，之后基于约束条件计算城市增长的适宜性 $s_{ij}^t$，进而计算全局概率 $p_g^t$ 和最终概率 $p^t$，最后在 Allocation 过程中，根据 stepNum 数值，识别需要转变的元胞。

1. $LandAmount = \sum_t stepNum^t$

2. $s_{ij}^t = w_0$
$+ w_1 \times d\_tam_{ij} + w_2 \times d\_vcity_{ij} + w_3 \times d\_city_{ij} + w_4 \times d\_vtown_{ij} + w_5 \times d\_town_{ij}$
$+ w_6 \times d\_river_{ij} + w_7 \times r\_road_{ij} + w_8 \times d\_bdtown_{ij} + w_9 \times f\_rgn_{ij}$
$+ w_{10} \times planning_{ij} + w_{11} \times con\_f_{ij} + w_{12} \times landresource_{ij}$
$+ wN^* \times neighbor_{ij}^t$

3. $p_g^t = \dfrac{1}{1 + e^{-s_{ij}^t}}$

4. $p^t = \exp\left[\alpha\left(\dfrac{p_g^t}{p_{g\,max}^t} - 1\right)\right]$

5. $for\ k = 1\ to\ stepNum^t$

  $if\ p_{ij}^t = p_{max}^t\ then\ V_{ij}^{t+1} = 1$

  $p_{ij}^t = p_{ij}^t - p_{max}^t$

  $p_{max}^t\ update$

 $next\ k$               公式2

式中：

$LandAmount$：元胞总增长数目

$stepNum^t$：每次循环元胞增长数目

$s_{ij}^t$：土地利用适宜性

$w$：空间变量权重系数

$p_g^t$：变换后的全局概率

$p_{g\,max}^t$：每次循环中全局概率最大值

$\alpha$：扩散系数（1~10）

$p^t$：最终概率

$p_{max}^t$：每次循环不同子循环内最终概率最大值，其数值在子循环内不断更新

在公式2中，$stepNum$ 表示每个 iteration（1个CA离散时间）发生状态转变的元胞数目，可根据宏观的社会经济发展指标来确定，用以表征政府的土地供应政策的松紧（尤其是增量土地部分），以控制增长的速度。通过统计年鉴，历史各阶段的 $stepNum$ 可以获得，中长期来看，研究区域内未来每年城镇建设用地增长 30 km² (10cells/iteration)。

基于所建立的CA状态转换规则，BUDEM的模拟流程如图2所示。首先设置模型的环境变量、空间变量及相应系数，并基于宏观社会经济条件计算不同时间阶段的 $stepNum$ 参数，在CA环境中计算土地利用适宜性、全局概率和最终概率等变量，最后在 Allocation 过程中采用循环的方式进行元胞的空间识别，完成一个CA离散时间的模拟。根据模拟的目标时间，确定循环次数，CA模型不断循环（多次的 Allocation 过程），最终完成整个模拟过程。

## 2.4 参数识别方法

在状态转换规则中，初始概率是13个空间变量所构成的函数，因变量是二项分类常量，即将土地

利用分为开发的（由非城镇建设用地转变为城镇建设用地）和未开发的（未从非城镇建设用地转为城镇建设用地），不满足正态分布的条件，这时采用 Logistic 回归分析方法获取 CA 的状态转换规则（Wu，2002），其具体形式如公式 3 所示，为半对数方程，回归系数 $b$ 反映了变量的敏感性，即变量变化 1 个单位对整体概率的影响，其绝对值越大，则其对应变量越敏感。

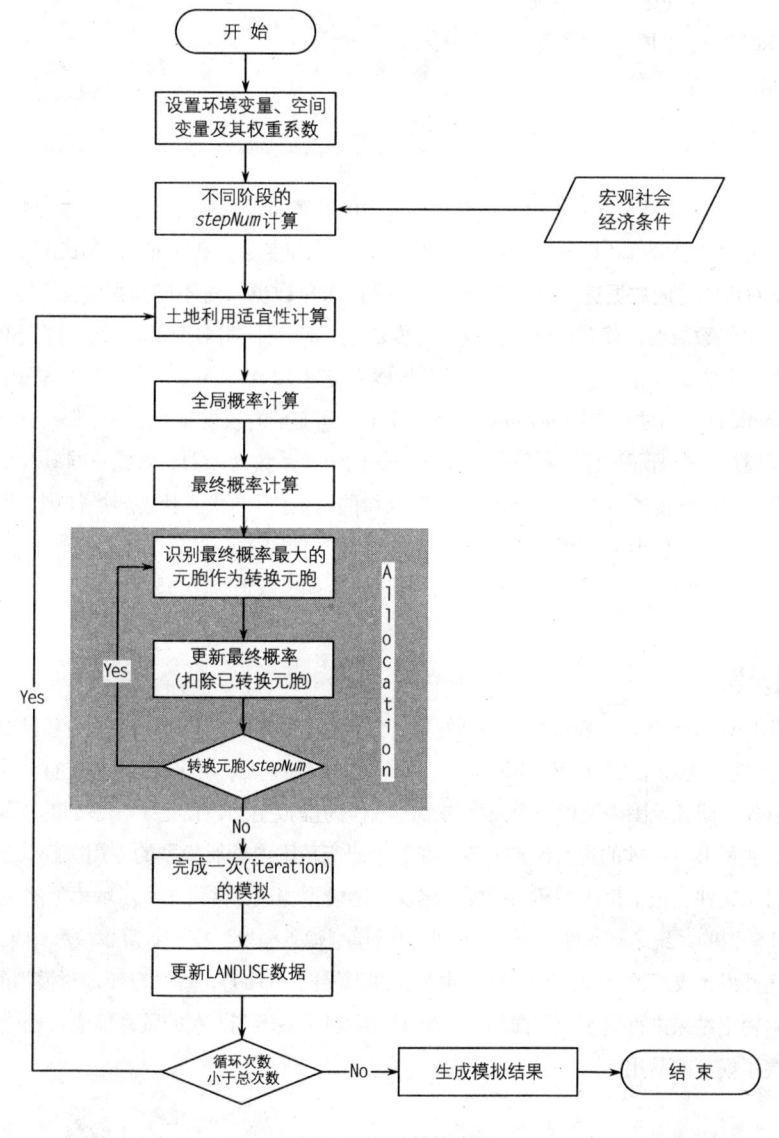

图 2　BUDEM 模拟流程

$$P_{Logistic} = \frac{1}{1+e^{-z_{ij}}}$$

$$z_{ij} = a + \sum_k b_k x_k \qquad \text{公式 3}$$

式中：

$a$：LOGISTIC 回归模型的常数项

$b_k$：LOGISTICl 回归模型的系数

$x_k$：空间变量

$P_{Logistic}$：基于 LOGISTICl 的转变概率

Logistic 回归的因变量是否发生由非城镇建设用地向城镇建设用地的转变（发生转变为 1，不发生转变为 0），自变量为公式 2 中的除 neighbor 之外的 12 个空间变量。利用 ESRI ArcGIS 的 SAMPLE 工具，对自变量对应的空间数据进行部分采样[9]，获得自变量数据，对不同阶段之末和之初的 LAND-USE 数据作栅格代数减法运算获得因变量数据（黎夏等，2007）。将自变量和因变量在 SPSS 环境中进行分析[10]，可以获得 $w_{1\sim12}$，它的大小反映了开发概率受这 12 个空间变量影响的基本规律。

通过 Logistic 回归方法确定除 neighbor 之外 12 个空间变量的权重参数之后，保持这些权重参数不变，在模型中增加一个循环过程，不断调整 neighbor 的权重系数（$wN$），对比不同 $wN$ 的模拟值与观察值，将具有最佳匹配度的 $wN^*$ 与 Logistic 回归获得的 $w_{1\sim12}$ 一同代入状态转换规则，即可实现城市空间形态模拟的功能。模拟值与观察值的匹配度的表征指标较多，本文选择 GOF，即点对点匹配度（整体精度），来评价模拟值与观察值的匹配度，其理论上的最大值为 100%[11]。

## 2.5 模型开发

鉴于 ESRI ArcGIS 具有完善的 GIS 数据处理、分析和表达功能，同时其空间分析模块的部分功能与 CA 模型的连接性较好，因此 BUDEM 基于 ArcObjects 组件，采用 VBA 语言进行开发。在模型开发过程中，首先在研究范围内选取一个典型的小区域作为虚拟空间，设定了一系列的观测变量用于调试模型参数，测试 BUDEM 的运行结果，最后在整个研究范围内开展模型的应用工作。通过在模拟的过程中生成日志文件，记录每次循环的指标变化以辅助模型测试，并可用于了解模型的运行情况。

BUDEM 模型的系统结构如图 3 所示，主要包括模型输入模块、模型计算模块和结果输出模块。

本研究还开发了友好的 BUDEM 模型的中英文图形界面（GUI），可以方便地对模拟的输入参数进行设置，并对输出结果进行显示，界面如图 4 所示，实现了 GIS 与 CA 的紧密集成，相比松散的集成，这种模式提高了模型的易用性。

## 2.6 研究区域及模型数据

北京位于华北大平原的北端，西以西山与山西高原相接，北以燕山与内蒙古高原相接，东南面向平原，距渤海西岸约 150 km。作为 BUDEM 模型的研究范围，北京市域总面积为 16 410 km² （图 5）。北京的平原区为高程在 100 m 以下的平原及台地，总面积 6 338 km²（不含延庆盆地），占全市面积的 39%；山区面积 10 072 km²，占全市面积的 61%。

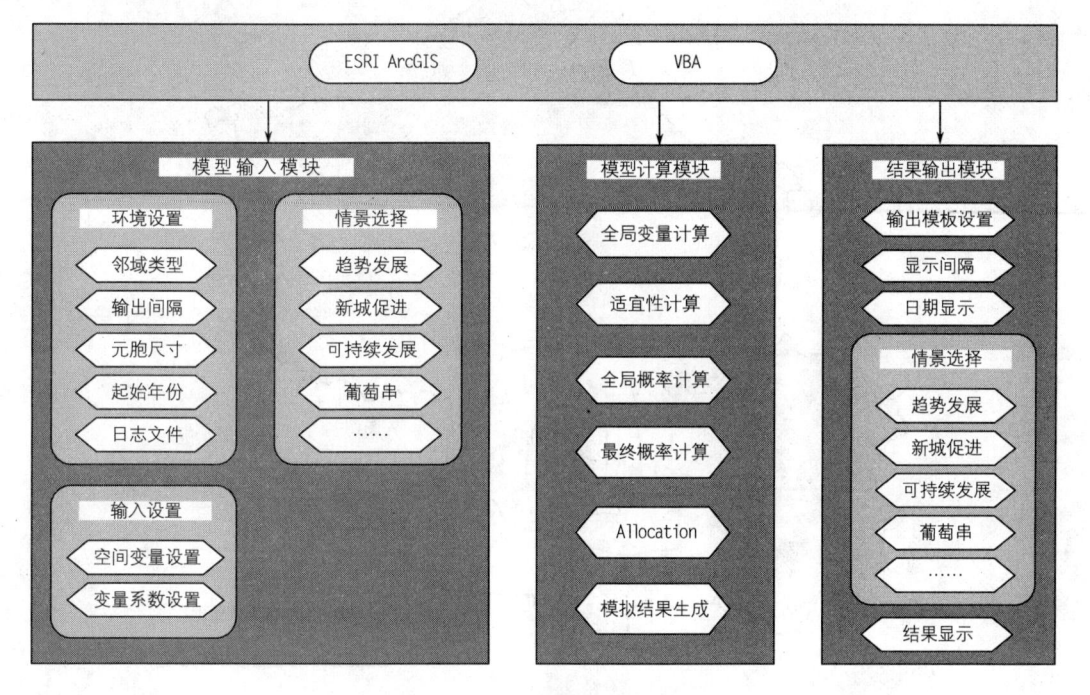

图 3 BUDEM 模型系统结构

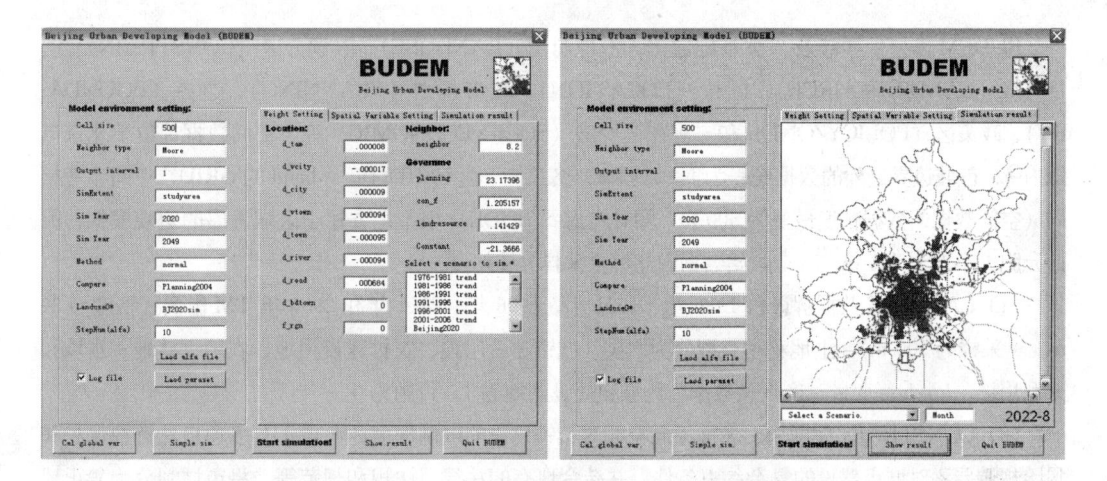

图 4 BUDEM 主界面（参数设置及模拟结果显示）

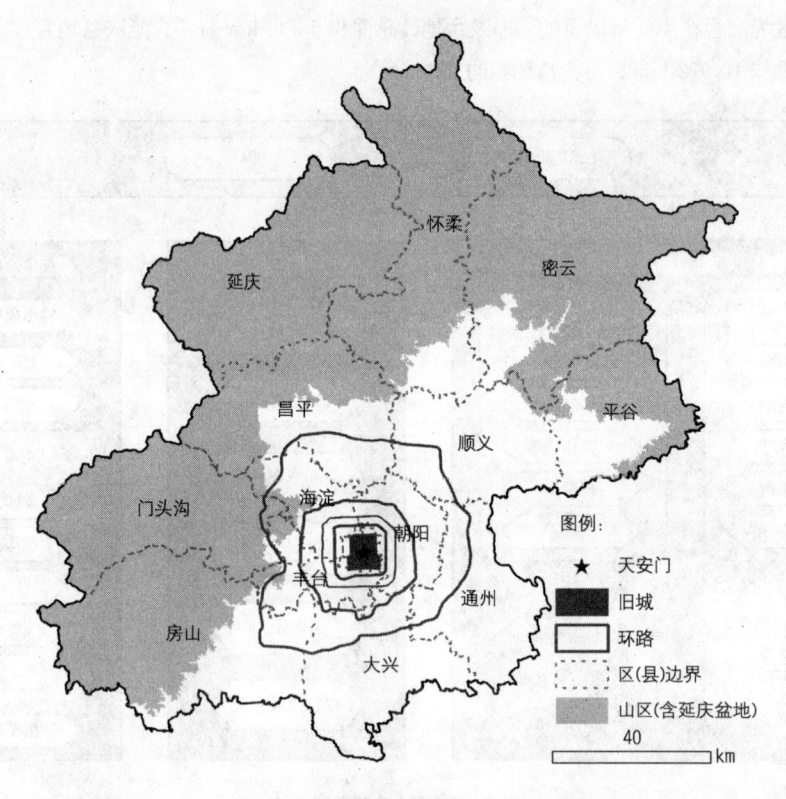

图 5  研究区域

BUDEM模型主要涉及八类基础数据,土地利用(LANDUSE)、限建分区(CONSTRAIN)、土地等级(LANDRESOURCE)、区位(LOCATION)、城市规划(PLANNING)、边界(BOUNDARY)、政策区(POLICYZONE)和宏观社会经济(SOCIO-ECONOMIC)等。空间数据都位于北京市域内[12],市域边界之外的数据统一为NODATA,格式统一为ESRI的单一band的GRID,空间参考相同(空间数据的数据精度最低为500 m,同时考虑到BUDEM模型主要用于区域发展的宏观模拟,因此元胞大小选为500 m,所有原始数据因此都重采样为该精度)。

(1) LANDUSE数据解译自1986年、1991年、1996年、2001年和2006年TM影像(精度为30 m,重采样为500 m),土地利用类型分为六类,城镇建设用地、农村建设用地、农地、林地、水域和未利用地,$landuse$变量对应于该数据,为城镇建设用地为1,否则为0。

(2) CONSTRAIN数据用于表征不同空间对城镇建设的限制程度,考虑110多项自然资源保护和风险规避要素对城市建设的复杂约束条件,并结合现有的法律、法规和规范等,将市域划分为禁止建设区、限制建设区和适宜建设区(龙瀛等,2006),$con\_f$变量对应禁止建设区。该数据精度为

100 m,重采样为 500 m。

(3) LANDRESOURCE 数据用于表征市域土地的农业适宜性，根据北京市计划委员会国土环保处(1988) 将土地分为一类地到八类地，依次不适合农业耕作，*landresource* 变量对应于该数据。鉴于北京在城市增长过程中与基本农田的矛盾较大，因此引入该数据。该数据的精度为 200 m，重采样为 500 m。

(4) LOCATION 数据，用于表征市域不同地区的区位条件（或开发适宜性，这一数据已分配至各个元胞），主要包括与各类城镇中心（天安门、重点新城、新城、重点镇、一般镇）、道路（到城市主干路层次）、河流（到二级河流层次）、乡镇边界的最近距离[13]以及京津冀吸引力（京津冀区域对研究区域的吸引力）。基于各类区位要素（点、线）空间分布的 GIS 图层，采用 ESRI ArcGIS 的 Spatial Analyst 模块的 Distance/Straight Line 命令，可以获取相应的区位数据（距离）。对于京津冀吸引力 *f_rgn* 变量，根据城市空间相互作用理论，采用潜力模型（Potential Model）计算京津冀区域内各区县对北京市域不同元胞的吸引力（党安荣等，2002；Weber，2003），以此表征研究范围之外的区域对北京城市空间增长的影响（该变量为 GRID 格式，包括每个元胞所受到的京津冀区域的吸引力）。

(5) PLANNING 数据包括自北京 1958 年行政区划调整形成目前的市域范围以来，北京市域范围内开展的五次总体规划，分别为 1958 年、1973 年、1982 年、1992 年和 2004 年（北京市规划委员会等，2006），土地利用类型分为城镇建设用地和非城镇建设用地；*planning* 变量对应于该数据，其中规划城镇建设用地为 1，其余为 0。

(6) BOUNDARY 数据用于表征北京市域范围内的不同级别的行政边界、环路边界、生态功能区边界、流域边界等，用于状态转换规则的空间分异，进而实现在不同区域采用不同的状态转换规则，*d_bdtown* 变量为基于其中的乡镇行政边界并采用 ESRI ArcGIS 的 Spatial Analyst 模块的 Distance/Straight Line 命令获得。

(7) POLICYZONE 数据用于表示在 PLANNING 数据中没有表达的拟重点开发的地区，目前在模型中设定北京大兴区南部的首都第二国际机场备选区域为 POLICYZONE。该数据可在相应的模拟阶段将其空间范围代入 *landuse* 变量，作为新增的城镇建设用地，以实现模拟该政策的作用。

(8) SOCIO-ECONOMIC 数据主要摘自北京市统计局（1999）自 1952 年以来北京各年的人口、资源、环境、经济和社会等方面的统计数据，主要用于建立宏观层次的城镇建设用地总量（或历年增量）与各宏观指标的关系。

## 3 历史参数识别

参数识别即参数率定，是识别模型参数的过程。对于 BUDEM 模型中的相应参数，通过 Logistic 回归对历史数据进行分析，可以获得不同历史阶段的相应参数，进而对不同历史阶段的城市增长模式进行对比，并可作为模型模拟参数设定的依据，避免了主观赋值的武断性，是模型应用的重要基础工作。

根据数据的可获得情况,可以分析的历史阶段主要有:1986~1991年、1991~1996年、1996~2001年以及2001~2006年。在各个历史阶段的回归中,假设 $d\_tam$、$d\_vcity$、$d\_city$、$d\_vtown$、$d\_town$、$d\_bdtown$、$landresource$、$con\_f$ 等变量均相同,假定上述变量不随时间变化,而 $planning$、$d\_road$ 和因变量⑬各个阶段不同,不考虑 $neighbor$ 变量。

各个历史阶段的回归系数如表2所示(B表示回归系数),纵向分析各个历史阶段,可以看出城市增长的驱动力差异较大,市场和政府在其中所起到的作用也存在差异(对改革开放的背景也是个印证)。各个历史阶段城市增长的共同点是沿道路开发显著,对禁建区的保护显著。横向对比不同要素随时间的变化,可以看出空间要素在不同历史阶段所起的作用不尽相同,甚至相反。

表2 不同历史阶段的 Logistic 回归系数

| 变量 | B (2001~2006年) | B (1996~2001年) | B (1991~1996年) | B (1986~1991年) |
| --- | --- | --- | --- | --- |
| d_tam | -0.000 016* | -0.000 035* | -0.000 041* | |
| d_vcity | -0.000 025* | -0.000 031* | | -0.000 031* |
| d_city | -0.000 019* | -0.000 066* | -0.000 033* | |
| d_vtown | | | 0.000 025* | 0.000 058* |
| d_town | | 0.000 089* | 0.000 066* | |
| d_river | -0.000 138* | | | |
| d_road | -0.000 256* | -0.000 804* | -0.000 524* | -0.001 092* |
| d_bdtown | | -0.000 377* | | |
| f_rgn | 4.302 458* | -13.737 258* | | |
| planning | -0.410 472* | 0.254 173 | 0.575 671* | 1.310 654* |
| con_f | -0.521 103* | -0.453 115* | -0.497 453* | -1.506 241* |
| landresource | | | -0.075 543 | -0.233 262 |
| Constant | -0.174 524 | 0.588 961 | -0.998 267* | -3.610 055* |

\* 显著性处于0.001水平。

根据2001~2006年的历史回归,并采用 MonoLoop 方法,得到 $wN^* = 12.5$,$GOF = 97.920\%$,可以接受,模拟结果如图6所示,通过模拟结果与 LAND2006TM 数据的对比,可以看出本模型具有较高的精确度,这也证明了所建立的 BUDEM 模型和所采用的 MonoLoop 方法在北京城市增长模拟方面的可应用性,是对 BEIJING2020 和 BEIJING2049 应用的先期检验。

## 4 BEIJING2020:实现规划形态的政策识别

2004年国务院批复了《北京城市总体规划(2004~2020)》,其空间布局图即为 PLANNING2004

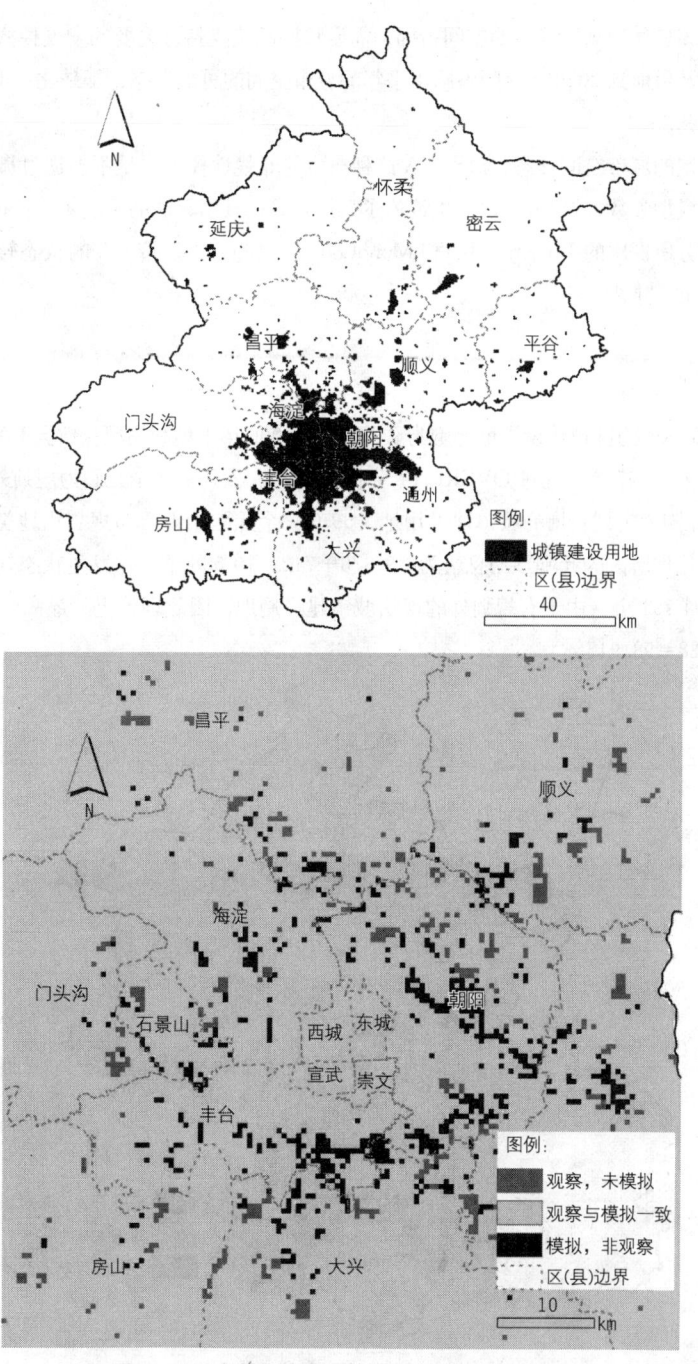

图6 2006年模拟结果及中心地区与观察数据对比

数据，如何实现该总体规划所确定的空间布局，需要哪些政策支持，需要的发展模式与现状的发展模式有何区别，以及目前到 2020 年之间不同水平年的城市空间的可能形态，都是北京市的规划管理部门所关心的重要问题。

如何实现指定的城市空间形态，对于 CA 这种典型的非线性模型，是不能通过微分方程或最优化理论求解最佳的模型参数，"建模方法"也论述了采用计算机搜索算法的不现实性，因此采用"2.4 参数识别方法"部分所提出的 Logistic 回归和 MonoLoop 集成的方法获取 CA 的状态转换规则，进而进行 BEIJING2020 的模拟[15]。

## 4.1 参数识别

PLANNING2004 的城镇建设用地元胞为 9 376 个，2006 年土地利用现状数据 LAND2006TM 的城镇建设用地元胞为 5 297 个，通过 OVERLAY 分析（图 7），发现 712 个元胞为规划外的现状城镇建设用地，5 256 个元胞为规划新增的城镇建设用地，59 660 个元胞的现状与规划用地类型一致。则模拟终期的城镇建设用地所占的元胞预期总量为：9 376＋712＝10 088 个，需发生状态转变的元胞数量为 10 088－5 297＝4 791 个〈由于有规划外的现状城镇建设用地，因此理论上的最高匹配度 $GOF=$ （65 628－712）/65 628＝98.915%〉。

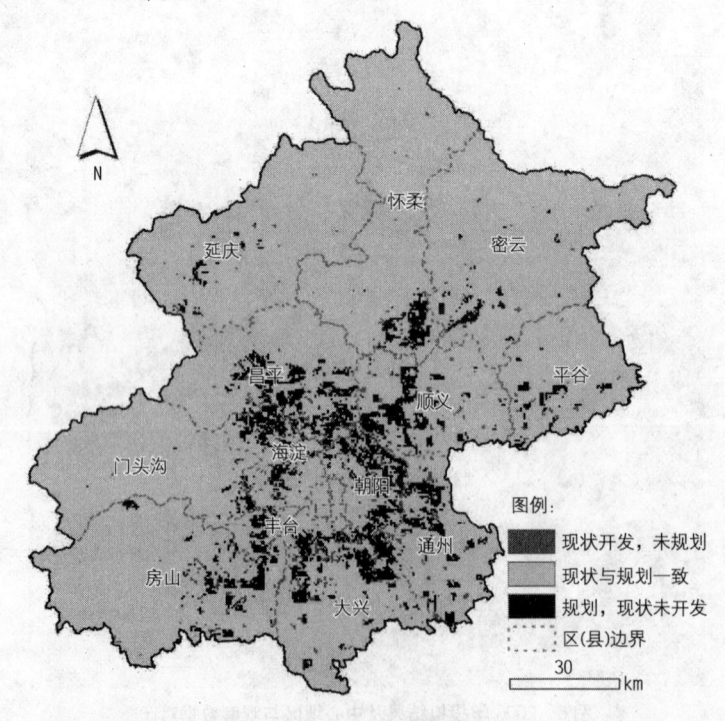

图 7 规划与现状城镇建设用地对比

将 PLANNING2004 与 LAND2006TM 作代数减法运算，作为 Logistic 回归的因变量（采样范围选取全部元胞样本），即可获得实现规划方案的权重系数 $w_{1-12}$ 以及常数项的数值，回归结果如表 3 所示（B 表示变量的回归系数），回归的准确度可以达到 96%，$d\_bdtown$ 和 $region$ 变量没有进入回归方程，其余所有变量的显著水平均为 0.001，回归结果可以接受。

表 3 2006~2020 年 Logistic 回归系数

| 变量 | B | S.E. | Wald | df |
| --- | --- | --- | --- | --- |
| $d\_tam$ | 0.000 01 | 0 | 10.542 | 1 |
| $d\_vcity$ | −0.000 02 | 0 | 55.241 | 1 |
| $d\_city$ | 0.000 01 | 0 | 11.149 | 1 |
| $d\_vtown$ | −0.000 09 | 0 | 383.699 | 1 |
| $d\_town$ | −0.000 10 | 0 | 192.663 | 1 |
| $d\_river$ | −0.000 09 | 0 | 33.037 | 1 |
| $d\_road$ | 0.000 68 | 0 | 128.971 | 1 |
| $d\_bdtown$ | | | | |
| region | | | | |
| planning | 23.173 97 | 3.482 | 44.286 | 1 |
| $con\_f$ | 1.205 16 | 0.064 | 352.253 | 1 |
| landresource | 0.141 43 | 0.019 | 53.82 | 1 |
| Constant | −21.366 64 | 3.513 | 36.997 | 1 |

Logistic 回归之后，根据模型分析的结果，利用 MonoLoop 方法识别具有最佳 GOF 的 $neighbor$ 的权重系数（$wN$），进而完善 CA 的转换规则。关于 $wN$ 范围的选择，本研究先在较大的范围内选择其取值（0~100），根据分析结果缩小取值范围（类似二分法），以降低 MonoLoop 过程的模型运算时间。同时在 MonoLoop 的过程中，$wN$ 之外的其余参数保持不变。

共采集了取值范围位于 0~100 的 69 个 $wN$ 的取值样本，用时 22.5h。$dGOF/dwN$ 曲线如图 8 所示，$wN$ 取值范围处于 0~20 时，$GOF$ 较为稳定，保持在 98.4% 左右；$wN>20$，$GOF$ 不断下降，经过 $wN=76$ 这一拐点，最终 $wN=100$ 时 $GOF$ 达到最小值 92.7%；最后选取 $wN^*=8.2$ 用于 BEIJING2020 的模拟，其点对点准确度可以达到 98.493% 的水平，距离最佳准确度 98.915% 差 0.422%，较为理想。

## 4.2 模拟结果

利用通过 Logistic 回归和 MonoLoop 所获取的权重系数 $w_{1-12}$ 和 $wN^*$，代入 CA 状态转换规则进行模拟，经过 168 个 Iteration，模型停止运行，总的已开发元胞达到 10 104 个，运算时间为 6 297s（30.3s/Iteration）。模拟结果如图 9 所示（BEIJING2020 基准情景），从空间分布上也可以看出模拟的结果与规划方案的匹配程度较高。第1~168次Iteration的模拟结果对应未来不同阶段的可能的城市形态,与最终模拟结果一同,可以用于城市规划管理部门的预警。

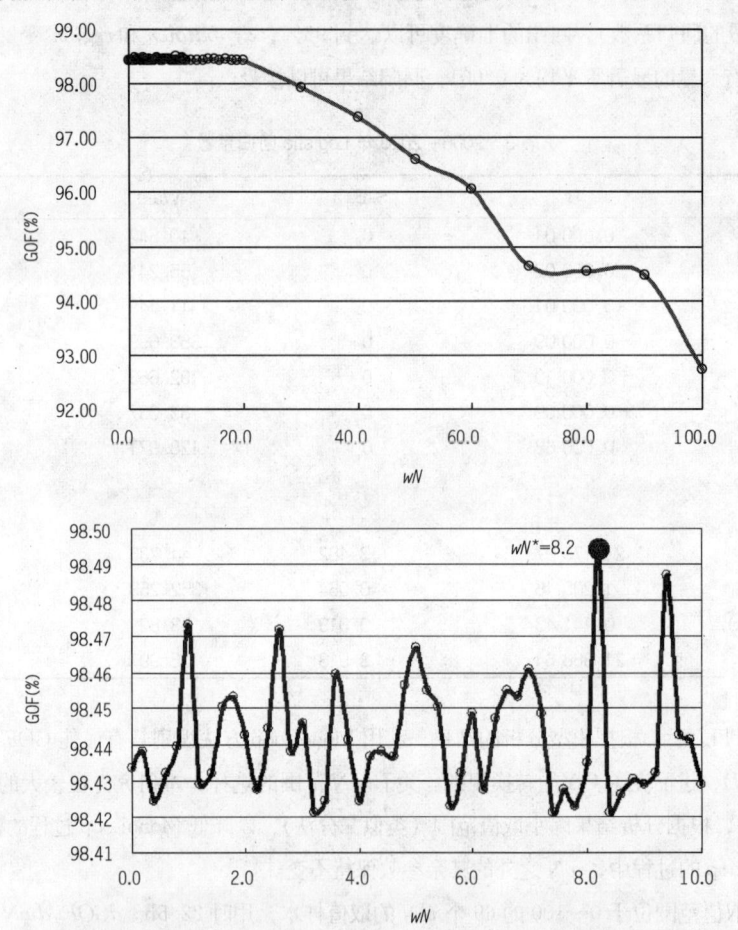

图8 BEIJING2020 MonoLoop过程的 $dGOF/dwN$ 曲线（下图为上图的局部放大）

## 4.3 结果验证

利用规划的城市形态（PLANNING2004）数据和模拟的城市形态（BEIJING2020）对比,验证模拟结果,采用 GOF 验证、空间格局验证、空间结构验证三种方法进行模拟结果的验证。

(1) GOF 验证

MonoLoop 的过程就是对 GOF 验证优化的过程,GOF 为 98.493%。

(2) 空间格局验证

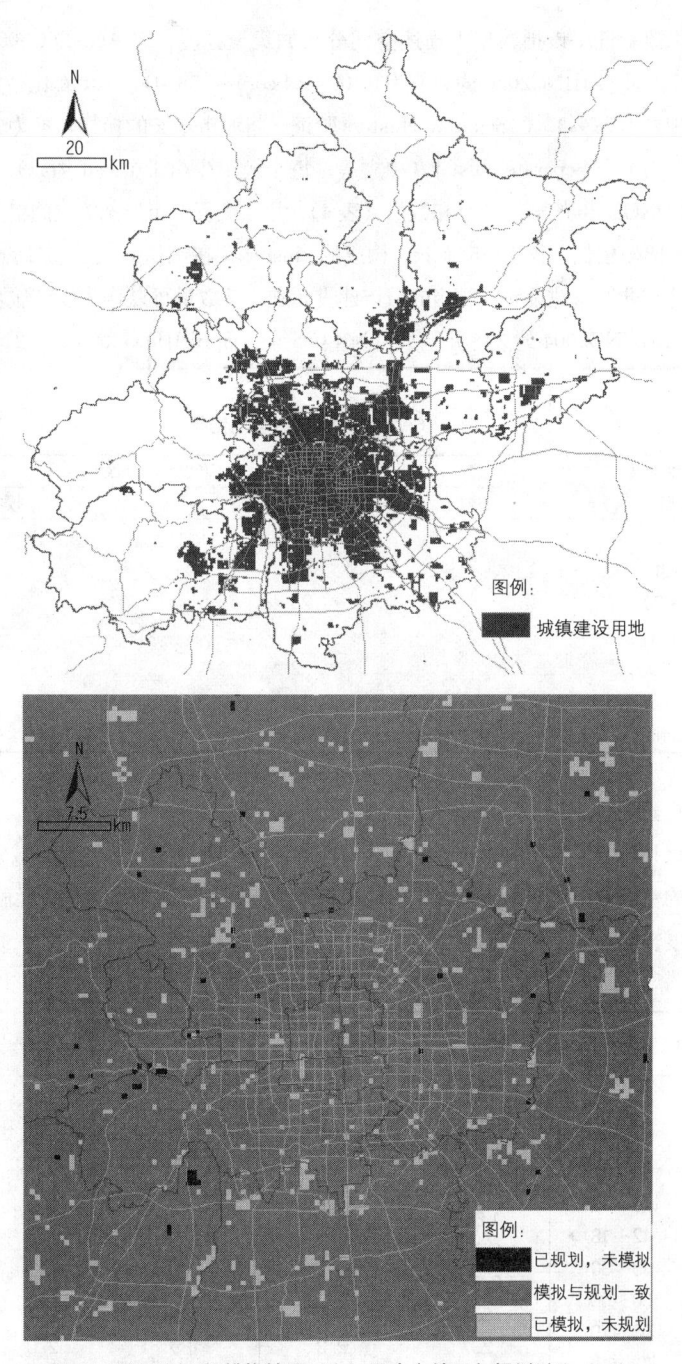

图9 BEIJING2020 模拟结果（上）及中心地区与规划对比（下）

① Moran I 指数验证。该指数用于描述空间分布的集聚程度，PLANNING2004 的数值为 0.12 (Z Score = 31.1)，而 BEIJING2020 的数值为 0.14 (Z Score = 38.0)，二者都比较集聚，模拟的比规划的更为集聚（相差 16.7%）。②Separate clusters 验证。将城市增长的栅格转换为矢量多边形，彼此不相邻的多边形即为 1 个 Separate cluster（独立簇，每个簇至少由 1 个 cell 构成），分别获取 PLANNING2004 与 BEIJING2020 的簇的大小和数量（表4），用于表征城市形态的空间格局。经过对比可以看出，二者总体上比较相似，仅 1～5 个 cell 构成的 cluster 存在细微差别。③Edge cells 验证。Edge cells 是至少有一边与非城市建设元胞相接的城市建设元胞，其数量可以作为表征城乡边缘区这一现象（边缘长度），PLANNING2004 的边缘元胞数目为 4 045 个，而 BEIJING2020 为 4 219 个，相差 4.3%，二者吻合度很好。

表 4　Separate clusters 验证结果

| Cluster size (cell) | Cluster number 规划布局 | Cluster number 模拟布局 |
|---|---|---|
| 1～5 | 173 | 238 |
| 6～10 | 32 | 39 |
| 11～20 | 23 | 27 |
| 21～50 | 15 | 17 |
| 51～100 | 2 | 1 |
| >100 | 11 | 11 |
| sum | 256 | 333 |

(3) 空间结构验证

参考北京环路和新城、乡镇的分布，以到天安门的不同距离（$d\_tam$）将市域分为 10 个圈层，可以用于描述元胞的空间分布。对比不同圈层内的模拟结果与规划方案的城市建设元胞数目（表5），总体上二者的匹配度较好。

表 5　空间结构验证结果

| ID | $d\_ctam$ (km) | 规划布局 cell | 规划布局 % | 模拟布局 cell | 模拟布局 % | 变化 (%) |
|---|---|---|---|---|---|---|
| 1 | 0～5 | 317 | 3.1 | 305 | 3.3 | -4.2 |
| 2 | 5～7 | 296 | 2.9 | 287 | 3.1 | -4.9 |
| 3 | 7～10 | 624 | 6.1 | 604 | 6.4 | -4.8 |
| 4 | 10～12 | 525 | 5.2 | 513 | 5.5 | -5.7 |
| 5 | 12～18 | 1 849 | 18.2 | 1 737 | 18.5 | -1.9 |
| 6 | 18～30 | 3 238 | 31.8 | 3 010 | 32.1 | -0.8 |
| 7 | 30～50 | 2 204 | 21.7 | 1 938 | 20.7 | 4.8 |
| 8 | 50～70 | 868 | 8.5 | 789 | 8.4 | 1.4 |
| 9 | 70～100 | 237 | 2.3 | 189 | 2.0 | 15.6 |
| 10 | 100～150 | 12 | 0.1 | 4 | 0.0 | 176.6 |
| sum |  | 10 170 | 100.0 | 9 376 | 100.0 |  |

总体上,观察值 PLANNING2004 与模拟值 BEIJING2020 在 GOF、空间格局和空间结构三方面的验证都表明,二者的匹配性较高,模拟结果可信。同时这也反映了在 MonoLoop 过程中,单纯地控制 GOF 指标也可以实现空间格局和空间结构方面的匹配⑯。

### 4.4 结果分析

根据回归获取的系数与不同历史阶段的回归系数进行对比,进而可以进行空间政策方面的对比,即需要怎样的政策才可以保障实现 PLANNING2004 这一规划方案,如果现行的政策与所需政策不符合,则可以给出相应的调整建议。以与 2001～2006 年的回归系数对比结果为例(表6),相比这一历史阶段的城市增长策略,规划期内需强化规划的实施力度,强化乡镇的发展,弱化中心城的扩张和城镇建设用地的自发增长,增大对良田的保护力度。但规划期内对禁止建设区的保护力度弱于该历史阶段,这也说明 PLANNING2004 方案的编制对禁止建设区的考虑不充分。

表6 BEIJING2020 及 2001～2006 年回归系数对比

| 变量 | B(2001～2006 年) | BEIJING2020 |
| --- | --- | --- |
| neighbor | 12.5 | 8.2 |
| d_tam | -0.000 016 | 0.000 008 |
| d_vcity | -0.000 025 | -0.000 017 |
| d_city | -0.000 019 | 0.000 009 |
| d_vtown |  | -0.000 094 |
| d_town |  | -0.000 095 |
| d_river | -0.000 138 | -0.000 094 |
| d_road | -0.000 256 | 0.000 684 |
| d_bdtown |  |  |
| f_rgn | 4.302 458 |  |
| planning | -0.410 472 | 23.173 968 |
| con_f | -0.521 103 | 1.205 157 |
| landresource |  | 0.141 429 |
| Constant | -0.174 524 | -21.366 643 |

如果不以 BEIJING2020 基准情景,即面向规划实现的发展模式,而采用延续 2001～2006 年的发展模式,则 2020 年北京的城市增长如图10所示,该情景的 $GOF=93.526\%$,与 BEIJING2020 相差 4.967%。相比 BEIJING2020 发展模式,延续目前的发展模式,北部昌平将面临更大的发展机遇。通过调整不同空间变量的权重系数,可以实现其他不同空间政策作用下的空间发展情景的模拟,也可以对政府的拟采用的空间发展政策进行模拟,进而给出相应的空间预警。

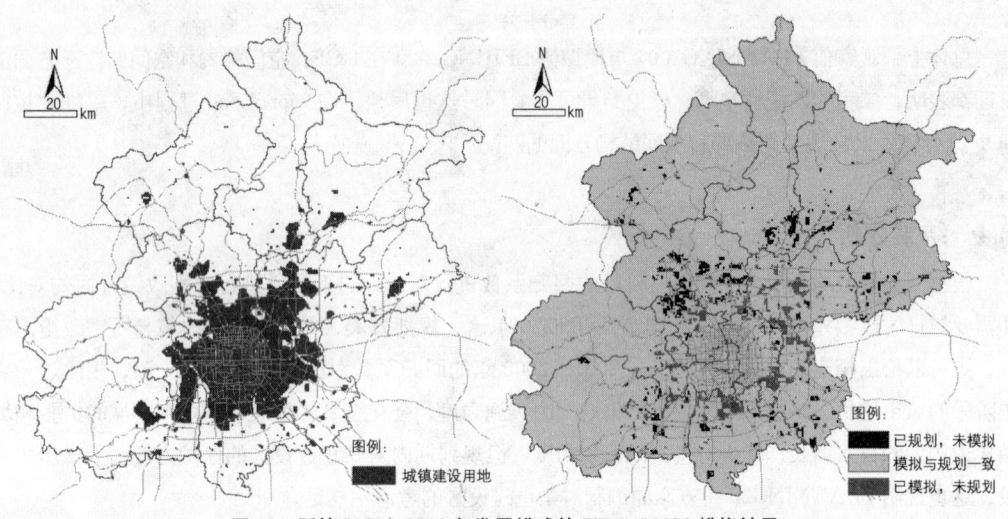

图10 延续2001~2006年发展模式的BEIJING2020模拟结果

## 5 BEIJING2049：远景城市增长模拟

### 5.1 基准情景

目前北京市的规划部门制定的城市总体规划的规划期末为2020年，而对2049年即北京作为新中国首都100周年这一时期的远景城市空间形态并没有进行规划或预测。为了对下一轮城市总体规划修编做好技术储备并做好规划的预警工作，有必要对2020~2049年的城市空间形态进行模拟。

假定2020年的规划方案可以实现（需要的政策支持在"4.2模拟结果"部分已经给出），在2020年的规划方案的基础上进行BEIJING2049的预测。这种预测模式相比在2006年现状土地利用的基础上进行预测，可以降低预测的不确定性，因为在中国土地的城市开发受规划的引导作用较强，规划可以解释的土地开发比例较大，因此可以认为BEIJING2020规划方案实现的不确定性小于以现状为基准进行预测的不确定性。而在西方部分发达国家，土地的权属私有居多，政府对城市增长的控制作用不如中国显著，尤其是对远景的预测。

保持BEIJING2020的基准参数集不变，每年增长30万人/年[17]，新增人口的人均城镇建设用地标准为100 m²/人，2049年人口规模为2 670万人，城镇建设用地总量为3 412 km²（13 650 cells）作为输入条件模拟2049年的空间增长（$stepNum=10$），即为BEIJING2049的基准情景，模拟结果如图11所示（鉴于BUDEM是基于规则的模型，因此这里不需要进行模拟结果的验证）：基准情景的城市空间增长主要位于顺义、昌平、通州以及密云水库周边，南城相比北城的发展较弱；新版"总规"所划定的部分发展备用地并没有得到较大发展（永乐、潮白河东岸）。基准情景是在延续BEIJING2020发展政策的基础上生成的，如果不采取该政策，则相应的空间增长将会发生变化，在"5.2情景分析"

部分中将分别给出其他发展条件下的城市空间增长。

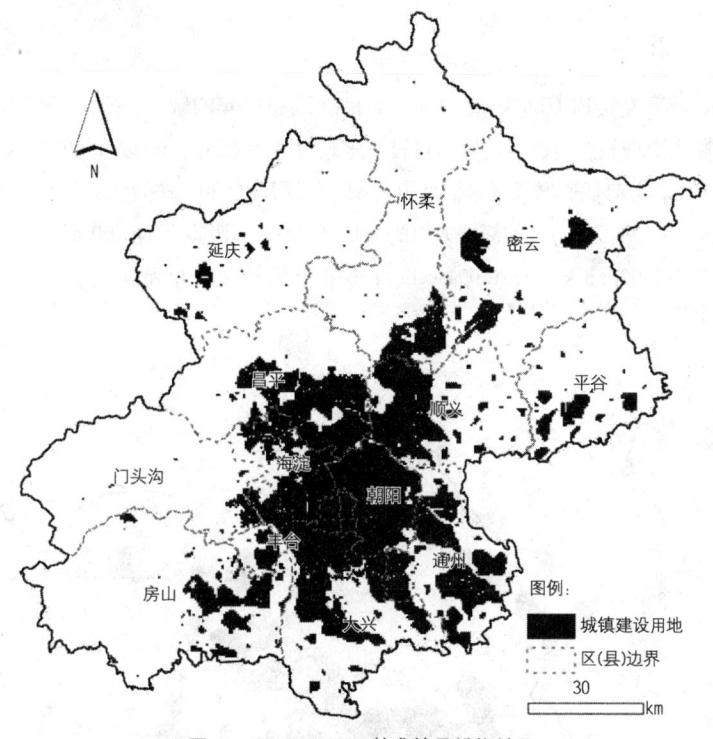

图 11　BEIJING2049 基准情景模拟结果

## 5.2　情景分析

### 5.2.1　宏观政策情景模拟（A）

宏观政策，如人口发展、经济发展等，对城市增长速度（*stepNum*）有较大影响，通过计量分析，可以识别它们之间的关系，如 *stemNum* 可以写为 GDP、总人口、平均城市工资、交通费用、农地产出、工业用地面积、交通设施等数值的函数，因此可以通过调整未来的宏观政策改变 *stepNum* 的数值。这里参考规划城镇建设用地的计算思路，考虑人均城镇建设用地指标和人口规模，采用公式 4 计算 *stepNum*，进而改变城市空间增长的方案。

$$stepNum = \frac{y_t - y_{t_0}}{t - t_0} = dPOP \times x \times k \qquad 公式 4$$

式中：

$y_t$：第 $t$ 年的城镇建设用地面积，km²

$y_{t_0}$：第 $t_0$ 年的城镇建设用地面积，km²

*dPOP*：每年增长的人口数量，万人/年

$x$：人均城镇建设用地面积，m²/人

$k$：调节参数

A 类情景的参数设置同 BEIJING2020，即认为目前到 2049 年的城市空间增长规律与 BEIJING2020 一致，只通过调整人口增长速度、人均城镇建设用地指标等参数调整 *stepNum* 的数值。设置了 A1 人口高速增长情景和 A2 人口低速增长情景。其中，A1 情景假设 2020~2049 人口增长速度为 86 万人/年，(2049 年全市总人口 4 294 万人)，如新增人口的人均城镇建设用地标准为 100 m²/人，则 2049 年的城镇建设用地总规模为 5 023.5 km² (20 094 cells)，模拟结果如图 12 所示。

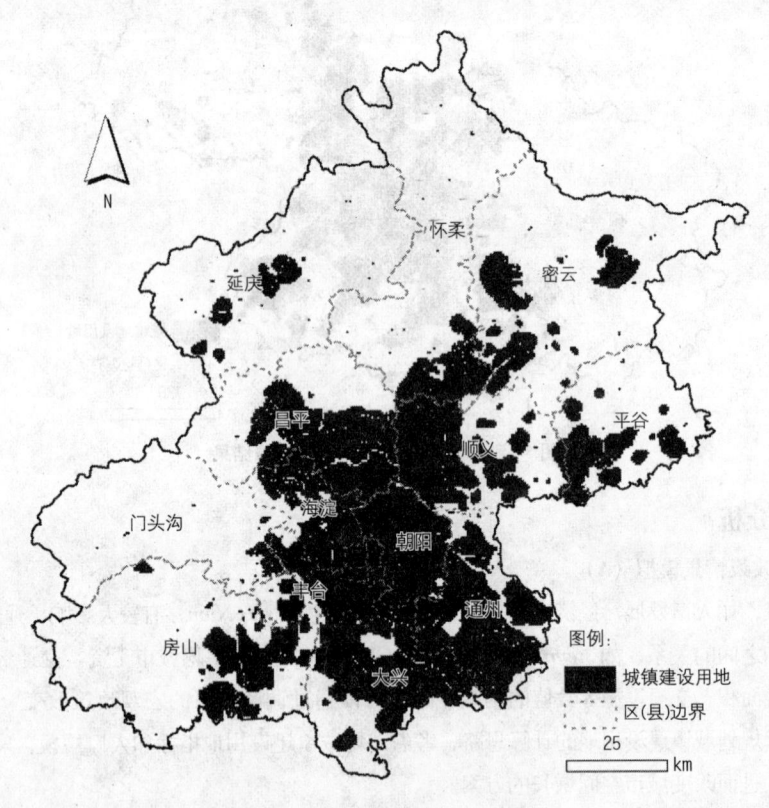

图 12 人口高速增长情景模拟结果

### 5.2.2 规划方案情景模拟（B）

除了通过宏观政策控制城市空间增长的速度，还可以通过制定新的规划方案改变城市空间增长的格局。B 类情景仅调整相关变量的空间分布，如调整城镇中心的位置、路网布局、控制发展区范围等，以改变空间政策有效作用的空间范围，而其他参数保持与 BEIJING2049 基准情景相同（空间变量系数及 *stepNum*）。可以模拟的情景包括 B1 新建七环情景、B2 新城中心移动情景和 B3 新建自然保护区情景，篇幅有限，不在这里列出，通过 BUDEM 模型平台可以实现这些情景的模拟功能。

### 5.2.3 规划政策模拟情景（C）

C 类情景假设人口增长速度、用地标准和规模与 BEIJING2049 基准情景相同，即每年增长 30 万人/年，新增人口的人均城镇建设用地标准为 100 m²/人，2049 年人口规模为 2 670 万人，城镇建设用地总量为 3 412 km²，因此参数设置中，$stepNum=10$。变量的空间分布也保持与基准情景相同，仅调整各空间变量的权重系数，即通过改变相应空间政策的实施力度（当系数为 0 时表示不引入该政策），生成不同发展侧重的城市空间增长情景：C1 趋势发展情景、C2 蔓延情景、C3 "葡萄串" 情景、C4 可持续发展情景、C5 新城促进发展情景、C6 滨河促进发展情景、C7 道路促进发展情景和 C8 区域协调发展情景（篇幅有限，下面仅给出前 4 个规划政策模拟情景）。

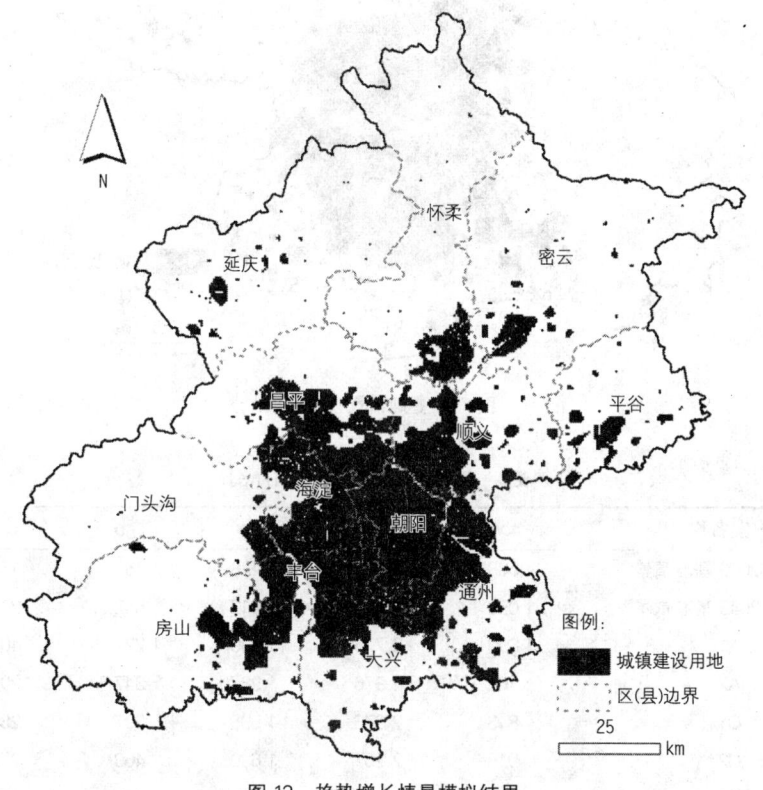

图 13  趋势增长情景模拟结果

## 5.3 情景对比

为了对 BEIJING2049 的各情景进行对比，选择以下几个参数进行分析：占用禁建区面积 *conf*、限建区面积 *conr*、占用绿化隔离带（第一道和第二道之和）面积 *green*、基本农田面积 *agri*、农村建设用地面积 *rural* 和蔓延程度（*Moron I*），分析结果如表 7 所示。

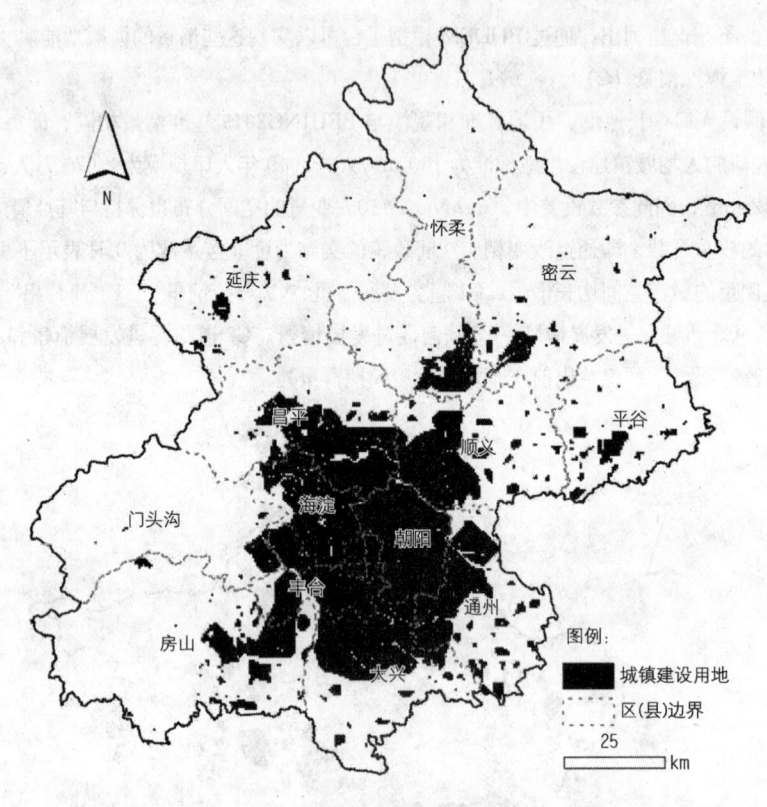

图 14 蔓延情景模拟结果

表 7 各情景模拟结果对比（km²）

| 方案名称 | conf | conr | green | agri | rural | Moron I |
|---|---|---|---|---|---|---|
| BEIJING2020 基准情景 | 538 | 1 807 | 1 128 | 150 | 169 | 0.14 |
| BEIJING2049 基准情景 | 1 050 | 2 119 | 1 312 | 542 | 244 | 0.19 |
| A1 | 1 890 | 2 775 | 1 539 | 1 227 | 403 | 0.14 |
| A2 | 768 | 1 976 | 1 287 | 347 | 201 | 0.18 |
| C1 | 843 | 2 376 | 1 595 | 397 | 284 | 0.25 |
| C2 | 918 | 2 257 | 1 630 | 469 | 272 | 0.25 |
| C3 | 912 | 2 253 | 1 369 | 455 | 258 | 0.20 |
| C4 | 765 | 2 214 | 1 181 | 492 | 248 | 0.13 |
| C5 | 1 007 | 2 230 | 1 457 | 563 | 280 | 0.17 |
| C6 | 906 | 2 352 | 1 555 | 438 | 268 | 0.24 |
| C7 | 905 | 2 345 | 1 526 | 438 | 266 | 0.22 |
| C8 | 919 | 2 385 | 1 544 | 445 | 269 | 0.23 |

图15 "葡萄串"情景模拟结果

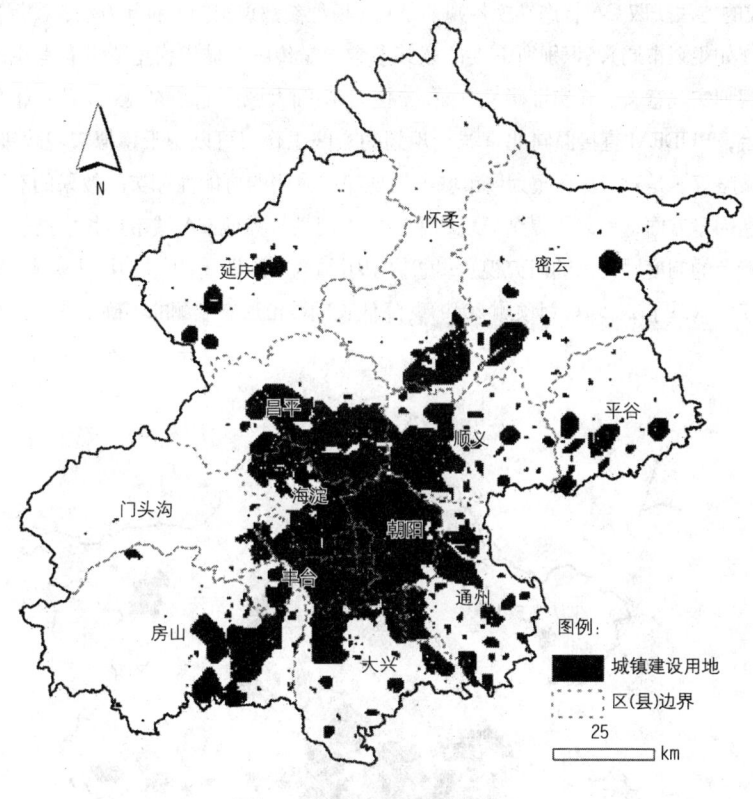

从分析结果可以看出，A类情景中，同规模增长情景A1对各类敏感性用地的占用都明显高于低增长情景A2，聚集程度低于A2；C类情景中，可持续发展情景C4相比其他情景，在敏感性用地的占用方面都处于最低，这也体现了"可持续"的特点；趋势发展情景C1对农村建设用地的占用最大，这点在2001~2006年已有所体现；蔓延情景C2的集聚程度最高，而可持续发展情景C4最低。

# 6 结论与讨论

本阶段的BUDEM模型在理论研究和实证研究方面，都取得了一定的创新成果。在理论研究方面：①结合中国城市增长的特点，基于城市增长理论以及Hedonic模型选择CA模拟的空间变量，使得BUDEM模型的建立具有更为坚实的理论基础；②引入京津冀吸引力变量，用于表征京津冀区域（大北京）对北京城市空间增长的影响，从而在常规CA模型没有考虑区域因素这一方面有理论突破，这点也可以为其他空间模型参考；③在建模方法上，BUDEM采用笔者首次提出的Logistic回归和

MonoLoop 集成的方法获取 CA 状态转换规则,是 CA 模型参数识别的一种新方法;④提出根据预先设定的城市形态(如规划布局),识别所需要的政策参数,是传统的城市模型所没有考虑的,具有较强的理论突破和规划实践意义。在实证研究方面,侧重于中国大城市地区的规划实践:①作为城市空间形态模拟的平台,BUDEM 直接面向北京城市规划的实践工作,可以用于模拟宏观政策、规划方案、城市空间发展策略等,是对 CA 在超大城市城市规划部门应用的可能性和实际效果的有力尝试;②在考虑的城市发展因素方面,引入了复杂环境约束、城市规划等其他 CA 城市增长模型少有考虑并体现中国城市发展特色的制度性约束的研究视角;③提出了结合中国国情的基于中期规划方案预测远景城市空间增长的模式(基于 2020 规划预测 2049),降低长期城市形态预测的不确定性。

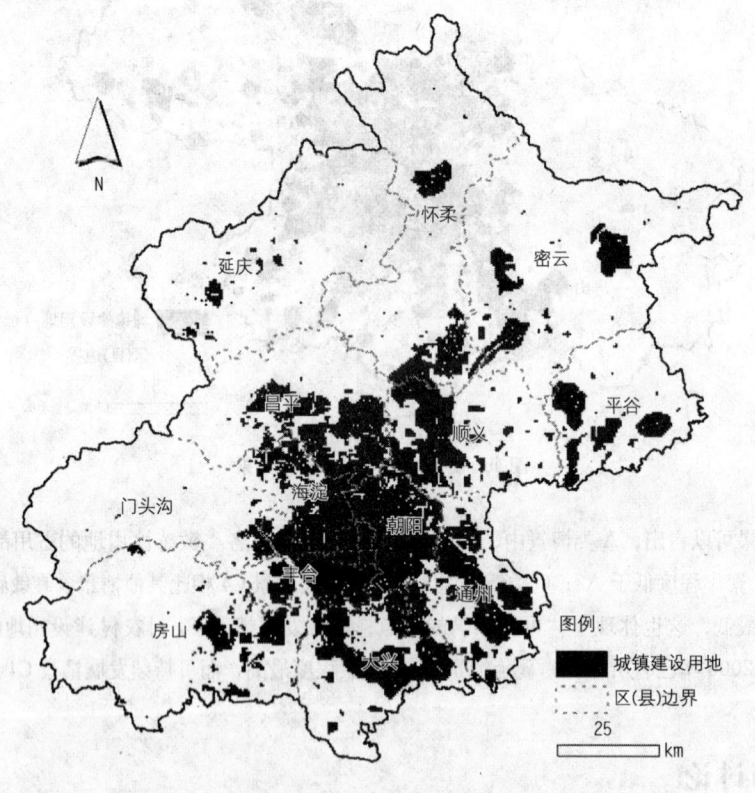

图 16  可持续发展情景模拟结果

本项目仅为 BUDEM 模型的第一个研究阶段,研究小组将在近期将本阶段的 BUDEM 应用于北京市的规划管理和规划编制的实践,如南城复兴、总体规划实施评价、二机场选址等研究,模拟不同的空间发展政策对城市空间增长的影响,在实践中进一步完善基于 CA 的 BUDEM 模型,使其真正成为一个可应用的城市模型。

研究经历有限,BUDEM 模型在一些方面还不尽完善,如在不确定性方面仍存在一定问题,尤其是尺度效应,还需要进一步的工作加以完善;模型中提取的状态转换规则适用于整个研究范围,并没有考虑空间分异现象。下一阶段,拟针对这几点进行模型的改善,并拟在基于 CA 模拟的城市形态的基础上,以北京五环内为研究范围,细化研究尺度,对掌握的不同区域的现状图和规划图进行数据挖掘,得到决策树形式的规划师的规则,用于辅助规划师制定不同偏好的初步城市规划方案(商业、居住、工业用地),经过人工干预调整,得到正式的城市规划方案。

**致谢**

本文受国家自然科学研究基金项目(NSFC 50678088)、国家"十一五"科技支撑计划项目(2006BAJ14B08)资助。本文也得到北京市城市规划设计研究院资助。中国科学院遥感所的吕宁博士生和首都师范大学的林飞娜同学负责完成2006年的遥感影像解译工作,首都师范大学的高占平和马兰艳协助完成了部分数据的数字化工作,北京市城市规划设计研究院的谷一桢为本研究提出了中肯的建议,在此一并表示感谢。

**注释**

① 本文也将近邻约束作为约束条件的一种。
② 宏观社会经济条件约束,不属于 CA 的空间变量,是 CA 模型的外生(exogenous)变量,没有对应的空间分布,是具体的数字,如人口数目、城镇建设用地总量等。利用社会统计软件 SPSS 进行各空间变量的相关性分析,$con\_f$ 与 $con\_r$ 相关系数为 $-0.936$,负相关,删除 $con\_r$ 变量;$d\_edge$ 与 $d\_tam$ 的相关系数为 $0.994$,$d\_edge$ 与 $d\_vcity$ 的相关系数为 $0.751$,删除 $d\_edge$ 变量。
③ 制度性约束的三个变量,与空间约束和邻域约束相同,都具有相应的空间分布,用于表示政府的政策所对应的空间范围,如城市规划变量表示规划城镇建设用地的范围,禁止建设区变量对应禁止城镇开发的用地的空间范围。
④ 具体指可耕作性,即农业用地适宜性,用于表征农田的保护政策。
⑤ 新版北京城市总体规划的90%建设用地地块平均大小为 25.6 万 $m^2$,即 500 m×500 m 左右;1950~2006 年,北京市规划委员会的用地许可证地块平均大小为 200 m×200 m 左右;2005 年北京市域现状用地图中城市建设用地的图斑平均大小为 190 m×190 m 左右;北京市中心城控制性详细规划中的地块平均大小为 20 345 $m^2$,即 140 m×140 m 左右。BUDEM 模型之所以选择 500 m 作为研究尺度,取决于其为区域尺度的模型,模拟的目的是城镇建设用地扩张的趋势。
⑥ BUDEM 也可以模拟多种用地类型(城镇建设用地、农村建设用地、农田、林地、未利用地、水域等)的时空动态变化,为了简化,这里仅进行城市建设用地与非城市建设用地的模拟。
⑦ 该列对应于"2.6 研究区域及模型数据"部分的数据。
⑧ 实际上,转换规则存在空间分异(类似于经济学上的"分市场效应 submarkets"),即不同地区的转换规则不同,本研究假定转换规则具有区域同质性,对空间分异(spatial heterogeneity)这一现象并没有考虑。
⑨ 采样范围的选取对回归结果存在不确定性,本研究尚未考虑。
⑩ 为了对比不同的回归的系数,所进行的每次 Logistic 回归的样本范围保持不变,考虑常数项,采用 SPSS 软件中的 Regression/Binary logistic 的 FORWARD:LR 方法。

⑪ 对于 wN 数值范围的选择，为了降低 MonoLoop 过程的模型运行时间，先在较大的范围内不断尝试各个数值进行计算，之后根据其计算结果不断细化数值选择的范围。不同的 wN 值的模拟过程中，其余参数保持不变，包括目标城镇建设用地总规模。
⑫ 宏观社会经济数据是对北京市域的整体描述数据。
⑬ 直线距离在宏观阶段可以选用，如果研究范围缩小、研究精度增大，则可以考虑细化道路等级，并引入轨道交通站点、快速路出入口、高速公路出入口等要素，以及时间因素。
⑭ 因变量利用各个阶段之末的 landuse 栅格数据和之初的 landuse 栅格数据作代数减法获得。
⑮ 关于根据预先设定的城市形态识别相应的空间政策的研究方法，在龙瀛等（Long et al., 2009）中被定义为"形态情景分析"，更为深入的方法参见此文献。
⑯ 不排除这属于个案。
⑰ 假设均为城市人口，在模拟的过程中，可以根据对宏观社会经济发展的判断对此参数进行调整，30 万人/年这一参数设置来自对北京过去 5 年的人口统计数据设定。如果降低此参数，则可以模拟未来人口增长过程进入平稳期的情景。

## 参考文献

[1] Alkheder, S. and Shan, J. 2005. Cellular Automata Urban Growth Simulation and Evaluation—A Case Study of Indianapolis. Proceedings of the 8th International Conference on GeoComputation, University of Michigan, United States of America, 31 July-3 August.

[2] Alonso, W. 1964. *Location and Land Use: Towards a General Theory of Land Rent*. Cambridge, MA: Harvard University Press.

[3] Butler, R. W. H. 1982. A Structural Analysis of the Moine Thrust Zone between Loch Eriboll and Foinaven, NW Scotland. *Journal of Structural Geology*, No. 4.

[4] Clark, K. C. and Gaydos, L. J. 1998. Loose-Coupling a Cellular Automation Model and GIS: Long-Term Urban Growth Prediction for San Francisco and Washington/Baltimore. *Geographical Information Sciences*, Vol. 12, No. 7.

[5] Engelen, G., White, R. and Uljee, I. 1997. Integrating Constrained Cellular Automata Models, GIS and Decision Support Tools for Urban and Regional Planning and Policy Making. In Timmermans, H. (ed.), *Decision Support Systems in Urban Planning*. London: E & FN Spon.

[6] Guan, G., Wang, L. and Clark, K. C. 2005. An Artificial-Neural-Network-Based, Constrained CA Model for Simulating Urban Growth. *Cartography and Geographic Information Science*, Vol. 32, No. 4.

[7] He, C., Okada, N., Zhang, Q., Shi, P. and Zhang, J. 2006. Modeling Urban Expansion Scenarios by Coupling Cellular Automata Model and System Dynamic Model in Beijing, China. *Applied Geography*, No. 26.

[8] He, C., Okada, N., Zhang, Q., Shi, P. and Zhang, J. 2008. Modelling Dynamic Urban Expansion Processes Incorporating a Potential Model with Cellular Automata. *Landscape and Urban Planning*, No. 86.

[9] Lancaster, K. 1966. A New Approach to Consumer Theory. *Journal of Political Economy*, Vol. 74, No. 2.

[10] Landis, L. D. 1994. The California Urban Future Model: A New Generation of Metropolitan Simulation Models. *Envi-

ronment and Planning B: Planning and Design, Vol. 21, No. 4.
[11] Landis, L. D. 1995. Imaging Land Use Futures: Applying the California Urban Future Model. *Journal of American Planning Association*, Vol. 61, No. 4.
[12] Landis, L. D. and Zhang, M. 1998a. The Second Generation of the California Urban Future Model, Part1: Model Logic and Theory. *Environment and Planning B: Planning and Design*, Vol. 25, No. 5.
[13] Landis, L. D. and Zhang, M. 1998b. The Second Generation of the California Urban Future Model, Part2: Specification and Calibration Results of the Land-Use Change Submodel. *Environment and Planning B: Planning and Design*, Vol. 25, No. 6.
[14] Li, X. and Yeh, A. G. O. 1998. Principal Component Analysis of Stacked Multi-Temporal Images for Monitoring of Rapid Urban Expansion in the Pearl River Delta. *International Journal of Remote Sensing*, Vol. 19, No. 8.
[15] Li, X. and Yeh, A. G. O. 2000. Modeling Sustainable Urban Development by the Integration of Constrained Cellular Automata and GIS. *International Journal of Geographical Information Science*, Vol. 14, No. 2.
[16] Li, X. and Yeh, A. G. O. 2002. Neural-Network-Based Cellular Automata for Simulating Multiple Land Use Changes Using GIS. *International Journal of Geographical Information Science*, Vol. 16, No. 4.
[17] Li, X. and Yeh, A. G. O. 2004. Data Mining of Cellular Automata's Transition Rules. *International Journal of Geographical Information Science*, Vol. 18, No. 8.
[18] Long, Y., Shen, Z., Du, L., Mao, Q. and Gao, Z. 2008. BUDEM: An Urban Growth Simulation Model Using CA for Beijing Metropolitan Area. *Proc. SPIE*, Vol. 7143.
[19] Long, Y., Shen, Z., Mao, Q. and Dang, A. 2009. *Form Scenario Analysis Using Constrained CA*. CUPUM, HK.
[20] Ward, D. P. and Murray, A. T. 1999. An Optimized Cellular Automata Approach for Sustainable Urban Development in Rapidly Urbanizing Regions. *International Journal of Geographical Information Science*, Vol. 7, No. 5.
[21] Ward, D. P., Murray, A. T. and Phinn, S. R. 2000. A Stochastically Constrained Cellular Model of Urban Growth. *Computers, Environment and Urban Systems*, Vol. 24, No. 6.
[22] Weber, C. 2003. Interaction Model Application for Urban Planning. *Landscape and Urban Planning*, No. 63.
[23] White, R. W. and Engelen, G. 1997. Cellular Automaton as the Basis of Integrated Dynamic Regional Modeling. *Environment and Planning B: Planning and Design*, No. 24.
[24] White, R., Straatman, B. and Engelen, G. 2004. Planning Scenario Visualization and Assessment—A Cellular Automata Based Integrated Spatial Decision Support System. In Goodchild, M. F., Janelle, D. G., Shrore, Z. G. (eds.), *Spatially Integrated Social Science*. Oxford University Press.
[25] Wu, F. 1998. Simland: A Prototype to Simulate Land Conversion Through the Integrated GIS and CA with AHP-Derived Transition Rules. *International Journal of Geographical Information Science*, Vol. 12, No. 1.
[26] Wu, F. 2002. Calibration of Stochastic Cellular Automata: The Application to Rural-Urban Land Conversions. *International Journal of Geographical Information Science*, Vol. 16, No. 8.
[27] Wu, F. and Webster, C. J. 1998. Simulation of Land Development through the Integration of Cellular Automata and Multicriteria Evaluation. *Environment and Planning B: Planning and Design*, No. 25.

[28] Xie, Y. 1994. Analytical Models and Algorithms for Cellular Urban Dynamics. Unpublished Ph. D. dissertation, State University of New York at Buffalo, Buffalo, N. Y.

[29] Xie, Y., Batty, M. and Zhao, K. 2005. Simulating Emergent Urban Form: Desakota in China. Center for Advanced Spatial Analysis (University College London), Working Paper 95, London.

[30] Yeh, A. G. O. and Li, X. 2001. A Constrained CA Model for the Simulation and Planning of Sustainable Urban Forms by Using GIS. *Environment and Planning B: Planning and Design*, No. 28.

[31] Yeh, A. G. O. and Li, X. 2002. A Cellular Automata Model to Simulate Development Density for Urban Planning. *Environment and Planning B: Planning and Design*, No. 29.

[32] Yeh, A. G. O. and Li, X. 2006. Errors and Uncertainties in Urban Cellular Automata. *Computers, Environment and Urban systems*, Vol. 30, No. 1.

[33] Zhao, Y. and Murayama, Y. 2007. A Constrained CA Model to Simulate Urban Growth of the Tokyo Metropolitan Area. Proceedings of the 9th International Conference on GeoComputation, National University of Ireland, Maynooth, Ireland, 3-5 September.

[34] 北京市规划委员会：《北京市限建区规划（2006～2020）》，2007年。

[35] 北京市规划委员会、北京市城市规划设计研究院、北京城市规划学会：《北京城市规划图志（1949～2005）》，2006年。

[36] 北京市计划委员会国土环保处：《北京国土资源》，北京科学技术出版社，1988年。

[37] 北京市统计局：《北京50年》，中国统计出版社，1999年。

[38] 党安荣、毛其智、王晓珠："基于GIS空间分析的北京城市空间发展"，《清华大学学报》（自然科学版），2002年第2期。

[39] 黎夏等：《地理模拟系统：元胞自动机与多智能体》，科学出版社，2007年。

[40] 龙瀛、何永、刘欣、杜立群："北京市限建区规划：制定城市扩展的边界"，《城市规划》，2006年第12期。

[41] 吴良镛：《人居环境科学导论》，中国建筑工业出版社，2001年。

# 中国低碳型生态城市规划趋势探索

刘利刚　袁镔

Low-Carbon Eco-City Planning Trends in China

LIU Ligang, YUAN Bin
(School of Architecture, Tsinghua University, Beijing 100084, China)

**Abstract** Facing the pressure from economic development, environmental protection, resource conservation, energy saving and emission reduction, the development of low-carbon cities in China has become a trend. This paper summarizes the main types of the low-carbon eco-cities which are under construction, and analyzes the methods, contents and feedbacks of the planning and construction process.

**Keywords** low-carbon; eco-city; city planning

**摘　要**　中国正在面临经济发展、环境保护、资源节约与节能减排的多重压力，城市的低碳发展已经成为发展趋势，因此低碳型生态城市建设势在必行。本文归纳了中国在建低碳型生态城市的两种主要类型，对它们的规划方法和建设中反馈的一些问题进行了探索性的分析。

**关键词**　低碳；生态城市；规划方法

## 1 城市低碳发展与低碳型生态城市规划趋势

根据国际能源署的统计，全球大城市消耗的能源占全球的75%，温室气体排放量占世界的80%。碳排放主要来自于居住、交通和工业生产（顾朝林、谭纵波、刘宛，2009）。城市已经成为节能减排、应对气候变化的主战场。中国2006年建筑商品能源消耗量占当年社会总能耗的23.1%[1]（清华大学节能研究中心，2009），随着中国快速的城市化，以及人民生活质量的不断提高，这一比例势必不断增加。世界2007年的$CO_2$排放量为289.62亿吨，中国2007年的$CO_2$排放量为60.71亿吨，占世界排放量的20.96%，美国2007年的$CO_2$排放量为57.69亿吨，占世界排放量的19.92%（International Energy Agency，2009）。中国的碳排放量已经超过美国成为世界第一。中国面临减排温室气体的巨大压力，因此城市的低碳发展势在必行。

综上所述，中国迅速发展的城市化遭遇环境保护、气候变化、发展用地紧张、产业转型升级等许多瓶颈问题，

---

作者简介

刘利刚、袁镔，清华大学建筑学院。

以往资源（土地资源、水资源等）、能源利用低效率、高环境影响的城市化模式愈发难以为继，为低碳型生态城市的发展提供了契机，因此涌现出一系列称为生态住区、生态园区、低碳型生态城市的规划单元，为城市的低碳与可持续发展做出有益的探索。

低碳型生态城市是对生态城市理念的发展，在坚持经济、社会、自然资源与环境协调、可持续发展的基础上，着重提出改变当前城市化进程中高碳排放的趋势，降低对全球气候可能产生的不利影响，强调最大限度地减少$CO_2$等温室气体的排放，最终达到气候中性，即温室气体的零排放。这已不是人类第一次针对地球大气的保护行动，我们曾经通过禁用氟利昂以保护大气的臭氧层。由于气候变化与低碳发展问题牵涉到城市、区域乃至国家的经济发展、环境变化和国土安全（一些岛国面临被淹没的危险），因此更为复杂。

因为目前化石能源在城市能源系统中的主导性地位，替代能源在一段相当长的时期内由于储量、技术成熟度以及经济性的原因无法取代它，所以应当提倡开源节流：一方面需要鼓励提高能源利用效率，降低化石能源耗用量；一方面需要为区域群体建筑利用太阳能、风能、生物质能等可再生能源创造良好的市政设施条件。国家发改委提出中国可再生能源占总能源消费的比例将从目前的7%增加到2010年的10%和2020年的15%[②]，可再生能源在建筑能耗构成中的比例也应逐步增加。

应对城市的低碳发展趋势，需要从低碳的视角重新审视目前的城市规划，鼓励结合绿色交通、紧凑、功能复合的土地利用规划，减少私家车泛滥浪费的空间资源与过大的交通能耗。土地利用规划应注意保护地形、地貌、水系、植被等生态要素，将开敞空间系统（包括绿地、道路、广场、水系等）与景观生态安全格局有机地结合起来，保证生物多样性，同时尽量增加碳汇。通过这些策略，建立生态城市良好的空间架构。

应使能源规划、水资源的保护与利用摆脱单纯强调供给的市政设施规划层面，积极通过场地自然资源、能源的可持续利用（太阳能、地表、地下水蕴含的能量等）和末端的节约措施等方法尽量减少外部输入的资源、能源总量，确保供给安全、高效使用，同时降低资源、能源利用产生的不利环境影响。

在宏观层面需要建立跨学科跨专业（包括城市规划、绿色建筑、能源、水资源保护与利用、景观生态等）的协同建设机制，从社区、街区、城区等单元规入手，实现节能减排，因为单体建筑的节能量和减排量毕竟十分有限（龙惟定、白玮、范蕊，2008）。将一个规划单元内的各种节能减排措施统一考虑，就可以在整个区域范围内权衡和统筹，可以用增加碳汇、集成应用可再生能源等措施，将整体碳排放量降下来。

在微观层面应大力推进绿色建筑的成片发展，充分发挥规模效应，形成低碳型生态城市—低碳型生态片区—绿色建筑群有机契合的局面。在持续提高人民生活水平的同时，应积极引导绿色的生活方式，避免盲目追求豪华、舒适的倾向。既要提高能效，又要确保节能，杜绝盲目提高舒适标准的情况，踏踏实实把能耗总量真正降下来。

正如仇保兴（2009）指出的，中国正在快速向世界上生态城市最多的国家迈进，正在与新加坡、瑞典、英国、德国等国家合作来建设生态城市。这些生态城市（表1）逐步开始注重低碳发展。其中，柳州官塘创业园提出大力推广太阳能、风能等可再生能源，中新生态科技城提出低碳与节能的目标，曹妃甸生态城提出碳零排放的目标。

这些生态城市往往占据有利的地理位置，结合产业转型机遇，在具有极高开发价值的用地上进行有别于传统城市规划的探索。例如中新天津生态城位于滨海新区，距天津中心城区45 km，距北京150 km，苏州中新生态科技城则是苏州新加坡工业园区仅剩的一块土地，位于阳澄湖南岸，景色优美。它们均可依托周边"母体"（天津、北京、苏州）相对成熟的产业链、便利的交通设施，承接"母体"产业升级转型的重任，探索更加集约、高效的发展方式；均有中外合作背景，吸收外方先进的技术、资金与管理经验，外方转让先进的技术与产品，同时通过资本入股开发公司分享土地升值与地产开发的收益。

表1 中国在建生态城市比较

|  | 类型 | 面积（km²） | 规划年代 | 主导功能 | 主要规划单位 | 焦点问题 |
| --- | --- | --- | --- | --- | --- | --- |
| 中新天津生态科技城 | 全盘新建型 | 约30 | 2008年 | 居住、研发 | 天津规划院 | 海水淡化、生态修复、绿色交通 |
| 曹妃甸生态城 | 全盘新建型 | 约80 | 2008年 | 港口、居住与教育科研 | 清华规划院瑞典斯维可（SWECO）公司 | 生态修复与保护、碳零排放[3] |
| 柳州官塘创业园 | 全盘新建型 | 约22 | 2005年 | 工业、配套居住与教育科研 | 威廉·麦克唐纳公司 | 太阳能、风能利用、循环经济 |
| 北京亦庄新城 | 全盘新建型 | 约45 | 2006年 | 工业与配套居住 | 柏诚集团（PB） | 结合绿色交通的土地利用规划（TOD） |
| 成都郫县兰园地区生态规划 | 调整提高型 | 约3 | 2005年 | 居住 | 清华安地 | 生态保护 |
| 中新苏州生态科技城 | 调整提高型 | 约4 | 2008年 | 工业、研发办公与居住 | 清华安地 | 低碳、节能 |

## 2 中国低碳型生态城市的类型

中国在建的低碳型生态城市规模从几个平方公里到几十平方公里不等，基本分为两类：一类是全盘新建型，另一类是调整提高型。区别在于生态城市开始建设时遵照实施的城市规划是否充分地考虑了自然以及人工生态要素④。如果充分考虑了就是全盘新建型；如果没有充分考虑，而是在建设过程中注意到这些生态要素的重要性，重新调整规划，对它们加以保护，就属于调整提高型。调整提高型属于在生态视野下城市规划变革时期的过渡类型。

全盘新建型生态城市如中新天津生态科技城（图1）、曹妃甸生态城等，多建在非传统建设用地上：天津生态科技城用地位于海边，现状1/3是废弃的盐田、1/3是盐碱荒地、1/3是有污染的水面；曹妃甸生态城填海造地。

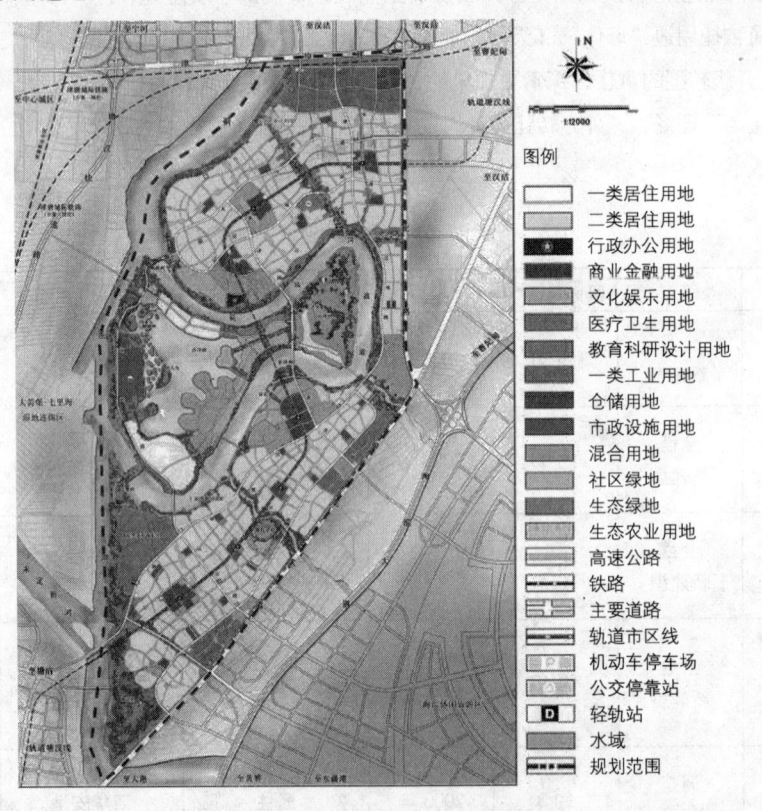

图1 中新天津生态科技城土地利用规划

调整提高型生态城市如笔者参与规划的中新苏州生态科技城⑤（图2），南临苏州新加坡工业园，是工业园开发的拓展，目前已经进行常规的控制性详细规划，主要路网已经成形，部分市政管线已经敷设，地块划分基本完成，并非在场地原生态状况下的"初始"规划，而是在场地工程已经基本完成条件下按照生态原则进行的"改进"规划。

两种规划各有特点，全盘新建型约束条件较少，可以大规模探索应用先进技术，但具有一定的技术风险，投资较大。以天津为例，首先要进行生态修复，改善区内的污水水库——营城水库的水质，同时通过海水淡化供应市政自来水。由于现状地价较低，改造后土地巨大的升值预期将会补偿这部分费用。可以为类似以往难以建设的土地开发提供示范，可以增加建设用地的供应量，促进经济发展，缓解目前城市建设用地紧张的局面。因为工程规模浩大导致投资巨大，受地价、产业布局、宏观经济走势影响较大，在初期投资拉动经济增长后需要后续不断的技术创新，所以实施难度较大。

图2　中新苏州生态科技城土地利用规划

调整提高型约束条件较多，新技术、新理念的应用受到现有场地、市政等诸多条件的限制，但风险与投资规模均较小，实施难度也较小。以中新苏州生态科技城为例，通过倡导公共交通，改变私家车主导的交通模式；通过生态规划重建景观安全格局，提升生态环境质量；通过能源的高效与节约利用缓解工业园区能源供应紧张的局面；通过步行范围内多样化、高质量的公共服务设施积聚人气，吸引人才长住在园区，有力地支撑了园区由单一制造型经济向高科技研发型经济的产业转型。如果成功实施，能够为中国大量已有城市用地的生态转型提供范例。

## 3　规划方法

经济、社会、环境与资源是界定低碳型生态城市的四个关键方面，它们相互依存。要系统地看待城市在不同时期和阶段对于经济、社会、环境与资源发展的要求，保持它们的动态平衡，避免过度强调某一因素，导致整个城市的失衡。低碳型生态城市规划可以划分为三大步骤。

（1）要制定经济、社会、环境与资源这四个方面协调、可持续的发展目标。以苏州中新生态科技城为例，提出了产业与经济发展、社会发展、生态环境建设和资源、能源四大发展战略。

产业方面提出从单一制造型经济向高科技研发型经济转型,产业内部实现循环经济;社会方面提出营建步行范围内可达的、多样化的、高质量的公共服务设施,鼓励绿色健康的生活方式(激励人们节约资源、能源与绿色出行);环境方面提出自然生态环境质量明显提高(空气、水环境质量提高,结合绿地、水系建立稳定的生态安全格局,生物多样性增加)和生态环保的人工环境(区域绿色建筑的全覆盖、高屋顶绿化率,高可透水地面面积比率,低热岛强度,太阳能光热利用建筑一体化和高建筑节能比率);资源、能源方面提出低碳节能,鼓励可再生能源应用(制定可再生能源比例⑥、太阳能光热占总能源供应比例、能源规划节能减排目标⑦),节约、高效利用水资源(针对住宅与公共建筑分别制定节水率、非传统水源利用率、雨水利用率等指标),积极推进垃圾的分类收集与资源化处理。

（2）根据低碳型生态城市的发展目标,变革城市规划的各系统。内容大体可分为土地利用生态规划、绿色交通规划、景观生态规划、能源规划、水资源保护与利用规划、绿色建筑与环境保护规划六大系统。

（3）通过与城市规划的结合,将发展目标与各系统的要求落实到空间规划上来,形成生态控制性指标,指导土地开发和建设。以中新苏州生态科技城为例,将各系统的生态控制性指标分解,然后结合到各地块的土地出让条件中（表2）,确保在开发建设中得到有效的贯彻执行。

表2 各地块生态控制性指标

| 分区 | 编号 | 用地性质 | 容积率 | 能耗指标要求 | 可再生能源利用⑧ | 绿地率 | 绿量 | 可利用屋顶绿化百分比（%） | 节水率⑨ | 绿色建筑要求 |
| --- | --- | --- | --- | --- | --- | --- | --- | --- | --- | --- |
| I区 | A1-02 | 一类居住用地 | 0.8 | 65%节能⑩ | 生活热水:太阳能光热≥30% 采暖空调:各类热泵≥30% | 45% | 3 | 30% | 30% | 参照住宅建筑三星级标准 |
| I区 | A1-03 | 二类居住用地 | 1.6 | 65%节能 | 生活热水:太阳能光热≥15% 采暖空调:各类热泵≥10% | 45% | 3.2 | 30% | 30% | 住宅建筑两星级标准 |

## 4 出现的问题与解决方法

尽管对低碳型生态城市的认识仍在探索当中,我们注意到并无固定的、终极的模式,各个城市经济、社会发展水平不同,资源禀赋各异,因此发展道路必然差异很大,应灵活而有针对性地规划,在探索中根据反馈的问题积极地加以调整。在规划与建设实践中我们发现三个层面的八个值得关注并加以解决的问题。

## 4.1 规划与实施层面

(1) 低碳型生态城市需多方面有效配合才能成功实施

构建低碳型生态城市涉及规划、建筑、环保、产业等诸多方面内容，因此需打破条块限制，由多个管理机构有效配合才能实施。例如苏州中新生态科技城规划涉及规划局、建设局、环保局、水务局、园林局等机构以及开发公司参与实施。

以能源规划为例，苏州地处冬冷夏热地区，适宜应用水源热泵。一条城市污水干管通过规划区，能源供应拟采用污水源热泵与水源热泵，涉及地下水、污水的利用问题需要与水务局协调。距离场地北边界 100 m 处为时速 300 km 以上的京沪高铁，势必对北侧的用地产生噪声干扰、切断生态廊道。规划拟堆山、密植树木，形成生态声屏障来屏蔽噪声，同时采用涵洞等措施保证生态廊道的畅通，因此需要交通、规划、建设等部门相互配合，同时采取有效措施才能应对。

(2) 受周围大环境制约，需要与周边环境保持良性互动

低碳型生态城市由于规模限制，既受外部影响，又对外部环境产生影响。在解决自身内部环境问题的同时，需要与周边环境保持良性互动，输出积极而非消极的影响。中新苏州生态科技城由于面积只有约 4 km²，大气质量主要取决于所在的新加坡工业园区大环境。在规划中强调提升内部的环境质量，同时通过高效的生态支撑系统与生态补偿措施，减少能源、资源耗用对周边环境的不利影响。

(3) 应结合当地实际情况，选择各系统方案，确保较强的可操作性

以水资源的保护与利用为例，苏州当地降雨量大，有着丰富的地表水资源。相比天津，主要问题不在于水资源短缺，而是保护与提升水环境质量，避免相互连通的水系网络的生态功能遭到破坏，减少远距离的市政自来水供给量与污水排出量。考虑到苏州当地居民的生活习惯（夏天热，居民习惯多冲凉）、经济、技术因素，拟收集雨水经处理后用作景观补水与中水（冲厕用途）的主要来源，少量不足时段引入地表水补充，而不是像北京等缺水城市一样收集生活杂排水，处理后回用作中水，这样有助于消除居民对中水水质的顾虑，同时技术难度与综合处理费用均较低。

## 4.2 技术选择层面

(1) 应当通过投资的合理回报，规避可能的技术风险，充分调动各方面的积极性

低碳型生态城市从建筑全寿命周期角度关注节约资源、能源和降低环境影响，虽然维持费用有所降低，但是需要大量的初始投资。由于广泛采用先进技术，具有一定的技术风险，因此在融资、产权、回报机制上面应有所创新才能充分调动各方面的积极性。

在国内某低碳生态城市规划中，提出鼓励所有建筑屋顶安装太阳能光电板，使用后富余的电力上网销售。因为目前国内的电网出于技术、效益等原因还不支持个人用户的自发电力上网，光电板造价

较高，而上网的销售电价很低，投资的回收期过长，所以难以推广。

（2）需要进行先进技术的试点与尝试

由于采用一些探索性的措施与先进技术，而非常规措施与技术，因而称做低碳型生态城市。但是这些探索性必定增加技术风险与投资额，使实施难度大大增加。因为需要细致的调查分析与权衡，所以应当先做试点，根据技术应用的实际效果而非单纯的技术的先进性来决定是否采用。

以中新苏州生态科技城为例，由于当地地下水位高，在缺乏有效监管的年代，为保证地下水位不降低、水体不被污染，江苏省曾规定禁用水源热泵。但在目前节能减排形势严峻，同时相关技术已经成熟，具有有效监管的条件下，可以作一个试点，放宽限制，看看实施效果，再做决策。

（3）应讲求实效，避免生态技术措施"符号化"

应避免急功近利，不顾应用条件，盲目照搬所谓的先进技术，使生态技术措施"符号化"，成为标榜生态的符号，忽视实效，徒具生态之表，丧失内涵。例如在中新苏州生态科技城规划中，有专家提出采用垃圾真空收集系统，理由是技术先进，垃圾被自动吸到垃圾处理站，节省人工，避免垃圾在转运过程影响环境，在国外如新加坡已有实例，国内某生态城市拟大规模采用。此系统实质上是以机械化垃圾收集处理取代目前的人工化垃圾收集处理，缺点在于造价高昂、能耗大、有服务半径限制，管线长度需在 5 km 之内，更适用于土地超高强度开发，垃圾人工收集处理费用高昂的地区，经新加坡实地考察，业主建成该系统后，由于运行费用昂贵等问题，系统已停用。中新苏州生态科技城的土地开发强度相对不高，人力相对丰富，能源相对短缺，因此不适宜采用此系统。

## 4.3 指标层面

（1）需要制定多样化的生态控制性指标，引导资源耗用量较高的地块与建筑承担更高的指标和责任

由于中国南北方气候、生活习惯差异巨大，不同类型、售价的住宅，自然形成不同的土地、能源和水资源耗用量。我们认为在市场经济条件下不宜设置过多"一刀切"的生态控制性指标，而应强调指标的多样化，应鼓励绿色生活，引导资源耗用量较高的地块与建筑承担更高的环境指标和责任。

在中新苏州生态科技城规划中，住宅种类包括联排别墅、多层住宅、高层住宅。别墅类住宅售价最高，资源耗用量（土地、能源、水资源）相比最高，由于较大的占地面积和屋顶面积，能源利用与资源回收、利用条件最好，因此相应地要求可再生能源所占比例更高，屋顶全面设置雨水收集系统和太阳能利用系统。高层住宅售价最低，资源耗用量相比最低，生态控制性指标也相对宽松。

（2）不能单纯通过指标的高低来评价低碳型生态城市的优劣

虽然应当设置量化的指标对低碳型生态城市进行评价，但是不能单纯通过生态控制性指标的高低来评它的优劣。因为我们发现评价指标越具体，越具有本土特点，往往是当地独有的，难以列出进行横向比较。

中新苏州生态科技城规划过程中甲方曾提出与中新天津生态城的指标体系作比较，力求在指标先

进性方面超过对方。但我们发现由于各自发展面临的瓶颈问题不同,这种比较不但没有意义,而且容易造成误导。

中新苏州生态科技城发展瓶颈在于能源紧缺,水质有恶化的危险,而水量并不缺乏。天津生态城瓶颈在于缺水与水质差,因此选择的生态控制性指标各有侧重。中新苏州生态科技城有三项能源方面的控制指标,天津生态城则一项没有。由于南北方气候不同,居民生活习惯有较大差异,同时考虑到兼顾舒适性与经济性的要求,中新苏州生态科技城要求人均生活耗水量≤140升,雨水等非常规水源利用率≥45%,这两项指标略低于天津,后者分别为≤120升和≥50%,但是中新苏州生态科技城的地表水环境质量要求高于中新天津生态城,中央生态湿地公园水质达到现行标准Ⅲ类水体要求,其他水系达到现行标准Ⅳ类水体水质要求,天津则统一要求达到Ⅳ类水体标准。

## 注释

① 清华大学节能研究中心:《中国建筑节能年度发展研究报告2009》,中国建筑工业出版社,2009年。
② 中国国家发改委:《可再生能源中长期发展规划》,2007年。
③ 乌尔夫·兰哈根:"曹妃甸国际生态城规划综述",《世界建筑》,2009年第6期。
④ 生态要素为针对环境与资源可持续发展所必需的因素集合,包括自然与人工两部分构成。自然部分包括气候、地形地貌、水体、植被、生物多样性等。人工部分包括人工—自然复合生态系统的稳定性,水、能源、资源的节约与高效使用等。
⑤ 主持人:秦佑国、袁镔、林波荣、宋晔皓。土地利用生态规划:刘利刚、张育南;能源规划:林波荣、戴威;景观生态规划:李湛东、曾洪立(北京林业大学);绿色交通规划:马强、张阳;水资源保护与利用规划:马金、陈超;环卫规划:金宜英、李欢。
⑥ 可再生能源比例指应用包括地源热泵、水源热泵、太阳能光热、太阳能光电等可再生能源后,对常规能源的替代率。
⑦ 能源规划节能减排目标仅指通过可再生能源应用获得的节能减排量效果。节能、减排的比较对象是进行消耗端节流优化后的建筑。
⑧ 可再生能源利用中,生活热水的比例指由太阳能提供生活热水占全部生活热水用量的比例。采暖空调中,各类热泵指污水源热泵、水源热泵或土壤源热泵,应用比例指采用各类热泵系统的解决空调采暖能耗的比例。
⑨ 节水率为规划地块的节水率,包含场地的景观绿化节水与地块内部建筑的节水,因此规划地块的节水率高于单体建筑的节水率。
⑩ 参考北京、天津、重庆等地居住建筑节能65%的标准拟定。

## 参考文献

[1] International Energy Agency 2009. *International Energy Agency: Key World Energy Statistics 2009.*
[2] 顾朝林、谭纵波、刘宛:"低碳城市规划:寻求低碳化发展",《建设科技》,2009年第15期。
[3] 国家发改委:《可再生能源中长期发展规划》,2007年。

[4] 龙惟定、白玮、范蕊:"低碳经济与建筑节能发展",《建设科技》,2008年第24期。
[5] 清华大学节能研究中心:《中国建筑节能年度发展研究报告2009》,中国建筑工业出版社,2009年。
[6] 仇保兴:"从绿色建筑到生态城市",在深圳市建科院所作的学术报告整理稿,2009年。

# 宋家泰先生城市地理学思想

蔡建辉　郑弘毅

**Professor SONG Jiatai's Ideal about Urban Geography**

CAI Jianhui[1], ZHENG Hongyi[2]
(1. Shenzhen Branch of China Academy of Urban Construction, Guangdong 518133, China; 2. School of Architecture and Planning, Nanjing University, Nanjing 210093, China)

2007年10月31日，中国著名的经济地理学家、城市与区域规划学家、地理教育家、中国地理学会原理事和经济地理专业委员会原副主任委员宋家泰教授，在经历了人生的93个春秋之后，永远地离开了我们。他走得平静、走得安详，但是他所开创的学思远未逝去。半个多世纪以来，宋先生把他的全部心血倾注于祖国的地理学事业，为国家培养了一大批经济地理、城市与区域规划人才；同时在科研方面，尤其是在农业地理与农业区划，区域地理、经济区划与区域规划，城市地理与城市规划等方面都作出了突出的贡献。本文主要论述宋家泰先生的城市地理学思想。

## 1 现代地理学情怀

### 1.1 少年愁滋味

宋家泰先生祖籍安徽肥东，出生于贫寒家庭，四岁时母病故。先生幼年时无钱读书，老塾师惜其才，免学费教之并收留于家中，从此开始了随读乡塾七年的学习。1937年7月先生自江苏省扬州中学毕业后，志在地理，然天不由人，竟被录取到浙江大学农经系。因学非所愿，半年后先生率然弃学回乡，随即日寇铁骑接踵而至，先生被迫背井离乡走向了个人的一年"流亡"之途。直至1938年7月，在饱经折磨后以及极其险恶的重病之下，先生毅然报考了中央大学师范学院史地系并被录取，然"史地史地，既难专史，又难专地，势难两得"，致使学习情绪极其低落，经过了一年的学习以后，决意转入地理系，又以同等

---

作者简介
蔡建辉，中国城市建设研究院深圳分院；
郑弘毅，南京大学地理学院。

学历报考了中央大学地理系。结果,天如人愿,终于转入了地理系。

## 1.2 中央大学如愿学地理

1939 年 9 月先生如愿进入了中央大学地理系并继续攻读。在此期间,他牢固地树立了地理科学研究的两个基本理论观点——"区域研究"论与"人地关系论",基本掌握了地理科学的基础理论知识和野外观察能力,并培养了"大开大合"的论文写作能力。

## 1.3 南京大学写人生

1945 年 6 月先生毕业后留校并一直在南京大学任教,于 1995 年正式退休,从事教育业长达 50 年,把全部心血倾注于祖国地理学与城市地理学事业,为国家培养了一大批经济地理和城市区域规划方面的人才,可谓桃李满天下,他是中国很少有的视野开阔、实践丰富、卓越的综合经济地理学家。

## 2 开创当代城市地理学

"他是我国现代城市地理的开创人",这是吴传钧院士在宋家泰先生众弟子为纪念其 80 华诞所出版文集的序言中对先生的评价。

在中国地理学界,率先将地理学理论和方法应用到"城市"这种"焦点"上,宋家泰先生确是第一人。早在 1970 年代,当地理界还在热衷于对大区域的研究时,先生以敏锐的洞察力,准确地把握了国家的需求和科学发展方向,于 1975 年 7 月接受了原国家城建总局为培养总体规划高级人才的建议和要求,果敢地将南京大学"经济地理"专业改造为"城市与区域规划"专业,创立了中国城市与区域学科,并首任南京大学城市科学研究中心主任、城市规划设计研究所所长。自此之后先生亲自带领师生队伍到江苏江阴、盐城、六合,湖南岳阳、石门、澧县,湖北宜昌、当阳,山东烟台,广西柳州地区和沿海地区,以及河南商丘地区等城市,从地理学的角度入手,对城市性质、规模、人口进行深入的研究;探索和解决城市规划建设和地域国土开发经济建设中的许多重大问题,开创了中国现代城市地理的先河。并在此基础上出版了《城市总体规划》一书,至今仍是国内地理界重要的有关城市规划的专著,曾被不少院校作为专用教材。

在其后的学术及实践生涯当中,先生更是积极地宣扬和拓展自己的城市地理知识,先后培养了数十名硕士生、9 名博士生和合作完成 1 名博士后指导任务;主编了《中国经济地理》,组织编写了《区域规划理论与方法》;出席了国际地理学联合会(IGU)第 24 届会议、国际亚洲城市化会议、全美地理学家 1985 年年会并宣读了重要观点;在阿克隆会议上,受聘为美国"亚洲城市研究协会"(AURA)国际委员会的中国委员。先生为中国现代城市地理学科作出了极其重大的贡献。

## 3 "城市—区域"理论

宋家泰先生在中央大学地理系学习期间，就深刻认识到地理学的研究对象是地理区域，区域研究是地理学的核心，是地理学研究的永恒主题。在把地理学引入城市这个"点"后，宋家泰先生通过总结城市发展、演变的规律，从地理学区域观的角度深刻剖析了城市发展所存在的各种问题。在1980年，先生在《地理学报》上发表的论文"城市—区域与城市区域调查研究"中提出的著名的"城市—区域"理论，指出：城市与区域是一种相互依存、不可分裂的"血肉"关系，城市与区域具有动态统一性原则，城市是区域发展的"核心"或"焦点"，区域是城市发展的基础和根本，两者是主导和基础的关系，其发展具有相辅相成、相得益彰的本质联系，城市及其借以存在和发展的一定区域间具有不可分割的动态统一，具有多层次、开放型的特点。

"城市—区域"理论的提出，揭示了城市—区域两者之间是一种相互依存、相互制约和不可分割的理论、框架和方法，它意在表达在研究城市时不能就城市论城市，应把城市放大到合理的区域范畴内，通过研究区域经济基础条件和区域经济发展与布局，来合理确定城市性质、城市规模和城市的发展方向，而城市作为区域发展的核心，它的发展又将会对区域经济的发展起到良好的促进作用和中心带动效应。

"城市—区域"理论及家泰先生带领的规划团队，为中国的城市规划开创了新的方向，打破了原先以苏联规划理论为主导的模式，提出进行城市规划不仅仅要依据国民经济发展计划，更应该积极研究城市—区域间的关系，探索城市—区域发展的规律，从中总结出指导城市发展的依据，给科学地规划城市，确定城市发展方向、定位、发展性质、发展规模等城市规划的重大问题，提出了新的理论和方法。这一切对于城市规划、区域规划的贡献是十分巨大的。时至今日，中国城市规划中所采用的区域分析方法仍然是先生所倡导的"城市—区域"理论的基本框架。

在"城市—区域"理论的框架方法之上，先生进而指出：任何一个大大小小的经济中心，都拥有其相应的大大小小的经济地域范围，这就构成了从全国到地方、从上到下一套完整的经济区划体系；相应于经济中心也就构成了从上到下一套完整的城镇居民点体系。这种具有多层次的"城市—区域"体系，是中国长期历史发展所遗传下来的重要基础，是中国"城市—区域"，即城市经济区域最本质的特征，而且是中国"城市—区域"最主要的一种类型。以之制定城镇体系规划布局和科学合理地划分城市经济区，具有极其重要的理论和实践意义。

根据以上的理论基础，先生提出了城市区域经济基础的调查研究内容和基本方法，并概括了简易图式（图1）。

城市区域经济基础的调查研究内容：①区域自然（地理）条件基本特征；②区域土地资源、矿产资源及劳动力资源条件；③区域农业生产发展布局；④区域工业生产发展与布局；⑤区域交通运输与布局；⑥区域城镇经济中心分布特点；⑦区域经济分片与经济联系；⑧本城市区域在省（区）内的经济地位及地理分工任务；⑨本城市区域与周围毗邻地区的经济联系。

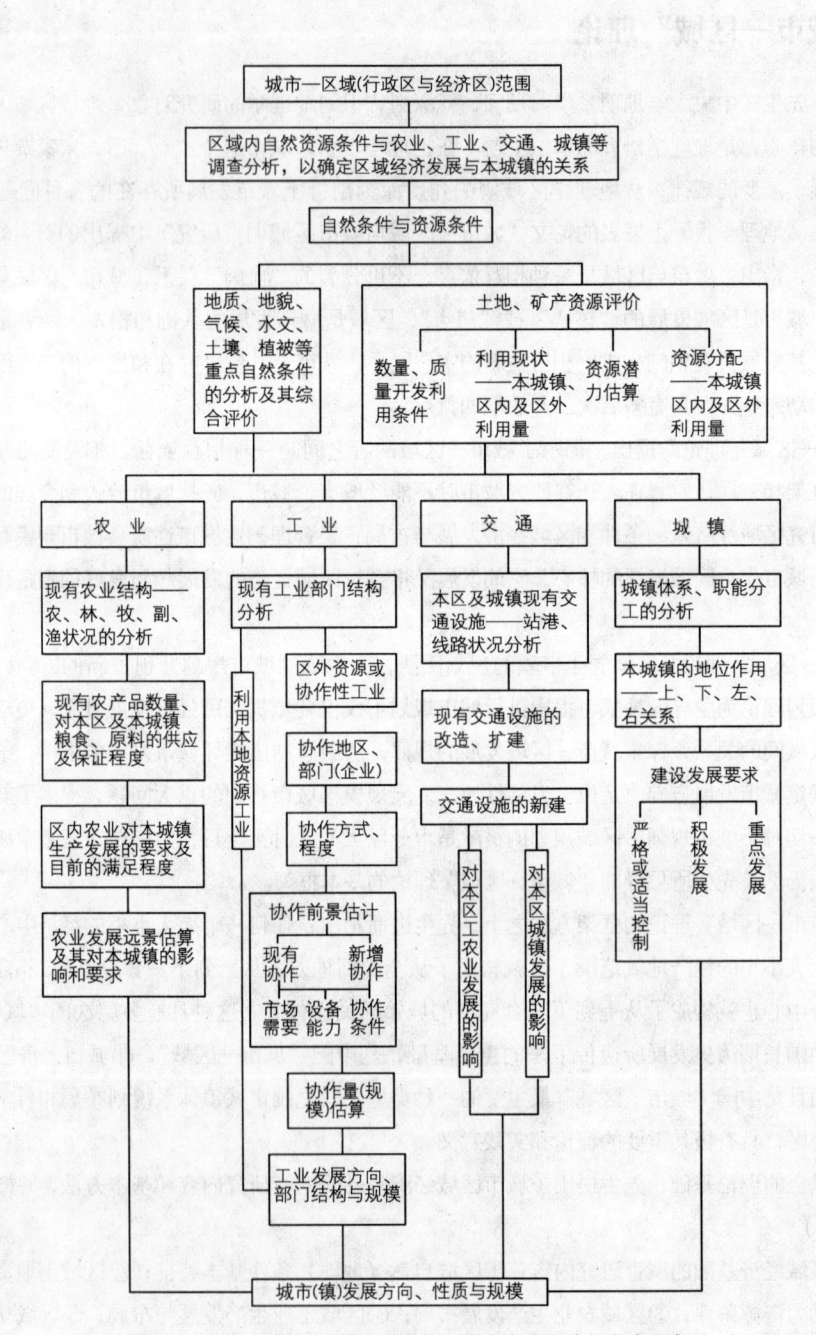

图 1  城市—区域经济基础（发展）调查内容和分析程序示意

城市区域调查研究的基本方法：①以城市为中心，查清城市区域内上述各主要方面的从点到面、点面结合的方法；②了解上级机关的意图和结合下面的实际情况的从上到下、上下结合的方法；③从本城市、本地区到毗邻经济中心、地区的由内到外、内外结合的方法；④分析现状和统筹远景发展的由近到远、近远结合的方法。

## 4 城镇体系规划理论

早在1980年代，先生就意识到如何发挥中国城镇的中心作用，逐步形成以城市为中心的完善的城镇体系，以推动城乡一体化，实现全国各地的社会、经济的均衡发展，是中国城镇建设的重要课题。因此，在"城市—区域"理论应用层面上，宋家泰先生进一步拓展到城镇体系规划，他认为：城镇体系规划是依据现状地域经济结构、社会结构和自然环境的空间分布特点，合理地组织地域城镇群体的发展及其空间组合。

在1980年先生就带领师生开始对中国小城镇的建设发展问题进行研究，1983年开展了中国城市（镇）体系研究，1984~1985年，先生先后对烟台市、南京市的城镇体系进行研究，完成了国家重大科研课题《城镇体系规划的理论与方法初探》，对城镇体系的规划进行了理论概括和总结提高。

在前期研究成果的基础上，通过理论联系实际，宋家泰先生在国内首次论述了城镇体系规划的编制办法，重点总结出城市（镇）体系规划中以地域空间结构、等级规模结构和职能组合结构为主的"三个结构"和反映节点间相互关系的城镇联系与扩散形式和城镇网络系统的"一个综合网络"，并初步归纳出城市（镇）体系规划的六个步骤：①城镇体系发展的历史基础分析；②城镇体系发展现状分析；③城镇体系区域发展条件及制约因素分析；④城镇体系规划布局；⑤城市经济区划分及其发展；⑥实施城镇体系规划的措施。同时加以流程图进行了说明（图2）。

## 5 城市地理学研究

地理学，按照经典的定义，是研究地域差异的科学。城市地理学是人文地理学的重要分支学科，它是研究城市体系、结构、功能等形成、发展规律的学科，它和总的地理学一样，具有一般基础学科的性质。

在1980年代，宋家泰先生先后发表了"城市地理学与中国城市地理学的研究"（1985年，与顾朝林合写）和"论地理学现代区位研究"（1987年，与顾朝林合写）两篇论文，对地理学与城市地理学的研究做了很好的论述。

### 5.1 城市地理学的研究

城市地理学主要探讨人类社会物质文明和精神文明的重要组成部分——城市所发生、发展的地理依据和城市的地理特点，它也和其他地理学科一样，具有鲜明的应用性和实践性，它为城市规划、城市建设和城市管理服务，是构成城市科学体系的重要组成部分。

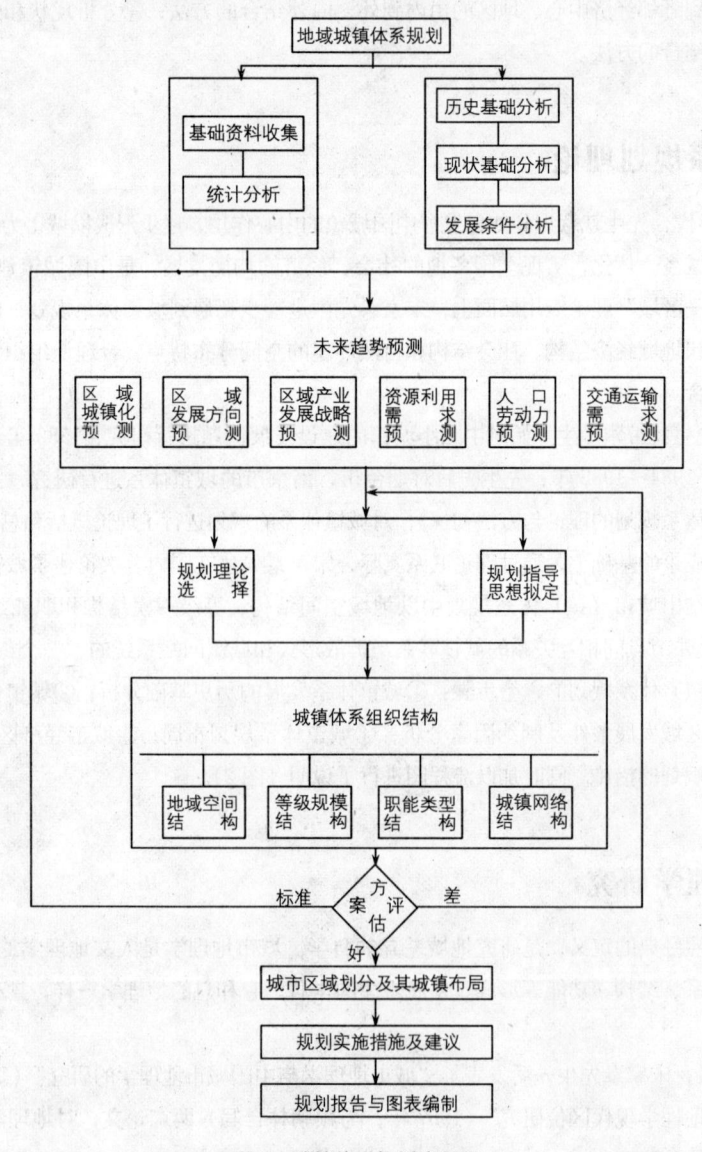

图2 城镇体系规划流程图

根据城市地理学的研究对象和任务，宋家泰先生提出城市地理学的研究内容主要包括以下几个方面：经济中心建设，城市（镇）居民点体系和地区经济组成—经济网络的研究；城市发展和城镇布局的自然条件研究；城市历史地理特征及其对现代城市规划布局影响的研究；城市人口增长和社会就业与消费的地理研究；城市经济结构、交通、居住质量、郊区农业、土地利用结构和旅游事业的地理研究；城市生态环境研究。

根据城市地理学的研究内容，结合当时科学技术，特别是系统理论、系统分析控制论和信息技术的发展，先生分析总结出了当时地理学研究的方法和技术：①城市系统分析和城市地理数学模型的方法；②城市地理调查和空间抽样调查；③城市发展的历史和地理比较方法；④综合分析方法；⑤城市信息系统方法；⑥遥感技术的应用。

## 5.2 地理学的现代区位研究

现代区位研究，就世界范围而言，是一门兴起于1950～1960年代的区域经济学重要分支，它是立足于国民经济发展、以空间经济研究为特征、着眼于区域经济活动的最优组织。

宋家泰先生对区位的研究，主要还是一种方法论的研究。在教学中，他常教育我们这些弟子一种宏观的区位分析方法，即对任何地域的分析，首先要将其放在若干个区域层次中进行考察，而其中的区位研究是最重要的。他认为，只要区位优势的地域，其发展就是可期待的。他还经常举例说广西北部湾那么优越的区位条件，迟早应该成为中国西南部发展的极核。北部湾现状的发展，印证了先生区位分析的远见卓识，类似的分析方法不胜枚举。

根据现代区位研究特征及其学派和现代区位理论的形成与发展情况，先生总结出了既注重定性研究，又增益定量分析，以宏观分析为主，又不偏废微观研究的现代区位研究方法，主要有注重于全国范围和区域范围的宏观分析方法、微观分析方法和计量方法。

# 6 经济区划及其战略思想

经济区是一个国家或地区经济发展到一定阶段在地域上客观存在的空间表现形式。经济区的划分，对于国家进行宏观经济调控、制定合理的空间发展战略、形成全国一盘棋的整体发展模式，具有十分重大的指导意义，它是拟定区域经济发展规划和城镇居民点合理布局的重要依据，是建设社会主义经济体系的科学的地域组织形式和必要手段。早在1980年代，先生就开始进行经济区划的研究，他的研究成果"江苏省经济地理区域与城市发展问题"、"苏南地区国土规划构想"及主编的《中国经济地理》教材，就对江苏省甚至是全国的经济区划进行了深入的分析，并提出了自己独到的见解。

1980年，先生在《地理科技资料》上发表的"江苏省经济地理区域与城市发展问题"提出：将江苏省划分为苏南、苏中和苏北三大经济地区与宁镇区、苏锡（常）区、扬泰区、通盐区、清江区、徐州区及连云港七个经济区，并作为其后实行"市带县"范围的重要科学依据。

1983年，先生在其主编的《中国经济地理》教材中，更加大胆地提出了将全国划分为十个经济区的方案：辽、吉、黑区（东北区）；京、津、晋、冀、鲁、豫区（华北区）；内蒙区；陕、甘、宁、青区（西北区）；新疆区；沪、苏、浙、皖区（华东区）；赣、闽、台区（东南区）；两湖（华中区）；两广区（包括港澳，华南区）；川、云、贵、西藏区（西南区）。

1988年，先生在《地域研究与开发》上发表的"苏南地区国土规划构想"中认为中国苏南地区可以划分为两级三片。以茅山为界分东西两大片。西片含南京、镇江两市和江宁、高淳、溧水、句容、丹徒和杨中等县，属于宁镇—茅山低山丘陵区和秦淮河水系流域。东片是太湖水网地区，又可划分为湖东、湖西两片，湖西片含常州市及溧阳、宜兴、金坛、武进、丹阳等县，是以洮、湖水系为主的平原；湖东片含无锡市、苏州市、张家港市和常熟市及无锡、江阴、昆山、太仓、吴江、吴县等县，是苏南地区经济之精华地区。

## 7 人文地理学"复兴"之路

1970年代后期至1980年代，复兴人文地理学的呼声高涨，先生明确地提出："人文地理学在我国是一门具有广阔发展前景的学科。"复兴不是复旧，要认清"复"什么之"兴"，"走中国自己道路的人文地理学"，"一定要和我国社会主义经济建设和生产实际密切结合起来"。

当时，正值中国城市化进入快速发展的阶段，先生对新事物洞悉敏感，勇于探索，在人文地理学科基础上，明确定为城市地理研究和城市与区域规划服务的方向，在实践中以宏观、中观的区域视角，抓住人地关系这个核心，高瞻远瞩，统筹兼顾，因地制宜，合理布局，将人文地理学的基本思想整合贯通，运用到中国城市研究和城市与区域规划领域之中。于1980年9月，在日本东京出席的24届国际地理学大会中宣读了"新中国人文地理学的发展"一文。

宋家泰先生反复强调在地域空间中人的作用。因为人地关系问题长期以来一直是引人注目的跨学科问题，很多学科从不同的学科背景、不同的层次和尺度上探究人地关系的不同侧面。宋家泰先生从早期树立的"人地关系"基本论点到以后的教学和学术科研成果中无不体现着人地关系理论，并反复强调人地关系中人的主导地位，应以人为本。

宋家泰先生指出，在城市—区域的发展过程当中，随着财富创造活动的开展，从而加大了城市的吸引力，导致了"城市向心增长"方式；同时随着中心各方面承载力的饱和，城市又向外进行扩散，出现了"离心增长方式"。而在这种向心与离心的过程当中都是以人的意志为转移，人才是构成城市—区域发展的关键。

## 8 结语

宋家泰先生所开拓的学科道路，在南京大学城市与区域规划专业的建设和发展中，继往开来，逐步壮大，这也是对宋家泰先生学术业绩的继承和发扬，并以其来表达对宋家泰教授及其学术思想的缅怀和纪念。

**参考文献**

[1] 宋家泰:"江苏省经济地理区域与城市发展问题",《地理科技资料》,1980 年第 18 期。

[2] 宋家泰:"城市—区域与城市区域调查研究",《地理学报》,1980 年第 18 期。

[3] 宋家泰:"中国城市发展的几个问题",《南京大学学报》(地理版),1985 年。英文版发表在 The Journal of Chinese Geography, June 1990. No. 1.

[4] 宋家泰:"苏南地区国土规划构想",《地域研究与开发》,1988 年第 2 期。

[5] 宋家泰:《中国经济地理》,中央广播电视大学出版社,1988 年。

[6] 宋家泰:《铭感与自述》,1995 年。

[7] 宋家泰:《宋氏文稿初集》,1995 年。

[8] 宋家泰:"对'中国城市发展的几个问题'的再认识",载《宋家泰论文选集——城市—区域理论与实践》,商务印书馆,2001 年。

[9] 宋家泰、顾朝林:"论地理学现代区位研究",《地理研究与开发》,1987 年第 2 期。

[10] 宋家泰、顾朝林:"城镇体系规划的理论与方法初探",《地理学报》,1988 年第 2 期。

[11] 宋家泰、顾朝林:"对'中国城市发展的几个问题'的再思考",载《中国城市规划学会成立 50 周年纪念文集》,中国建筑工业出版社,2006 年。

[12] 吴传钧:"序言",《宋氏文稿初集》,1995 年。

[13] 郑弘毅:"踏遍青山人未老,一代名师育后人",《宋氏文稿初集》,1995 年。

## 附录：宋家泰先生城市地理研究成果目录

### 专著

| | |
|---|---|
| 1946 年 | 《台湾地理》，上海正中书局（除日本外，国内第一本台湾地理专著，1947 年在台湾再版两次）。 |
| 1947 年 | 《东北九省》，上海中华书局。 |
| 1950 年 | 《开明初中地理教科书》（共六册，修正本），北京开明书店。 |
| 1952~1953 年 | 《中国地理》，南京师范学院教材。 |
| 1953 年 | 《中国分省地图说明书》，上海地图出版社。 |
| 1953~1955 年 | 《中国经济地理》，南京大学教材。 |
| 1955~1956 年 | 《中国农业地理》，南京大学教材。 |
| 1955~1965 年 | 《中国工业地理》，南京大学教材。 |
| 1957 年 | 《湖南省湘江流域规划报告》（合作，执笔者），长江水利委员会规划办公室；《中国经济地理教学大纲》（高校地理系自然地理专业用），受教育部委托代拟。 |
| 1958~1961 年 | 《东北·内蒙区域地理》，南京大学教材。 |
| 1961 年 | 《华东区区域地理》，南京大学教材。 |
| 1964 年 | 《江苏省农业区划报告》（合作），江苏省农业区划委员会。 |
| 1978 年 | 《区域规划基础》，南京大学教材（南京大学首届优秀教材奖，高等教育出版社拟出版，未送出）。 |
| 1979 年 | 《江苏省农业地理》（合作），获江苏省科技进步三等奖，江苏科技出版社；《城市总体规划局研究》（合作），获江苏省重大科技成果三等奖。 |
| 1980 年 | 《中国农业地理总论》（合作），获中国科学院科技进步一等奖，科学出版社。 |
| 1981 年 | 《中国综合农业区划》（合作），农业出版社。 |
| 1985 年 | 《城市总体规划》（合作，国内理科城市规划第一本专著），商务印书馆。 |
| 1986 年 | 《区域规划的理论与方法》，国家教委基金项目；《研究城镇合理规模的理论与方法》（合作），获江苏省哲学科学优秀成果奖，中国建筑工业出版社。 |
| 1988 年 | 《中国经济地理》（合作，主编），中央广播电视大学出版社。 |
| 1990 年 | 《人文地理学词典》（合作，主编），湖北教育出版社。 |
| 1993 年 | 《商丘历史文化名城规划吟草》，商丘专署建委印行。 |
| 1995 年 | 《宋氏文稿初集》，自印。 |

## 论文

|  | |
|---|---|
| 1942 年 | "疆界与中国疆界地理"（存稿），学士毕业论文。 |
| 1943 年 | "柴达木盆地"，中央大学研究院地理学部丛刊第 6 号。 |
| 1946 年 | "四川自贡盐业地理研究"（存稿），硕士毕业论文。 |
| 1950 年 | "台湾——祖国的宝岛，我们一定要解放她"，江苏省科普协会； |
| | "台湾自然地理"，《地理知识》，第 3 期。 |
| 1951 年 | "西藏——祖国神圣的领土"，江苏省科普协会； |
| | "东北地理教案"，《地理知识》，第 3 期； |
| | "内蒙地理教案"，《地理知识》，第 6 期。 |
| 1952 年 | "飞跃建设中的华北区"，《地理知识》，第 11 期； |
| | "改变了祖国自然地理和经济地理面貌的水利建设"，《地理知识》，第 11 期。 |
| 1953 年 | "新中国的畜牧业"，《地理知识》，第 4 期； |
| | "我国的粮食作物"，《地理知识》，第 4 期。 |
| 1954 年 | "山东、苏北南四湖区域地理概况"（合作），《地理学报》，第 2 期； |
| | "充分合理利用土地，改造我国农业地理的面貌"，《地理知识》，第 4 期。 |
| 1956 年 | "陕北无定河流域南部地区（绥德）"，《经济发展研究》，原水利部水土保持部门。 |
| 1957 年 | "长江综合利用的展望"，《地理知识》，第 3 期。 |
| 1958 年 | "《农业发展纲要》是我国农业大跃进的战斗纲领"，《地理知识》，第 7 期； |
| | "包兰铁路"（合作），《地理知识》，第 9 期。 |
| 1959 年 | "江苏省淮阴专区农业区划"（合作），《地理学报》，第 2 期； |
| | "江苏省徐淮区农业区划研究报告"（合作），江苏省农业厅； |
| | "农村人民公社经济规划的初步经验"（合作），《地理学报》，第 2 期。 |
| 1960 年 | "江苏省农作物合理调整布局研究报告"，江苏省计划委员会。 |
| 1961 年 | "关于经济地理学研究对象、任务问题"，中国地理学会 1961 年经济地理学术讨论会论文集，科学出版社。 |
| 1962 年 | "论农作物布局的条件问题（摘要）"，中国地理学会 1962 年经济地理学术讨论会论文集，科学出版社； |
| | "江苏省电力工业布局研究"（合作），江苏省计划委员会； |
| | "江苏省棉纺织工业布局研究"（合作），江苏省计划委员会。 |
| 1963 年 | "江苏省粮食加工工业布局研究"（合作），江苏省计划委员会； |
| | "江苏省徐淮地区农业区划初步研究"（合作），中国地理学会 1963 年年会论文选集，科学出版社。 |
| 1964 年 | "江苏省徐淮综合农业区研究报告"（合作），江苏省农业区划委员会。 |

| | |
|---|---|
| 1965 年 | "江苏省涟水县综合农业区划",江苏省农业区划委员会; |
| | "江苏省涟水县蚕桑生产区划",江苏省农业区划委员会。 |
| 1972 年 | "安徽省休宁县渠口公社珰金大队经济规划"(合作),安徽省林业厅。 |
| 1973 年 | "安徽省休宁县香阳公社竹背后大队经济规划",安徽省林业厅。 |
| 1974 年 | "安徽省休宁县农业地域类型研究"(合作),安徽省林业厅; |
| | "安徽省休宁县(按大队)粮林茶合理比例研究"(合作),安徽省林业厅; |
| | "安徽省休宁县农作物合理布局与水利建设研究"(合作),安徽省林业厅。 |
| 1975 年 | "江苏省江阴县城城市总体规划报告"(合作),江阴市人民政府。 |
| 1976 年 | "江苏省盐城市城市总体规划报告"(合作),盐城市人民政府; |
| | "江苏省六合县城城市总体规划报告"(合作),六合县人民政府; |
| | "山东省烟台市城市总体规划报告"(合作),烟台市人民政府。 |
| 1977 年 | "湖南省岳阳市城市总体规划报告"(合作),湖南省建委、岳阳市人民政府。 |
| 1978 年 | "山东半岛北部的港市——烟台"(合作),《地理知识》,第 5 期。 |
| 1978~1979 年 | "湖南省澧县、石门县(两)城市总体规划报告"(合作),湖南省建委、两县人民政府。 |
| 1980 年 | "湖北省宜昌县县城(小溪塔总体规划报告)"(合作),湖北省建委、宜昌县人民政府; |
| | "江苏省经济地理区域与城市发展问题",南京大学《地理科技资料》(城市规划专辑),第 18 期;转载《经济地理学的理论与方法》,商务印书馆; |
| | "城市—区域与城市区域调查研究"(国内首篇科学论述城市与区域关系的文章),参加 24 届国际地理学大会宣读论文,日本东京;《地理学报》,第 4 期; |
| | "新中国人文地理学的发展"(中、英文合作),参加 24 届国际地理学大会宣读文,日本东京;转译日文,载《地理》1981 年第 3 期; |
| | "中国小城镇的建设发展问题",《地理科技资料》(城市规划专辑),第 18 期; |
| | "试论江苏省城乡人口再分配与小城镇的发展",《地理科技资料》(城市规划专辑),第 18 期。 |
| 1981 年 | "对开展国土整治规划工作的几点意见",国家计委召开的国土整治战略问题讨论会上的发言。 |
| 1982 年 | "努力提高经济地理学科水平,更好地为城市规划服务",《城市规划》,第 1 期。 |
| 1983 年 | "建议开展'国家综合经济区划体系'的基础研究",教育部科技司(第 0115 号); |
| | "开展我国城市(镇)体系研究",教育部科技司(第 0401 号); |
| | "湖北省宜昌县国土规划研究报告"(合作),国家计委国土局、宜昌地区国土处。 |
| 1984 年 | "湖北省宜都县国土规划研究报告"(合作),国家计委国土局宜昌地区国土处; |

"中国城市发展的几问题"，《南京大学学报》（自然科学版·地理学）；

"烟台市域经济发展战略及城镇居民点体系规划布局研究"，烟台市人民政府。

1985 年　"回忆·回顾·展望——纪念母系诞生六十五周年"，南京大学地理学系建系六十五周年纪念文集；

《城市地理学》（合作），"人文地理学概论"，科学出版社；

"论城市性质的确定"，《城市总体规划》中的一章，商务印书馆；

"论城市建设发展的历史条件"，《城市总体规划》中的一章，商务印书馆；

"中国的行政区划与经济区划"，《中国经济地理》中的一章，中央广播电视大学出版社；

"南京市经济社会发展和城镇体系布局研究"（合作），南京市人大城乡委；

"城市地理学与中国城市地理学的研究"，载李旭旦主编《人文地理学概论》，科学出版社。

1986 年　"湖北省宜昌地域国土规划综合报告"（合作，国家计委全国验收会评为"全国最好的国土规划"），国家国土局宜昌地区国地处；

"充分利用'黄金水道'，建立沿江'经济走廊'"（合作），《城市规划》，第 4 期；又见《生产力布局与国力规划》第 6 集；

"李旭旦先生对我国地理学的贡献"（合作），《地理学报》，第 4.期。

1987 年　"李旭旦先生论文集序"（合作），浙江人民教育出版社；

"研究长江——长江在呼唤·序"，江苏人民出版社；

"重庆市经济地理·序"，重庆出版社；

"论地理学现代区位研究"（合作），《地理研究与开发》，第 2 期；

"长江大流域经济发展战略"（合作），《地理学与国土研究》，第 2 期。

1988 年　"城镇体系规划的理论与方法初探"（合作，国内首篇论述城镇体系规划编制办法的文章），《地理学报》，第 2 期；

"苏南地区国土规划构想"（合作），《地域研究与开发》，第 2 期；

"继往开来，日新又新——对当前全国人文地理学发展的几点意见"，《南京师大学报》增刊。

1989 年　"中国农村聚落地理·序"，江苏科技出版社；

"经济区、经济中心和我国综合经济区试拟（英文）"，在 1989 年（无锡）国际城市地理学学术会议上宣读。

1990 年　"广西柳州地域城镇体系规划报告"（合作），广西壮族自治区建委；

"广西沿边地区国土规划研究报告"（合作），广西壮族自治区国土处；

"江南地区小城镇形成发展的历史地理基础"（合作），《南京大学学报》（社哲版）；

|   |   |
|---|---|
|  | "中国城市形态·序",江苏科技出版社。 |
|  | Problem of Urban Development in China. *The Journal of Chinese Geography*, Vol.1, No.1. |
| 1991 年 | "中国商业地理·序",高等教育出版社; |
|  | "港口城市探索·序",河海大学出版社。 |
| 1992 年 | "中国城镇体系·序",商务印书馆; |
|  | "中国城市通览·序",江苏科技出版社。 |
| 1993 年 | "中国城市地理"(合作),《中国大百科全书·中国地理卷》,中国大百科全书出版社; |
|  | "河南省商丘市城市总体规划报告"(合作),国家建委河南省建委; |
|  | "河南省商丘市历史文化名城专题规划"(合作),商丘市建委; |
|  | "河南省商丘地域城镇体系专题研究"(合作),商丘专署建委。 |
| 1994 年 | "江阴市市域城镇体系规划纲要",江阴市人民政府。 |
| 1995 年 | "中国城市模式与演进·序",中国建筑工业出版社。 |
| 2001 年 | "对'中国城市发展的几个问题'的再认识",载《宋家泰论文选集——城市—区域理论与实践》,商务印书馆。 |
| 2006 年 | "对'中国城市发展的几个问题'的再思考",载《中国城市规划学会成立 50 周年纪念文集》,中国建筑工业出版社。 |

# 评《城市复杂性与空间战略：迈向我们时代的关联规划》

唐 燕

Review of *Urban Complexity and Spatial Strate-gies: Towards a Relational Planning for Our Times*

TANG Yan
(School of Architecture, Tsinghua University, Beijing 100084, China)

*Urban Complexity and Spatial Strategies: Towards a Relational Planning for Our Times*

Patsy Healey, 2007
London and New York: Routledge
352 pages
£79.00 /US$140.00 (pbk);
£27.99 /US$49.95 (hbk)
ISBN: 978 0415380348 (pbk);
　　　 978 0415380355 (hbk)

纽卡斯曼大学退休教授帕齐·希利的新书《城市复杂性与空间战略：迈向我们时代的关联规划》于2007年出版问世，这是继其一系列颇具影响力的规划著作，如《协作规划：碎片化社会中的场所塑造》（*Collaborative Planning: Shaping Places in Fragmented Societies*）、《城市治理，制度能力与社会环境》（*Urban Governance, Institutional Capacity and Social Milieux*）之后的又一部力作。作为一名长期关注战略制定、集体行为和社会制度关系的规划理论及实践专家，希利目前是《规划理论与实践》（*Planning Theory and Practice*）杂志的高级编辑，曾担任过纽卡斯曼大学建筑、规划和景观学院的系主任和欧洲城市环境研究中心的主任。

希利来自于英国，在早期就职于伦敦内城区的规划部门时，她就已经开始思考物质空间开发、规划行动与政府体制和惯例之间的关系问题。在博士论文写作期间，希利通过对拉美国家城市规划实践的考察，认识到规划并非仅仅是专家与官员的技术职能，而是一种有很多人参与的社会行动和交互行动。之后的十年中，希利作为一名专职的大学教师，有机会集中性地对英国的规划惯例进行研究。希利发现把协作性的辩论与论证提升为一种更有效的规划方式是十分必要的，只有这样才可以更加敏锐地回应那些真正影响了人们生活质量的问题，以及那些反映了人们对未来的期待的问题[①]。希利把她的这个重要规划思想写进了1997年出版的《协作规划》一书里。同时，希利参与的大量实践研究进一步拓展了她对政府惯例的认识，从而发展出一套更具人类学特征的观点，用以审视人们完成"治理"工作时相关的规范与规则、思考方式和惯

---

作者简介
唐燕，清华大学建筑学院。

例的制度背景。自此,希利开始将"制度主义"的观点、沟通规划理论与作为"场所塑造"(place shaping)的规划事业这三者联系在一起。当时,制度主义观正在管理科学、经济学和政治科学领域得以复兴,这引导着希利将关注点从规划人员的工作和规划体制的工具,转向了对更为广泛的治理的制度关系的思考,并发表了一系列论文及专著[②]。

在《城市复杂性与空间战略》一书中,希利从社会学制度主义(sociological institutionalism)的角度,探讨了城市区域战略和治理活动面临的挑战,以及注重空间组织和地方质量的战略规划在治理转型过程中的重要作用。希利将理论研究与规划实践紧密结合起来,以阿姆斯特丹、米兰、剑桥三个城市区域为例,阐述了自己对复杂城市聚集区的空间战略制定的独到见解。从西欧战略规划的最新经验出发,希利一方面总结了有关战略规划过程、治理能力建构和权力动力机制的理论认识;另一方面揭示出战略规划在塑造场所、空间和领域及发挥知识资源和架构价值关系中的特殊意义。

全书共九章,大致可划分为三个部分。第一部分中的两章"城市区域的战略规划项目"和"城市区域和治理"具有文献综述的特征,作者概述了战略规划与治理的理论与实践发展,并由此限定出著作的研究范畴以引导读者的阅读。在作者看来,空间战略是指导城市区域发展的长期框架,其主要目标是塑造空间场所和提升人民生活质量,而治理则是促进和落实空间战略的重要途径。

紧随其后的三章是第二部分,"阿姆斯特丹:城市发展中的战略塑造"、"米兰:争取城市规划的战略灵活性"、"剑桥次区域:特性的转型"是具体的案例研究。作者按时间顺序详尽描述了三个城市地区在20世纪中期的战略规划发展状况。案例研究的时间跨度为50年,每个地区的空间战略发展都依据清晰划定的几个阶段进行叙述:每个阶段都代表了城市区域发展进程中的一个特别战略回应期,涉及具体战略的形成、巩固和扩展,及伴随其间的复杂的领域交织和角色互动。

(1)阿姆斯特丹通过开放的公共领域和实权的制度机构推动了空间战略的长期运作。阿姆斯特丹是荷兰的金融、商业、工业和旅游业中心。"城市委员会"(City Council)在阿姆斯特丹的城市战略规划中发挥着举足轻重的作用,它既是城市最主要的土地和财产所有者,也是公共服务的提供者和开发建设的调整者。委员会利用国家政府的"权力"和"资金"来保证自己在城市物质开发建设中的指导地位,并拥有对更大尺度的西荷兰"阿姆斯特丹区域"的直接领导权,从而成为主导空间发展战略和推进城市区域治理的重要制度机构。阿姆斯特丹长期关注城市实际建设,积累了丰富的物质规划经验,用于指导物质规划的空间战略也自19世纪就开始制定,其中包括广为人知的1935年战略规划和近期的2003年结构规划。空间战略规划的作用,一是整合不同的城市发展目标和开发行为,促进项目建设的协调与合作;二是提升城市建设和建成环境的质量,强化城市特性。城市委员会主导着城市区域的战略发展,它引导实质性的公共投资进入物质环境领域,并对重要的开发项目设置运作规则。

通过宣扬城市发展理念,并在"公共领域"充分讨论它们,阿姆斯特丹将矛盾、价值关系、优先权等焦点问题引入战略议程,从而使城市战略的制定获得广泛的社会参与和社会支持。然而,由于传统政策机构和实践惯例的影响,阿姆斯特丹要尝试建立起21世纪的新型治理关系并不容易。国家发展原则和地方战略对城市空间的影响被公共资金数量及公共投资资金的分配组织途径所限制。不同政府层级之间、社会机构与政府部门之间的整合与协调变得越来越薄弱。这都使得战略行为的焦点聚集在重要建设项目上,而不是对环境变化的持续、细致的管理上。可见,阿姆斯特丹的城市治理处在一个转型阶段,一个不确定如何运用传承的力量来建造新的治理关系和发展新的城市理念的阶段。城市委员会需要跳出建造新的城市片段的传统做法,重新审视市场机制、文化活动、公众关注和政府干预这诸多力量之间复杂和微妙的相互关系。

(2)米兰的空间战略规划与城市治理活动因为"弱"的制度保障而举步维艰。米兰是意大利北部的中心城市,也是意大利的商业和金融之都。小规模、以家庭为基础的工业生产和巨大的重型机器厂是米兰的传统。作为设计和时尚业的中心,富裕而又充满活力的城市米兰,凭借着大量的经济机会和动态多样的文化网络,吸引了来自世界各地的人才和企业。这些关系网络将各式各样的利益和活动群体连接在一起,使得米兰的"市民社会"和商业社团显示出饱满的创新热忱与创新能力。然而,虽然市民社会如此活跃,米兰却长期缺少一个发展良好的"公共领域",一个可以对由创新动力带来的各种机遇和挑战进行讨论的领域——这些讨论可以激发集体行为的产生,增进社会各方之间行动的协作。公共讨论之间、公共讨论与正式政府之间的相互关系在米兰也没有得到很好的处理,而造成这种状况的主要原因是政党系统作为整合治理能力的核心机制的失效。由于地方政府缺乏能力来处理都市区或更大尺度地区的空间问题,通过治理带动城市发展战略的行为所获得的社会支持寥寥无几。都市区治理机制的缺失阻碍了米兰大都市区建构"城市愿景和战略"的种种努力,地方政权的干预仅仅局限在提供开放的环境给那些能够促进城市经济和文化繁荣的力量,以及提升复杂官僚系统的工作效率上。面对米兰城市治理的失效,一些观点认为,经济和市民社会中的创新能力完全可以弥补正式政府的薄弱,公共管理部门的混乱恰恰给设计和时尚经济的自由运行创造了足够的空间;另一些观点则认为,缺少战略治理能力会导致城市地区对城市问题和未来发展关键点的持续忽视,使主要的城市开发项目互相竞争,互相破坏,因此米兰需要发展城市和都市区的治理文化,运用新的战略途径来考量城市。米兰该如何提升城市治理能力,健全城市空间战略,至今仍是一个充满争议的问题。

(3)剑桥地区提供了一个有关新的规划机制如何被实施的案例。1950年代制定的霍夫德规划(Holford Plan)对剑桥的发展造成了深远影响,规划确定了促进"老牌大学城"的良性增长,并将这种增长扩散到周边乡村地区的理念。霍夫德规划在剑桥地区实施了几十年,直到1990年代逐渐被新的城市事件和战略构想所影响与取代。在打破旧有的霍夫德模式之后,规划战略从"增长的扩散"转变为"紧凑的城市拓展",一个"选择性"增长的新"剑桥次区域"(Cambridge sub-region)理念形成并实施。面对着冲突的价值观、对地区发展理念和轨迹的不同理解,地方政府表现出足够的能力来管理剑桥地区的发展进程。这种能力的产生,一方面在于对正式政府机制的利用,另一方面在于通过非正式网络将不同的利益群体同政治家、官员联系起来,将地方参与者同国家层面的政治家和公务员联系起来。基于此,跨越几个行政界线的"剑桥次区域"概念得以推行——尽管这里并不存在一个能够代表该区域的正式组织。半个世纪以来,剑桥地区的规划和发展体现了地方政权在限制开发强度和依据地方原则协调建设增长方面的能力。空间战略围绕剑桥地区发展的关键性问题加以拟定,既综合了地方参与者的意愿，又兼而考虑了国家政府的期望。同英国其他地区相比，剑桥地区空间战略规划的制定借助规划系统得以法制化，从而成为地方参与者寻找"选择性"增长途径的一个重要工具。规划系统，包括规划制定和发展建议征询程序，为"增长管理战略"的细化和法制化提供了平台。在具体实施过程中，其他相关规划不断被调整以保持空间战略的持续性。

书本的最后一部分包含四章："关联世界中的战略制定"、"空间意象和城市区域战略"、"认识城市区域"和"关联的复杂性和城市治理"。作者力图通过不同的理论线索来阐述案例研究中获得的发现，意在进一步思考如何为复杂的城市区域制定更好的战略，以及如何在跨世纪的转型期建立起有效的治理途径。希利在最后一章对全书进行了总结，得出三个基本结论：①治理活动正在对"制度关系"进行重组。不同的治理活动伴随着不同的城市发展理念，造成了制度和理念的分裂趋势，这给有权势的企业利益集团和政治说客创造了大量寻租空间来摆脱空间战略的限制。因此在一个多元、分散的治理环境下，单一的中心机构难以处理各种治理活动之间的碰撞，关联性的规划途径由此变得十分重要。②技术专家对城市场所环境的塑造起着决定性作用，但空间战略的制定并不非要由他们来发起。规划师需要认识到，正式规划领域之外的其他力量，可能比专业技术人员更具备建构城市区域理念的能力。因此，技术专家在处理场所发展政策以及复杂的城市发展问题时，需要仔细评估和支持来自市民社会的动员力量。③在战略的制定和运行领域中，如果地方实力太弱而不能获得必要的公共投资资金和法规制定权力，那么控制这些资源和权力的相关政府机构就会制约战略的发展。来自市民社会和商业圈的额外力量，也会因为其他政府层级对地方权力的控制而受到抑制。所以，发起更加主动的、战略性的集体规划行为，需要同立法程序联系起来。

总体来看，著作通过图文并茂的阐述，剖析了城市区域的复杂性和空间战略运作的制度途径，揭示了规划框架在联系空间模式和社会动力方面的作用。希利在书中显示出了深厚的文献阅读底蕴、深刻的制度分析能力和敏锐的规划哲学思考，这无论对学生、规划师、社会学家，还是政策制定者来说，都具有现实的理论和实践指导意义。希利的规划思想无疑将带给读者诸多重要启示，例如：①理解城市的复杂性。希利把城市不仅仅当做事情发生的容器，而是视之为由复杂节点和网络、场所（place）和流（flow）所组成的混合体——在这里，纷繁复杂的关系、活动和价值同时存在，它们在互动、冲突、结合、排斥中形成一个独特的整体。②关联性的战略规划。希利认为规划活动是在一个分层级、多样化、相互叠加的网络中进行的，她强调复杂的"合作网络"是通向良好治理的重要途径，处理不同网络之间、不同规划参与角色之间的联系成为战略规划的核心内容。③注重场所的规划理念。希利认识到空间环境组织对生活质量、社会公平、安定团结和经济活力具有重要影响，因此在探讨城市空间战略和治理活动时，都将它们同提升场所质量联系起来。④城市战略的制度分析方法。希利偏好从制度角度来分析城市战略发展，推崇将城市区域的空间战略制度化的思想，支持建立拥有真实权力的大都市区规划机构的治理途径。⑤实证的研究方法。希利在著作中将理论研究和实践结合起来，通过实证性的案例分析来支撑和归纳自己的理论观点。

由于希利在学术界的特殊地位和影响力，她的著作往往一问世就受到特别多的关注。提到这本书的不足，那就是作者对三个规划案例的分析描述并不是同等的深刻和翔实（Neuman, 2009）。相对来说，米兰和剑桥的案例写作更加深入细致，对战略规划在制定与实施过程中的冲突和矛盾、前进或倒退、上下反复等曲折经历给出了充分的介绍及评析。另外，作者在著作中涉及的浩如烟海的规划思想和理论，也对读者的阅读理解能力提出了挑战。

希利的这本著作对当前中国战略规划的制定和实施具有相当的指导意义。首先，城市空间战略需要依托由社会各方共同参与的治理过程来制定和实施。希利对城市复杂性的剖析充分说明了城市空间战略也是复杂和关联的，空间战略不能只是技术人员和官员的一家之言，而中国的空间战略规划，绝大部分还只是规划技术人员、专家和城市政府之间的一种精英决策，这种脱离"公共领域"、不具备"社会共识"基础的空间战略，往往无法真正发挥其作为城市长期发展框架的指导作用。其次，空间战略的目标不能脱离基本的人民生活需求和空间场所的塑造。在中国，空间战略从来都是宏观性和统筹性的规划，这种宏观统筹性具有明显的为城市总体规划重大问题的确定做服务的趋向，包括探讨分析城市发展的机遇与挑战、城市发展方向与发展模式、经济发展与产业布局、人口和资源等议题。空间发展战略因此与提升最基本的百姓生活之间缺少了直接的搭接关系，而希利即使在讨论长远又宏观的区域性空间战略时，依旧把"场所"的塑造和公众的需求放在了最重要的位置上，并阐述了如何借助制度力量，推进和实现这种"大处着眼、小处入手"的战略目标。此外，希利对治理活动的制度分析，也为我们提供了如何通过制度创新来实现城市和区域"良治"（good governance）的思路借鉴。

**注释**

① （英）帕齐·希利著，曹康、王晖译："建立对规划体系与'惯例'的认识"，《国际城市规划》，2008 年第 2 期。
② 同①。

**参考文献**

[1] Neuman, M. 2009. Book Review: Patsy Healey, Urban Complexity and Spatial Strategies: Towards a Relational Planning for Our Times. *Planning Theory*, No. 8.

# 评《城市与气候变化：城市可持续性与全球环境治理》

戴亦欣

Review of *Cities and Climate Change*: *Urban Sustainability and Global Environmental Governance*

DAI Yixin
(School of Public Policy and Management, Tsinghua University, Beijing 100084, China)

*Cities and Climate Change*: *Urban Sustainability and Global Environmental Governance*

Harriet Bulkeley and Michele Betsill, 2003
London and New York: Routledge
237 pages, $49.18
ISBN-13: 978-0415359160

气候变化是当今世界的一大热点问题。一直以来，政治学家和政策制定者认为，环境问题超越了国家边界，具有全球特性，应该通过国际谈判或是国际合作寻求解决方案。因此，促成全球性的框架公约，加强世界性治理机构的权威，成为早期气候变化政策研究的主要思路。相应的政府结构的设计则体现了从以国际组织为核心的国际协议协商、到中央政府对国际协议的承诺、再到地方政府对中央政策的贯彻执行这一超越国家界限的线性层级式理念。

近期，随着发展中国家的迅速崛起，城市化伴随着工业化的足迹在全球普及。迅速发展中的城市在能源消费、生产模式以及生活消费方式上的改变极大地影响着世界对于气候变化问题的应对策略。同时，在原有的线性层级结构中的城市单元逐渐体现了自己在国际气候变化应对中独特的地位。理论研究和实践都表明：地方政府，特别是地方城市政府，是地方治理者和公共服务的主要提供者。他们面对气候变化具有四大优势：第一，城市是人类最主要的能源消费和垃圾产生地。城市的能源消费是农村地区的 3.6 倍（Yusuf and Saich, 2008）。因此，城市是应对气候变化的重要单元。其次，从 21 世纪议程的实施开始，很多城市政府就已经将可持续发展的理念逐渐引入到日常工作中，具备了应对气候变化的实践经验。第三，城市政府通过多种手段同气候变化应对体系中的其他主体保持着互动与交流。例如城市政府可以游说中央政府或是通过国际组织同其他城市建立合作机制，建立示范项目以推广应对气候变化的举措。最后，城市政府在应对气候变化的主要领域，例如能源管理、交通及城市规划以及科技发展等方面都具有丰富的实践经验，可以将多方面的工作需求融合在一起完成。

本书关注城市政府在应对气候变化过程中的独特作用，强调不同国家、不同地区、不同城市基于自身的政治、经济和社会特性在制定气候变化相关政策时需要考虑的独特的问题，并着重描述了这些特质对于全球环境治理理念和框架的影响。针对国际地方环境行动委员会（ICLEI）推行的气候保护城市计划（CCP），作者采用案例分析的方法详述CCP项目对地方气候保护行动的影响。

全书共分为三大部分，共12章。第一部分主要介绍气候变化地方治理的相关概念和研究成果。在导论之后，第二章介绍了传统的全球环境政府的线性层级模型。作者认为：该模型过分强调国际组织的影响，从而在很大程度上忽略了国家以及地方政府层面的复杂的治理过程。地方政府为气候变化所作的努力或者被视为是中央政策的简单执行，或是被看成为地方政府天经地义的责任。本书则认为，对地方政府行为的研究对于研究跨国的环境治理网络具有直观重要的意义。第三章记述了国际范围内和国家层面上应对气候变化的政策变迁。这一章不仅历数了过去10年间国际气候变化谈判的主要结果，而且通过案例展示了英国、美国和澳大利亚应对气候变化的国家政策，并发现：世界范围内对经济发展和环境保护两者之间的讨论在很大程度上影响了国家层面和地方层面的政策制定。作为整本书研究的基础，本章特别描述了跨国的地方政府网络CCP的历史、发展脉络和目标。

第二部分是文章的主体部分，通过六个城市的案例看地方政府和CCP网络之间的互动与联系。作者首先指出不同国家在国家层面上制定了不同的应对气候变化策略。例如英国从工业到政界对环保战略认同具有高度统一性，因而市场机制被广泛推介与采用；美国的工业界，特别是能源工业和汽车工业，对能源环保政策产生有很大的牵制作用，使得政策的出台困难重重；而澳大利亚政府始终担心应对气候变化的战略会影响当地的经济发展，因此虽然有众多相关的国家政策，但是政府对相应的政策执行并不积极。在国家战略的背景下，第四章着重从四个方面分析地方政府在应对气候变化中的地位与责任：能源的供应与建筑用能、交通用能、城市规划和形态界定、垃圾的产生和处理，每个案例侧重一个环境保护的政策，并详细地描述了不同地方政府环境保护政策的变革发展历程，以及CCP项目对于这个过程的影响。案例也重点研究中央政府对于环境保护的政策设定，这也是地方政府极力要执行的政策导向。尽管各个地方政府的权力和资源各不相同，但是却拥有相当程度的自治权。作者首先从不同的政策角度描述了三座英国城市环保政策变革的历程：第五章讲述了土地利用规划在新城（Newcastle，UK）环保中的作用；第六章分析了剑桥郡（Cambridgeshire）采用交通需求管理的政策尝试；而第七章检验了莱斯特郡（Leicester）房屋能源管理政策和政府在该过程中的变革。从第八章开始，本书描述美国的案例。首先是丹佛（Denver）如何处理住宅采暖能源和交通问题；第九章从密尔沃基（Milwaukee）市的土地利用规划实践中提出了"新城市化"的概念；第十章则检验了澳大利亚新城市（NSW）如何通过住宅采暖、交通和土地利用规划政策积极应对气候变化。

第三部分通过对案例城市之间的比较，阐述了城市可持续性以及全球环境治理在地方层面的执行。第十一章通过分析发现，CCP项目在丹佛和澳洲新城具有最大的影响力，而在英国新城和莱斯特郡的影响居中，对于剑桥郡和密尔沃基的影响力最小。最终，总结了CCP跨国项目对地方政府气候变化政策的五点重要影响，包括：①CCP项目协助全情投入的领导者在地方层面出位，并有助于建立推动气候保护政策的保障机制；②地方政府需要 CCP 提供相关指标测试的资金支持；③CCP 可以改变地方政府对于交通、能源和规划的掌控程度；④CCP 革新了地方政府对气候变化的理解，特别是对于经济发展的思考；⑤CCP 为地方政府提供了政治动力来采取应对气候变化的行动。第十二章将讨论延伸到全球气候变化多层治理结构中，考察代表全球环境治理的 CCP 项目在地方政府政策学习和改变过程中起到的作用。本书认为，在大多数的案例中，地方政府同 CCP 网络之间的薄弱连接，以及地方应对气候变化政策的不连贯性是造成政策学习局限性的主要原因。换言之，虽然从表面上说，城市都接受保护气候的理念，但是对于具体的实践方法缺乏统一的认知。作者也分析了 CCP 项目和中央政府之间的关系。虽然 CCP 项目试图引入全球气候治理的框架，但是同时也为中央政府参与到治理过程提供了新的机遇。本章的结论指出，只有将气候变化理解为多层次的全球治理过程，才能对影响地方政府参与的社会、政治和经济过程进行全面的描述与理解。

  本书最大的贡献在于指出了国际环境治理不依循线性层级结构，而是网络式的合作和协调结构。因此，地方政府成为应对环境变化、承接国际合作的重要力量。基于现有的案例，本书发现，政治和金融支持是促进地方政府进行政策学习与政策改变的最大动力，而先进技术的引进或是其他政府的实践经验所起的作用并不显著。进一步讲，只有地方政府将环境问题同地方特色相结合，特别是同地方的社会经济发展相关联，才能引发地方政府和企业学习的动力。在这个过程中，中央政府的地位并没有被削弱，而是通过改变国家政策原则、对各种全球网中流动资源的控制以及通过同网络中其他组织的互动改变对地方政府的指导，并向其他地方政府推广中央参与地方政府的模式。本研究同时指出了 CCP 项目可以改进的地方。由于仅仅假设地方政府才是地区中应对气候变化的主导力量，CCP 项目在设计的时候并没有意识到自己作为全球环境治理网络治理模式的优势，进而忽略了同网络中其他组织和成员的沟通和互动，是该项目没能发挥更大作用的主要原因。

  本书提出了将地方政府纳入到全球的环境治理框架中的观念，是发展低碳城市的重要理论指导。但是，本书在分析地方政府案例时，缺乏配套文字介绍相关中央政府的政策扶植信息，例如中央政府的配套政策、中央政府是否介入了地方政府的学习和变革，以及中央政府是否从制度的角度保障了地方政府的自主权力等。由此，各个案例之间的可比程度有所下降，从研究方法论的角度略有缺失。这对于从事低碳城市研究的学者也具有借鉴意义。

## 参考文献

[1] Calthrope, P. and Fulton, W. 2000. *The Regional City: New Urbanism and the End of Sprawl*. Island Press.
[2] Hasenclever, A., Mayer, P. and Rittberger, V. 1997. *Theories of International Regimes*. Cambridge University Press.
[3] Taylor, N. 2006. *Urban Planning Theory since 1945*. China Architecture & Building Press.
[4] Yusuf, S. and Saich, T. 2008. *China Urbanizes: Consequences, Strategies, and Policies*. The World Bank.

# 《城市与区域规划研究》征稿简则

## 本刊栏目设置

本刊设有7个固定栏目：
1. **主编导读**。介绍本期主题、编辑思路、文章要点、下期主题安排。
2. **特约专稿**。发表由知名学者撰写的城市与区域规划理论论文，每期1~2篇，字数不限。
3. **学术文章**。城市与区域规划理论、方法、案例分析等研究成果。每期6篇左右，字数不限。
4. **国际快线（前沿）**。国外城市与区域规划最新成果、研究前沿综述。每期1~2篇，字数约20 000字。
5. **书评专栏**。国内外城市与区域规划著作书评。每期3~6篇左右，字数不限。
6. **经典集萃**。介绍有长期影响和实用价值的古今中外经典城市与区域规划论著。每期1~2篇，字数不限。中英文混排，可连载。
7. **研究生论坛**。国内重点院校研究生研究成果、前沿综述。每期3篇左右，每篇字数6 000~8 000字。

设有2个不固定栏目：

8. **人物专访**。结合当前事件进行国内外著名城市与区域专家介绍。每期1篇，字数不限，全面介绍，列主要论著目录。
9. **学术随笔**。城市与区域规划领域知名学者、大家的随笔。

## 投稿要求及体例

本刊投稿以中文为主（海外学者可用英文投稿），但必须是未发表的稿件。英文稿件如果录用，本刊可以负责翻译，由作者审查定稿。

1. 除海外学者外，稿件一般使用中文。作者投稿用电子文件，电子文件E-mail至：**urp@tsinghua.edu.cn**；或打印稿一式三份邮寄至：北京清华大学学研大厦B座101室《城市与区域规划研究》编辑部，邮编：**100084**。
2. 稿件的第一页应提供以下信息：① 文章标题；② 作者姓名、单位及通信地址和电子邮箱；③ 英文标题、作者姓名和单位的英文名称。
3. 稿件的第二页应提供以下信息：① 文章标题；② 200字以内的中文摘要；③ 3~5个中文关键词；④ 英文标题；⑤ 100个单词以内的英文摘要；⑥ 3~5个英文关键词。
4. 文章应符合科学论文格式。主体包括：① 科学问题；② 国内外研究综述；③ 研究理论框架；④ 数据与资料采集；⑤ 分析与研究；⑥ 科学发现或发明；⑦ 结论与讨论。
5. 文章正文中的标题、插图、表格、符号、脚注等，必须分别连续编号。一级标题用"1，2，3……"编号；二级标题用"1.1，1.2，1.3……"编号；三级标题用"1.1.1，1.1.2，1.1.3……"编号。前三级标题左对齐，四级及以下标题与正文连排。
6. 插图要求：300 dpi，16 cm×23 cm，黑白位图或EPS矢量图，最好是黑白线条图。在正文中标明每张图的大体位置。
7. 所有参考文献必须在文章末尾，按作者姓名的汉语拼音音序或英文姓的字母顺序排列。体例如下：
   [1] Amin, A. and N. J. Thrift 1994. *Holding down the Globle*. Oxford University Press.
   [2] Brown, L. A. et al. 1994. Urban System Evolution in Frontier Setting. *Geographical Review*, Vol. 84, No. 3.
   [3] （德）汉斯·于尔根·尤尔斯、（英）约翰·B. 戈达德、（德）霍斯特·麦特查瑞斯著，张秋舫等译：《大城市的未来》，对外贸易教育出版社，1991年。
   [4] 陈光庭："城市国际化问题研究的若干问题之我见"，《北京规划建设》，1993年第5期。
   正文中参考文献的引用格式采用如"彼得（2001）认为……"、"正如彼得所言：'……'（Peter, 2001）"、"彼得（Peter, 2001）认为……"、"彼得（2001a）认为……、彼得（2001b）提出……"。
8. 所有英文人名、地名应有规范译名，并在第一次出现时用括号标注原名。

## 用稿制度

本刊在收到稿件后的3个月内给予作者答复是否录用。稿件发表后本刊向作者赠样书2册。

# 《城市与区域规划研究》征订

《城市与区域规划研究》为小 16 开，每期 300 页左右，每年 4 期，分别在 1 月、4 月、7 月、10 月底出版。欢迎订阅。

**订阅方式**
1. 请填写"征订单"，并电邮或传真或邮寄至以下地址：
   - 联系人：刘炳育
   - 电　话：(010) 6278 5857 转 8905
   - 传　真：(010) 6279 0586
   - 电　邮：urptsinghua@163.com
   - 地　址：北京清华大学学研大厦 B 座 101 室
   - 邮　编：100084

2. 汇款
   ① 邮局汇款：地址同上。
   　　　　收款人姓名：北京清大卓筑文化传播有限公司
   ② 银行转账：户　名：北京清大卓筑文化传播有限公司
   　　　　开户行：北京银行北京清华园支行
   　　　　账　号：0109033460012010546838

## 《城市与区域规划研究》征订单

| 每期定价 | 人民币 42 元（不含邮费） | | | | |
|---|---|---|---|---|---|
| 订户名称 | | | | 联系人 | |
| 详细地址 | | | | 邮　编 | |
| 电子信箱 | | 电　话 | | 传　真 | |
| 订　阅 | 年　　　期至　　　年　　　期 | | | 份　数 | |
| 是否需要发票 | □是　发票抬头 | | | | □否 |
| 汇款方式 | □银行 | | □邮局 | 汇款日期 | |
| 合计金额 | 人民币（大写） | | | | |
| 注：订刊款汇出后请详细填写以上内容并传真至 (010) 6279 0586，以便邮寄。此单可复印。 ||||||